国家自然科学基金项目
赣鄱英才555工程项目　联合资助
江西理工大学著作出版基金

基于空间信息格网和BP神经网络的洪灾损失快速评估

刘小生　著

北京
冶金工业出版社
2015

内容简介

全书共 9 章。第 1 章阐述当前空间信息技术在洪灾评估的应用现状，提出研究理论需求；第 2 章介绍鄱阳湖的相关地理、水文及防洪减灾现状，提出研究的现实需求；第 3 章利用空间信息格网技术，将洪灾区域划分为格网并进行致灾因子分析；第 4 章研究洪灾面积的多源遥感快速提取方法；第 5 章用遥感方法及相关模型提取致灾因子；第 6 章对现有神经网络模型进行改进及集成研究；第 7 章构建洪灾损失快速评估模型；第 8 章开发洪灾损失快速评估系统并在鄱阳湖区应用；第 9 章总结与展望。

本书可供测绘科学与技术、地理学等相关专业研究生、本科生及工程技术人员参考阅读。

图书在版编目(CIP)数据

基于空间信息格网和 BP 神经网络的洪灾损失快速评估/刘小生著. —北京：冶金工业出版社，2015. 12

ISBN 978-7-5024-7118-7

Ⅰ. ①基… Ⅱ. ①刘… Ⅲ. ①水灾—事故损失—评估 Ⅳ. ①P426. 616

中国版本图书馆 CIP 数据核字（2015）第 300506 号

出版人 谭学余
地　址 北京市东城区嵩祝院北巷 39 号 邮编 100009 电话 (010)64027926
网　址 www. cnmip. com. cn 电子信箱 yjcbs@ cnmip. com. cn
责任编辑 杨盈园 贾怡雯 美术编辑 杨 帆 版式设计 孙跃红
责任校对 卿文春 责任印制 牛晓波
ISBN 978-7-5024-7118-7
冶金工业出版社出版发行；各地新华书店经销；固安华明印业有限公司印刷
2015 年 12 月第 1 版，2015 年 12 月第 1 次印刷
169mm×239mm；12. 75 印张；245 千字；191 页
58. 00 元

冶金工业出版社 投稿电话 (010)64027932 投稿信箱 tougao@cnmip. com. cn
冶金工业出版社营销中心 电话 (010)64044283 传真 (010)64027893
冶金书店 地址 北京市东四西大街 46 号(100010) 电话 (010)65289081(兼传真)
冶金工业出版社天猫旗舰店 yjgycbs. tmall. com

前　言

我国是世界上洪水灾害发生最频繁的国家之一，每年因洪水灾害造成的直接经济损失达数百亿元。传统的洪灾损失评估方法主要是应用历史水文方法粗略圈定洪水可能淹没的范围，然后在淹没范围内用人力、物力进行现场调查，最后汇总确定淹没区社会经济财产损失值。然而由于洪涝灾害本身的时空复杂性，再加上用于灾害损失研究的基础资料缺乏，因此目前我国的洪灾损失评估存在效率低、准确性差等问题。

针对这种情况，本书利用集成空间信息格网技术和BP神经网络模型快速地评估洪水淹没区域的洪灾损失值，从而为洪灾损失评估提供一种新方法。首先利用空间信息格网技术将洪灾多发区域依据自然社会经济情况划分为格网，结合GIS技术和DEM数据，从洪灾的属性特征出发，分析影响洪灾损失的主要因素，并分别研究它们对洪灾损失的影响规律；其次研究遥感洪灾面积提取技术，从而快速提取洪灾面积和致灾因子；再次对BP神经网络进行改进研究，并构建空间信息格网与改进的BP神经网络的洪灾损失快速评估模型；最后开发基于空间信息格网和BP神经网络的洪灾损失快速评估系统，并以鄱阳湖区某县为例，对洪灾损失评估模型进行实际应用，达到快速评估洪灾损失的目的。

本书是国家自然科学基金课题（41061041）的部分研究成果，它与国内外同类书比较有以下两个特点：（1）从洪水致灾、地形条件、淹没程度、社会经济等方面进行综合考虑，构建洪灾损失评估的多因子空间；（2）集成空间信息格网和BP神经网络技术，从而充分发挥

GIS 强大的空间分析功能与 BP 神经网络特有的自学习和联想记忆功能。

本书由江西理工大学教授刘小生博士所著，在国家自然科学基金项目研究中，李恒凯老师及研究生胡飞辉、胡啸、旷雄、王艳、张杰云、赵小思等参加了研究工作，在此一并表示衷心感谢。

由于作者水平有限，书中不妥之处，敬请专家和读者批评指正。

刘小生

2015 年 8 月

目　录

1 概　述

近年来，气候变化引发全球洪涝灾害事件频发，洪涝灾害已成为世界上主要的自然灾害之一[1]。我国是世界上洪水灾害发生最频繁的国家之一，有 10%国土面积、5 亿人口、5 亿亩（15 亩 = 1 公顷）耕地、100 多座大中城市和全国 70%的工农业总产值受到洪水灾害的威胁。每年因洪水灾害造成的直接经济损失达数百亿元，洪水灾害已成为我国实现可持续发展的严重障碍[2]。传统的洪灾损失评估方法主要是应用历史水文方法粗略圈定洪水可能淹没的范围，然后在淹没范围内用人力、物力进行现场调查、汇总确定淹没区各个行政区的社会经济损失统计数据，再综合历史上每次洪灾的损失比例，最后确定淹没区社会经济财产受灾及其损失值。

由于洪灾带有很大的随机性，每次洪灾涉及的范围和受灾的程度都各不相同，且灾害损失还与工程建设质量和抢险措施密切相关，特别是灾害损失的评估需在灾后一段时间才能得出结果，这样可能延误救灾及灾后重建良机。因此，对洪灾损失进行快速诊断和评估，即建立洪灾损失快速评估模型不仅可为防洪、减灾、救灾提供重要的决策依据，为实现洪水灾害管理的科学化、系统化、定量化奠定基础，而且将促进和提高人类对洪水灾害的认识和管理水平，从而为寻找一条人口、经济、社会、环境和资源相互协调、和谐发展的可持续发展道路提供有效的保障。

1.1　空间信息技术在洪灾损失评估方面的研究进展

1.1.1　国外研究进展

国外对洪水灾害损失评估的研究工作开展的比较早，如美国开始于 20 世纪 60 年代初期，日本开始于 70 年代末期，在这些国家，洪水保险比较普及，评估洪水灾害损失所需要的基础资料、社会经济资料和各种行业财产损失率资料建设相对比较完整，所以在洪水灾害发生时能够比较快速地评估出洪水灾害的损失。美国 20 世纪 60 年代以来对洪泛区管理做了广泛而深入的研究，并对洪水灾害的损失评价方法做了很多有意义的探讨工作[3]。Sujit 等人提出非传统的水深—损失曲线方法，用以计算特大洪水的经济损失，并在研究分析了以前各种水深—损失曲线的优缺点基础上，拟合出 6 种不同财产类别的新曲线，即平均曲线，这样的曲线具有广泛的适用性[4]。1988 年美国对俄亥俄州富兰克林县境内进行水灾损失评估时，也是通过调查，建立财产—水深—损失的函数关系，然后进行损失评估。加拿大的 Edward A Mcbean 和 Jack Georrie 等在考虑成灾因素时，不仅考虑水深这个因素，同时考虑淹没历时和水流速度，以及预报时间对损失的影响，它们利用访问调查资料对水深—损失曲线进行了调整，对洪水预报、长历时洪水、高流速洪水对损失曲线的影响进行了分析和探讨[5]。泰国 1992 年对曼谷的住宅区、工业、农业和商业区进行了 3000 多个单元的调查，得出了洪灾损失与淹没水深的历时函数关系，利用这一函数关系对 1983 年的洪灾损失进行了估算[6]。Jonge 等人 1996 年应用 GIS 建立了洪水灾害损失评估模型[7]。荷兰水力学实验室同河流、航运和结构实验室的研究人员，利用 GIS 进行了洪水模拟和损失评估，提出了一个洪灾损失评估原理[8]。日本京都大学的 Skikantha Herath 等人利用分布式模型、GIS 和 RS 进行了洪水模拟和损失评估[9]。与此同时，以色列等一些国家的专家也相继开展了这方面的工作[10]。

1.1.2 国内研究进展

我国对洪水灾害损失评估的研究起步较晚，开始于 80 年代末期，在 30 多年的时间里取得了很大的研究成果，如 90 年代初由马宗晋等人提出的以人口死亡数和财产损失数作为制定分级的标准，并把它们经过规范化后直接相加，构成灾情指数来划分灾情等级的灾害评定方法，对我国自然灾害灾情评估工作起了重要的指导作用[11]。李纪人等人的基于空间展布式社会经济数据库的洪涝灾害损失评估，主要从洪水遥感监测角度出发，在基础背景数据支持下，实现了洪水灾害的灾中评估[12]；王艳艳等人进行了基于洪水模拟演进的洪水灾害评估[13]；程涛等人提出了区域洪水灾害直接经济损失评估模型，主要从历史洪灾灾情资料的角度出发，给出了不同频率洪水灾害损失随财产变化的关系曲线，建立以县为单位的洪灾损失统计评估模型[14]。近几年，随着 GIS 的发展，GIS 在洪灾损失评估中也有一些应用，如李观义的基于 GIS 的洪灾经济损失评估及其应用[15]，曹丽娜的基于 GIS 的洪灾损失评估方法[16]，陈伟等人的基于 GIS 的洪水淹没损失研究[17]，何永健等人的基于 GIS 的潍坊市洪涝灾害评估系统[18]，黄娟的基于 GIS 的洪灾预警与淹没评估系统研究[19]，杨洪林等人的基于 GIS 的太湖流域洪水风险图信息管理系统设计[20]等。另外，作者及其团队成员近 10 年来利用 GIS 技术也对洪灾损失评估进行了一些研究[21~34]。

1.2 空间信息技术在洪灾损失评估应用中存在的问题

综观国内外文献可知，现有的基于空间信息技术的洪灾损失评估模型可以用来预测洪灾损失，但通过研究发现存在以下问题。

(1) 基础资料缺乏。

首先，在我国对洪水灾害评估工作的开展比较晚，没有形成一个成熟的系统，洪水保险没有普及，评估洪水灾害损失所需要的基础资料、社会经济资料和各种行业财产损失率资料建设不够齐全。

(2) 格网划分不尽合理。

对于洪水淹没而言，淹没的边界一般是不规则的，与行政界线也不重合，洪水可能只淹没村或乡镇的一部分；而社会经济数据是按行政单元统计的，在行政单元内社会经济信息分布是不均匀的，如果直接利用行政单元进行损失统计计算，就可能会有受淹区社会经济指标计算不合理和洪水分布特性不合理等问题。为了解决这些问题，可将受淹区划分成一个个格网，但目前格网大小及形式划分不尽合理。

(3) 致灾因子选取有困难。

洪灾经济损失评估是一项十分复杂的工作，它涉及的因素很多，如淹没深度、社会经济状况及分布、淹没地形、淹没时间、洪水流速、防洪工程质量等，因此要想获取准确有效的洪灾损失评估结果，就必须选取足够多的致灾因子。但由于各个致灾因子间存在一定的联系，因此选取恰当的致灾因子有一定困难。

(4) 洪灾区的基础数据快速提取方法待改进。

一方面洪灾区的遥感影像基础数据不够完善；另一方面对现有遥感影像数据提取方法有待改进。在此基础上如何快速提取致灾因子也值得进一步研究。

(5) 评估模型难以准确与快速。

洪灾经济损失评估是一项十分复杂的工作，它涉及的因素很多，如自然、经济、技术、社会和政治等，因此要想获取洪灾损失准确与快速的评估结果，就必须选择最适宜的评估模型。但洪灾损失评估模型一般被认为具有高度非线性、时变性、空间分布差异等特性，并且不容易使用简单的模式有效地加以描述。目前比较有代表性的洪灾损失评估方法大体上分为两类：一类是利用空间信息技术进行洪灾损失评估，它以各类空间数据为主要数据源，输出结果中包含大量的空间数据信息，不仅可以估计总体影响和损失情况，而且还可以给出其空间分布状况，该方法需要建立各类承灾体洪灾损失率关系曲线，模拟出洪水淹没的具体状况，往往与实测数据差距较大；另一类是利用人工智能技术进行洪灾损失评估，其主要思路是针对历史灾情数据，发现隐藏在历史数据中的灾情发生规律。目前运用最多的是神经网络算法，研究结果显示，神经网络对于洪灾损失评估的正确性和有效性有着良好的表现，但是没有充分地利用 GIS 的空间分析功能，未能充分考虑地形参数的抽象表达，而仅仅以特定地点的降雨量等非地形相关条件作为模型参数输入进行训练，从而影响了洪灾损失评估结果的可理解性和利用价值。也就是说现有的洪灾损失评估模型难以做到实时和精准评估。

1.3 本书主要研究内容及章节安排

1.3.1 主要研究内容及技术路线

针对现有空间信息技术在洪灾损失评估应用中存在的问题，考虑到洪水灾害损失具有时空分布特征，洪水淹没的边界具有不规则性，淹没区社会经济数据也不均匀等特点，本书将利用空间信息格网技术，首先将洪灾多发区域依据自然社会经济情况划分为格网，并结合 GIS 技术和 DEM 数据，从洪灾的属性特征出发，分析影响洪灾损失的主要因素，并分别研究它们对洪灾损失的影响规律；其次研究遥感洪灾面积提取的关键技术，从而快速地提取洪灾面积和致灾因子；再次对 BP 神经网络进行改进研究，构建由单个神经网络模型组成的神经网络模型集成；最后开发基于空间信息格网和 BP 神经网络的洪灾损失快速评估系统，并以鄱阳湖区为例，对洪灾损失评估模型进行实际应用并完善。

针对主要研究内容，本书拟采用的技术路线如图 1-1 所示。

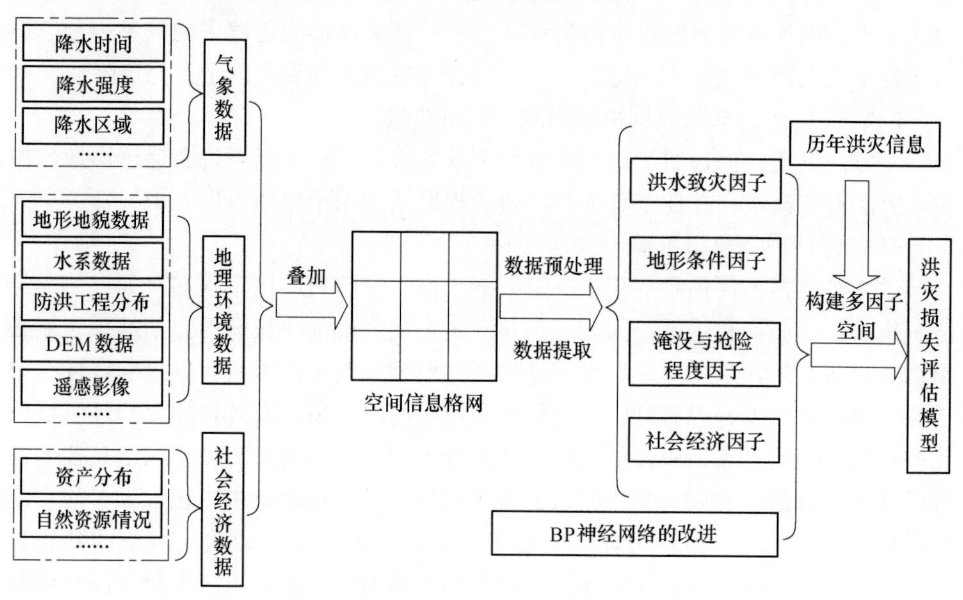

图 1-1 基于空间信息格网和 BP 神经网络的洪灾损失评估技术路线

1.3.2 章节安排

针对本书主要研究内容，本书章节安排如下：

第 1 章为概述，主要介绍空间信息技术在国内外洪灾损失评估方面的研究进展及存在的问题，提出本书主要研究内容及章节安排。

第2章为鄱阳湖区洪水灾害与防洪减灾，主要介绍鄱阳湖区概况、湖区洪水灾害情况及湖区防洪减灾进展。

第3章为格网划分及致灾因子分析，介绍格网划分，论述格网划分与洪灾损失评估的关系，分析致灾因子及其对洪灾损失的影响。

第4章为洪灾面积的多源遥感快速提取方法，介绍洪灾面积调查与遥感提取方法，研究遥感洪灾面积提取关键技术，快速提取洪灾面积。

第5章为影响洪灾的主要因子快速提取，研究洪灾区地物、地貌提取方法，快速提取致灾因子。

第6章为BP神经网络的改进及神经网络模型集成，介绍BP神经网络的构建，研究BP神经网络算法的改进，实现神经网络集成。

第7章为灾损样本采集与快速评估，介绍地区受灾损失指标，讨论灾损样本采集与处理方法，快速构建灾损评估模型。

第8章为洪灾损失快速评估系统开发与实现，分析系统需求及系统的设计、开发、实现与应用。

第9章为结论与展望，对本书进行总结与展望。

参 考 文 献

[1] 付湘，谈广鸣，纪昌明. 洪灾直接损失评估的不确定性研究［J］. 水电能源科学，2008（3）：35~38.

[2] 丁志雄，胡亚林，李纪人．基于空间信息格网的洪灾损失评估模型及其应用［J］. 水利水电技术，2005（6）：93~94.

[3] 陈秀万．洪灾损失评估系统-遥感与GIS技术应用研究［M］. 北京：中国水利水电出版社，1999.

[4] Das S，Lee R. A nontraditional methodology for flood stage damage calculation［J］. Water Resources Bulletin，1988，24（6）：1263~1272.

[5] 冯民权，周孝德，张根广．洪灾损失评估的研究进展［J］. 西北水资源与水工程，2002，13（1）：33~36.

[6] 贾仰文，王浩，倪广恒，等．分布式流域水文模型原理和实践［M］. 北京：中国水利水电出版社，2005.

[7] Jonge T D，Mathijs K，Marten H. Modeling floods and damage assessment using GIS［C］. HydroGIS96：Application of Geographic Information System in Hydrology and Water Resources Management，1996：299~306.

[8] 刘冬青，刘玉年，李纪人，等．GIS在水文水资源管理中的应用［M］. 南京：河海大学出版社，1999.

[9] Yang D，Herath S，Musiake K. Spatial resolution sensitivity of catchment geomorphologic properties and the effect on hydrological logical simulation［J］. Hydrological Processes，2001

(15)：2085~2099.
[10] Melloul A J, Collnm. A proposed index for aquifer water quality assessment：the case of Israel's Sharon region [J]. Journal of Environment Management, 1998, 54 (2)：131~134.
[11] 马宗晋．灾害与社会 [M]. 北京：地震出版社，1990.
[12] 李纪人，丁志雄，黄诗峰，等．基于空间展布式社会数据库的洪涝灾害损失评估模型研究 [J]. 中国水利水电科学研究院学报，2003，1 (2)：104~110.
[13] 王艳艳，陆吉康，郑晓阳，等．上海市洪涝灾害损失评估系统的开发 [J]. 灾害学，2001，16 (2)：7~13.
[14] 程涛，吕娟，张立忠，等．区域洪灾直接经济损失即时评估模型实现 [J]. 水利发展研究，2002，2 (12)：34~40.
[15] 李观义. 基于 GIS 的洪灾经济损失评估及其应用 [J]. 地理与地理信息科学，2003 (8)：97~98.
[16] 曹丽娜，何俊仕. 基于 GIS 的洪灾损失评估方法 [J]. 中国农学通报，2005 (6)：407~410.
[17] 陈伟，王祎婷．基于 GIS 的洪水淹没损失研究 [J]. 地理空间信息，2008，6 (5)：94~96.
[18] 何永健，邱新法，路明月，等．基于 GIS 的潍坊市洪涝灾害评估系统 [J]. 安徽农业科学，2008，36 (31)：13685~13686.
[19] 黄娟．基于 GIS 的洪灾预警与淹没评估系统研究 [D]. 南京：南京信息工程大学，2008.
[20] 杨洪林，胡艳．基于 GIS 的太湖流域洪水风险图信息管理系统设计 [J]. 中国防汛抗旱，2007 (3)：22~25.
[21] 刘小生，余豪峰. Research on assessment system of flood losses for Poyang lake area based on GIS [C]. 第16届国际地理信息科学与技术大会. Washington USA：SPIE，2008：714508 (1~10).
[22] 刘小生，余豪峰. Research on Assessment Model of Flood Losses Based on GIS and BP Neural Network [J]. Journal of Information and Computational Science, 2008, 5 (1)：411~418.
[23] 刘小生. 基于 ARC/info 的防汛抗洪地理信息系统研究 [J]. 测绘通报，2006 (6)：41~43.
[24] 刘小生，吴为波. 基于 GIS 技术的洪水淹没区确定 [J]. 测绘科学，2007 (10)：21~22.
[25] 刘小生，黄玉生. "体积法"洪水淹没范围模拟计算 [J]. 测绘通报，2004 (12)：47~49.
[26] 刘小生，黄玉生. 基于 Arc/Info 的洪水淹没面积的计算方法 [J]. 测绘通报，2003 (6)：46~48.
[27] 陈优良，刘小生. Research on methods of quick monitoring and evaluating of flood disaster in Poyang lake area based on RS and GIS [C]. IEEE PRESS , 2008 (11)：1105~1108.
[28] 陈优良，刘小生. Implementation of a long-distance monitor and automatic alarm system of flood disaster in Poyang lake area [C]. IEEE Computer Society, 2008 (12)：120~123.
[29] 刘小生，余豪峰. 基于 GIS 和 BP 神经网络的洪灾损失评估模型的研究 [J]. 工程勘察，

2009 (4): 72~74.

[30] 刘小生，吴征. 一种海量遥感影像实时切割与高效调度的新方法 [J]. 测绘科学技术学报，2013，30 (1): 51~53.

[31] 刘小生，赵小思. 基于空间信息格网的洪灾损失评估 [J]. 工程勘察，2013，41 (6): 66~69.

[32] 刘小生，张杰云. Flood Loss Evaluation Based on Spatial Information Grid of Socio-economic Data [J]. Journal of Applied Science, 2013, 13 (21): 4550-4554.

[33] 刘小生，赵相博. 鄱阳湖区洪水淹没损失评估系统的设计与实现 [J]. 江西理工大学学报，2013，34 (3): 16~22.

[34] 刘小生，胡啸. The Comprehensive Improvement on BP Neural Network Algorithm [C]. International Conference on Control Engineering and Information Technology. IEEE, 2013: 335~338.

2 鄱阳湖区洪水灾害与防洪减灾

2.1 鄱阳湖区概况

鄱阳湖涉及沿湖的南昌、九江地级市和南昌县、永修县、星子县、新建县、湖口县、进贤县、德安县、都昌县、余干县、鄱阳县、万年县以及乐平市、丰城市等15个市县，称鄱阳湖区，国土面积为26280平方公里，约占江西省国土面积的15.7%。

2.1.1 湖区自然地理状况

鄱阳湖，古称彭蠡泽，又名宫亭湖。鄱阳湖盆地及其陆地水系的形成和发展，是晚三迭世末期以来内、外地质作用的结果。春秋时期，湖水经湖口上溯至婴子口附近。至三国时代，彭蠡泽被长江分为南北两部分。随后，江北部分的彭蠡泽演化为鄂皖境内的龙感湖和大官湖；江南彭蠡泽相继南侵，并逐渐扩展演化为鄱阳湖。隋末唐初，是湖水南侵的全盛时期，至此始有“鄱阳湖”之称[1]。

鄱阳湖位于江西省北部，长江中下游南岸。地理坐标约为北纬28°24′至29°46′，东经115°49′至116°46′，如图2-1所示，它是我国目前最大的淡水湖泊。鄱阳湖上承赣、饶、抚、修、信五河，下接浩浩长江，是个季节性湖泊，流域面积为16.2万平方公里，占江西省国土面积97%左右，生态安全的范围包括长江下游沪、苏、浙、皖等地区。

以松门山为界，可将鄱阳湖划分为南湖和北湖，南湖为主湖区（也称为内湖），北湖为通江水道。湖盆自南向北、由东向西倾斜，到湖口处高程降至约1m（吴淞高程，下同）。湖底地形总体平坦，南部内湖的高程介于12~17m。湖区地貌种类有洲滩、水道、内湖、岛屿、汊港。洲滩有沙滩、草滩和泥滩三种，总面积约为3130km^2，其中草滩面积约为1235km^2，大多分布在高程为14~18m的区域，可以被利用；水道有入江水道、东水道和西水道三种；岛屿共有41个，面积约为103km^2，岛屿率为3.5%；主要汊港的总数约为20处。

鄱阳湖区的气候属于典型的亚热带季风气候，雨水充沛、阳光充足。受季风气候的影响，湖区降雨丰富，年降水量达1632mm，降雨时空分布不均，具有很强的季节性和地域性，汛期主要集中在3~9月，降雨量占全年的75%，其中4~6月份月降雨量约达225mm，7~9月有可能受台风侵袭，出现较大洪水。

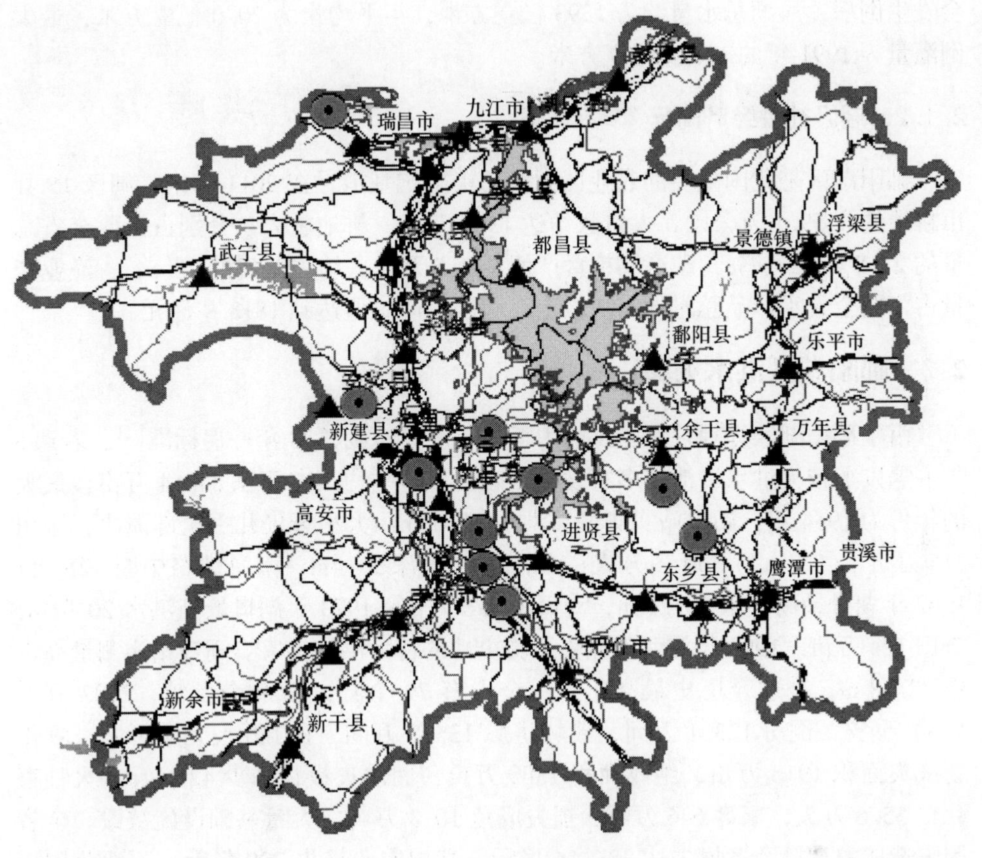

图 2-1 鄱阳湖区范围

鄱阳湖洪枯水位变化受长江洪水和五河来水双重影响，高水位持续时间相对较长，4~6 月份水位因五大江河洪水入湖而上涨，7~9 月份由于长江洪水倒灌或顶托而维持较高水位，到 10 月份的时候开始退水。星子水文站多年平均实测水位约为 13.30m，最高实测水位为 22.52m，最低实测水位为 7.11m；最低水位发生月份一般是在 1、2 月份。汛期水位抬高，湖水漫滩，湖面宽广。枯水期水位猛降，湖面狭小。洪枯两季节湖面面积与湖体容积落差都很大。湖口站历年实测最高水位 22.58m 时，湖体总面积约 3708km^2，总容积约为 304 亿立方米；最低水位 5.90m 时，湖体总面积仅约为 28.7km^2，总容积约为 0.63 亿立方米。

鄱阳湖是吞吐型、过水性湖泊，湖区来水具有较为明显的江、河、湖关系特征，长江的主汛期为 7~9 月，五河的主汛期为 4~6 月，长江来水对鄱阳湖出流起到顶托作用。江湖关系主要表现在：江湖洪水遭遇、江湖洪水相互顶托和长江洪水倒灌入湖。据统计资料发现，五河历年最大的洪峰出现时间与长江汉口最大 60 天、30 天、15 天洪水量遭遇的机会分别是 4 次、7 次、2 次。长江几乎每年都会发生倒灌，入湖总水量约为1393亿立方米，年平均量为20.0亿立方米，最大倒灌量为1991年的113.9亿立方米。

2.1.2　湖区社会经济简况

鄱阳湖区是我国重要的农业区和商品粮生产基地。在2011年末，湖区15县市耕地约为59.1万公顷，人口数约达1303万人，耕地、人口分别占江西全省总量的27.8%、27.7%，湖区年粮食产值547.5万吨，约占全省的28.8%，渔业产量占江西全省水产品总量的1/3以上，湖区生产总值达到1813.9亿元。

2.2　鄱阳湖区洪水灾害

由于鄱阳湖区圩堤现有防洪能力低，一般只达到5~8年一遇标准[2]，若遇5年一遇以上较大洪水，溃堤多有发生。湖区多年平均洪灾面积84.14万亩，最大的年份为1954年，湖口站实测最高洪水21.68m，大小圩堤几乎全部溃决，淹田315万亩，受灾人口330多万人，九江市区水深3~4m，南浔铁路中断125天；1962年湖口最高洪水20.22 m，淹田156.8万亩；1973年湖口最高洪水20.91m，淹田124万亩。1998年江西省遭受了历史性的特大洪涝灾害，湖口站实测最高水位22.58 m，是迄今历史最高纪录；全省有79个县，1329个乡镇，2207万人（次）受灾，倒房123.1万间，毁坏房屋135.8万间，160万人无家可归。农作物成灾面积1916万亩，绝收面积1300万亩，因洪灾粮食减少42亿斤。大牲畜死亡55.6万头，家禽646万羽，损失成鱼10.3万吨，大量基础设施被毁。全省因灾造成的直接经济损失达384.64亿元，其中农业损失290亿元。下面分别探讨鄱阳湖区洪灾的成因、影响与特征，湖区洪涝与洪灾损失类型等。

2.2.1　洪灾的成因、影响与特征

洪涝灾害通常指洪灾和涝灾，主要是由于洪水淹没有人类或其财产分布的空间范围而形成的自然灾害，是自然界与人之间的相互作用结果，它同时具有自然属性和社会经济属性。

2.2.1.1　洪灾的成因

形成洪涝灾害的两个必要条件是致灾因子（环境）和承灾体，即洪涝灾害是由于承灾体在一定的致灾环境中受到致灾因子的作用而形成的；在同等灾情条件下，承灾体对洪灾的承受能力越差，其受灾损失越严重。致灾因子、致灾环境、承灾体和灾情之间相互联系相互作用，形成一个具有一定结构、功能、特征的洪水灾害系统[3]。

鄱阳湖区圩堤众多，洪灾一般多发于溃堤、溃坝，圩区田地、房屋淹没；区内涝灾往往是由长期大雨或短时暴雨积水所致[4]。一年中鄱阳湖最高洪水位集

中出现在7月，主要来源于长江洪水和五河洪水，前者控制洪峰水位与消退，后者制约湖区洪水的涨速，所以长江洪水是造成鄱阳湖区洪涝灾害的重要因素。

2.2.1.2 洪灾的影响

洪涝灾害所造成的影响主要表现在对生命、经济、社会、环境的影响，具体影响如图2-2所示。

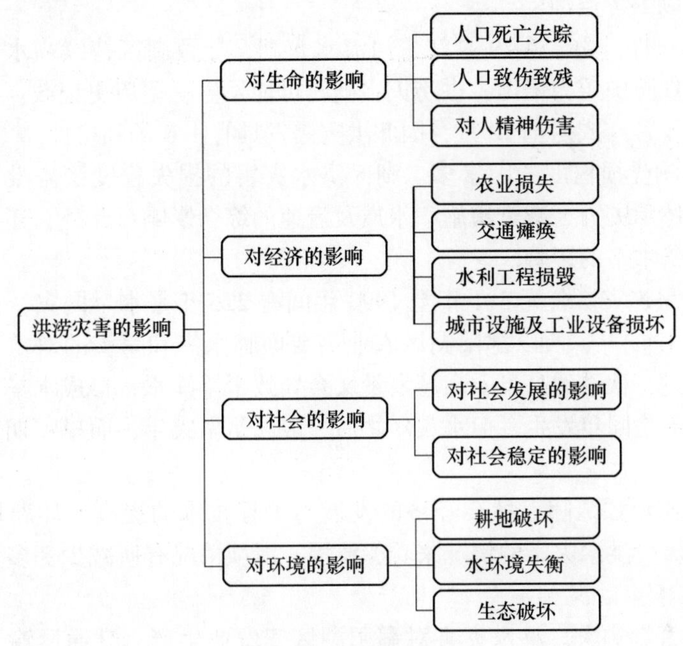

图2-2 洪涝灾害的影响

洪涝灾害损失程度的影响因素主要包括以下5个方面：

(1) 洪水淹没程度。洪水淹没程度主要通过洪水淹没范围、被淹地区的水深以及被淹历时来体现。

(2) 受灾体分类。各种土地利用类型由于其自身特性的不同，在被洪水淹没时具有不同的淹没损失率。

(3) 受灾体承灾能力。在洪水灾害中，受灾体会出现何种程度的损失主要由洪水特征（包括洪水规模、淹没时长、水深等因素）和受灾体自身特征来决定，而受灾体的承灾能力各不相同。如在耕地中，水田与旱田对于洪水的承受能力就有所不同，水稻在淹没水深小于1m且被淹历时不超过2天的情况下基本无损失，而同等条件下旱地中的小麦等作物则会绝产。

(4) 灾前减灾措施。灾前减灾措施根据实施方式可分为工程减灾措施和非工程减灾措施。作为非自然的人为可干预的重要手段，减灾措施得当与否和洪灾损失密切相关。在进行洪灾损失评估过程中也需要考虑灾前减灾措施的效果。

（5）洪水水质及其流速。洪水来袭时的水质（泥沙含量）协同流速，作用在受灾区域的冲击力同样会对洪灾造成的损失产生巨大影响。

2.2.1.3　洪灾的特征

根据鄱阳湖区的自然条件、水文特征、洪灾成因与影响因素，鄱阳湖区洪涝水灾害具有以下特点[4]：

（1）随机性。由于4~9月江、河流水入湖，导致湖区持续高水位，加上时至雨季，堤坝防护压力倍增，洪涝灾害随时可能发生；据历史记载：鄱阳湖洪灾发生或早在4月，或迟至10月，因此洪灾爆发具有一定的随机性。

（2）影响受损程度的因素多。湖区洪水灾害的损失程度受淹没程度、淹没时长、受灾体承灾力、减灾措施、水质及流速的综合影响；此外，还受到历史受灾程度和经济水平的影响。

（3）水旱连灾。公元381年至1990年间有226年是水旱同灾，占水旱同年水灾年份的42%[4]，所以鄱阳湖区农业需要面临水灾和旱灾的双重压力。有些年份水灾刚过，秋季的高温、高蒸发量又会导致干旱缺水，形成水旱连灾；有时水灾与旱灾不是同年发生，但水灾年之后一般就是旱灾年，而旱灾期可以持续两到三年。

（4）内涝增加。随着社会经济的发展与工程技术的提高，环湖圩堤得以加固；从该区历史洪水灾害的情况来看，溃堤、溃坝情况有所减少，多是内涝或洪水漫顶。

（5）灾害影响大。洪水灾害对鄱阳湖区工农业生产、交通运输、社会经济的影响甚大。道路损害、农业减产、工业生产停滞等都会造成巨大的经济损失，从而增加湖区灾后重建与修复的经济压力。

2.2.2　湖区洪涝与洪灾损失类型

2.2.2.1　洪涝类型

根据鄱阳湖区水文特征与洪水灾害情况，可将鄱阳湖区洪涝分为以下几种类型[5]：

（1）混合型（1954年、1998年）。

鄱阳湖区的降雨主要集中在5、6、7月，该时期暴雨发生强度高，6月最大五天降雨量超过了200mm，月降水量达到600mm，大量降雨使得鄱阳湖面水位高涨，出现超警戒情况。此时，长江中上游开始进入降雨期，但雨量不大，到了7月，长江中上游进入降雨高峰期，月最高流速也达到高峰，鄱阳湖地区降雨仍然持续，长江流量迅速增大，鄱阳湖开始发挥蓄洪作用，水位也达到全年最高值，超警戒水位达3m左右，受灾风险程度很高，并较易形成混合型洪涝。

（2）大范围型（1964年、1970年、1973年、1975年、1983年、1989年）。

该类型中以上年份的雨季较以往有所提前，主要集中在4、5、6月，月平均降雨量达到了300mm左右，易造成春夏连灾。由于春季降雨量较小，以梅雨为主，所以即使形成洪涝灾害，其影响范围是较小的；但在6月，时至夏季暴雨天气，容易造成江河水位猛涨，从而形成灾害，如1973年；同时，7月长江中上游降水形成的洪峰倒灌入湖，导致湖区灾害发生，当与鄱阳湖五河支流的洪水相遇，灾害风险程度将增大，如1983年。因此，该类型中多为局部性大洪水，并且超警戒水位的持续时间较长。

（3）江河型（1955年、1980年、1993年、1995年）。

产生该类型洪涝主要受到两方面的影响：一方面在于湖区6、7月份的持续性降雨，另一方面与鄱阳湖相通的赣江、饶河、信江、抚河与修河水流量大。因此，洪灾的致灾因子也显得比较单一。在该模式中，各年6月份的平均降水量达到了488mm，湖区虽未受到长江来水顶托的威胁，但依据历史平均45天的超警戒水位情况看（除1995年），灾害危害不可忽视；加上暴雨的突发性，降低了灾害预见度。

（4）滨湖型（1962年、1968年、1996年）。

受到长江中上游连续性暴雨的影响，江水流量增多、水流速度加快，水位上涨，超过鄱阳湖水位，经湖口倒灌入湖，造成洪涝，属于滨湖洪涝。随着长江水流量的增加，鄱阳湖水位从6月的17.6m升至20.4m。由于长江中上游洪水到达鄱阳湖需要一段时间，因此，该类型洪涝灾害的预见性比较强，有利于抗灾减灾工作。

（5）局部型（1969年、1974年、1976年、1977年、1982年、1988年、1990年、1991年、1992年、1994年、1997年）。

由于3、4月份的鄱阳湖区和水系上游降水，以及6、7月份长江中上游来水和湖区降水，使得在同一年出现了两次汛期。局部型洪涝和混合型洪涝的主要差别，在于湖区降雨和长江来水这两个致灾因子的地位不是同等重要，在不同的年份，其中一个致灾因子属强因素，而另一个为弱因素。由于混合型洪涝的这两种致灾因子均为强因素，因此一般导致大型或特大型洪涝灾害；而该模式中超警戒水位平均15.5天，属局部洪涝灾害。

2.2.2.2 洪灾损失类型

对洪灾损失进行分类可以使受灾地区各项损失的评估更加精确合理。洪灾损失依据洪涝灾害对各种不同承灾体的影响可以分为非经济损失和经济损失两大类。非经济损失主要指洪灾引起的难以计量的损失，包括人口死亡、疫病传播、对人类身心健康的不良影响、洪灾的社会影响、洪灾对生态环境造成的负面效应以及由于房屋和家庭财产等被冲毁或损失造成的人们日常生活水平下降等，而那些可以被计量的损失指标则可以被称为经济损失。

另外经济损失又可以根据洪灾的发生发展过程分为直接经济损失和间接经济损失，如图 2-3 所示。

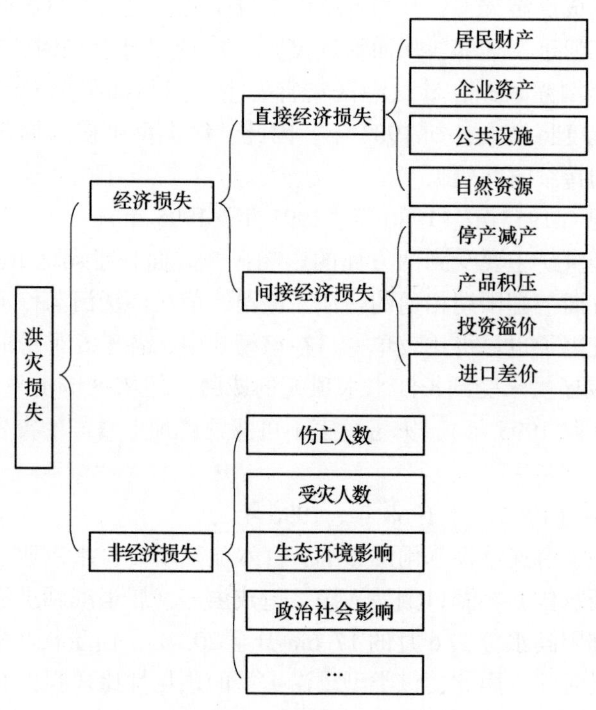

图 2-3 洪灾损失分类

2.3 鄱阳湖区防洪减灾进展

鄱阳湖地区不仅是江西省主要商品粮、棉、油、鱼生产基地，而且也是我国重要商品粮基地之一。新中国成立以来，鄱阳湖区共向国家提供商品粮达千亿斤，尤其是位于区内的南昌、九江两市以及连接两市的昌九工业走廊，交通方便，能源充足，通信发达，有较好的工业基础，是江西省政治、经济、文化发展的黄金地带，它对江西省的国民经济发展有举足轻重的作用。因此，对鄱阳湖区的防洪减灾，历来受到江西省政府的高度重视，为此江西省投入了大量人力、物力与财力，分别采取了工程与非工程措施对鄱阳湖区进行了防洪减灾，下面分别介绍其进展情况。

2.3.1 湖区防洪减灾工程措施

鄱阳湖区实施了多种有效的工程措施来减少洪涝灾害，如堤防工程、退田还湖、分蓄洪工程、疏浚河湖、水土保持、拦蓄洪等[6]。

(1) 堤防工程。堤防自古以来就是江河湖泊洪泛地区抵御洪水最直接和有效的方式，是防洪的重要屏障。

(2) 退田还湖。鄱阳湖区的围垦始于东汉时期，历史悠久。但为了减灾防洪，必须实施退田还湖。

(3) 分蓄洪工程。根据鄱阳湖区地形、地质、水系分布以及圩区状况，设立分蓄洪区，依靠分蓄洪工程能有效降低洪涝灾害，减少淹没损失。

(4) 疏浚河湖。泥沙淤积会减小河道泄洪能力，降低湖泊调蓄，抬高洪水位。进行河湖疏浚，不仅扩大了河道的泄洪能力，降低了洪水位，还能为防洪工程提供土源。

(5) 水土保持。有效地保持上游地区的水土，因地制宜，避免耕作层的流失，能从源头上限制江河水库的泥沙淤积，减小河床的泄洪压力。

(6) 拦蓄洪工程。建设拦蓄工程是指在地质和经济条件允许下所修建的水库、池塘、堰坝等，可以拦蓄上游来的洪水及泥沙，缓解河流中下游的防洪压力，削洪减灾。

根据有关文献报道，鄱阳湖区为了减少洪涝灾害已进行了以下重点工程建设项目：

(1) 鄱阳湖区重点圩堤建设。1986~2011 年，国家先后投入资金对 46 座重点圩堤（鄱阳湖区保护耕地 5 万亩以上或圩内有重要设施的即为重点圩堤）进行了加固整治，主要有鄱阳湖区一期防洪工程、鄱阳湖区二期防洪工程、赣抚大堤加固配套工程，以及 2010 年江西省自筹资金启动的五河及鄱阳湖区重点圩堤应急防渗处理工程等。

1) 鄱阳湖区一期防洪工程。1986 年开始建设，1998 年基本完成。主要对保护耕地 10 万亩以上的 12 座重点圩堤进行加固，共治理堤线 652km，完成堤身土方 5792 万立方米。

2) 鄱阳湖区二期防洪工程前四个单项。始于 1998 年，2004 年基本完成工程类的建设任务。主要对保护面积 5 万亩以上的 15 座重点圩堤以及一期防洪工程中的 11 座圩堤进行除险加固，共治理堤线 421km；还进行了湖区防汛通信预警系统和工程管理专项建设。

3) 鄱阳湖区二期防洪工程第五个单项。2005 年开始建设。主要对未加固的重点圩堤进行治理，堤线总长 231km，最终形成防洪封闭圈。

4) 鄱阳湖区二期防洪工程第六个单项。2009 年开始建设。工程主要对未加固的 8 座和一期治理中未彻底除险的 12 座重点圩堤进行除险加固。

5) 赣抚大堤加固配套工程。始于 2000 年，于 2008 年基本完成。赣抚大堤为江西省第一堤，全长 175km，保护耕地 116 万亩。

6) 47 座重点圩堤应急防渗工程。2010 年 12 月正式开工，现已完工。由江西省政府启动，主要对2010年大水暴露出来的五河及鄱阳湖区圩堤的堤身、堤基渗漏险情进行除险。

（2）平垸行洪、退田还湖、移民建镇工程建设。1998年大水后，江西省政府制定了“封山植树、退耕还林、平垸行洪、退田还湖、以工代赈、移民建镇、加固干堤、疏浚河湖”的防洪方针。

湖区平垸行洪、退田还湖的重点是对长江、鄱阳湖及入湖支流影响江河湖泊行蓄洪或防洪标准较低的圩堤实施“平退”，将临近河湖、常受洪涝威胁的洲滩圩堤内的居民搬迁到不受洪涝影响的地方。为提高江河行洪能力和增大鄱阳湖水面和蓄洪量，采取一定的工程措施，确保双退圩垸的圩堤平毁、单退圩垸在达到进洪水位时进水分洪。双退圩堤即退耕、退人，单退圩堤即退人的同时可机遇性种养。

湖区自1998年便开始实施“平垸行洪、退田还湖、移民建镇”工程，并依据《江西省平垸行洪退田还湖移民建镇若干规定》，实施平垸行洪退田还湖工程和移民搬迁。该工程含有圩堤共417座，其中双退圩堤180座，单退圩堤237座。平退圩垸进行高水位防洪运用时，可恢复长江和鄱阳湖及其支流天然河道面积共1181.6平方公里，相应增加鄱阳湖蓄洪容积约45.7亿立方米。

（3）鄱阳湖蓄滞洪区建设。在鄱阳湖区的蓄滞洪区中，康山蓄滞洪区为重要蓄滞洪区，珠湖、黄湖、方洲斜塘为一般蓄滞洪区。4处蓄滞洪区涉及余干县、鄱阳县、南昌县、新建县。

自1985年批准设立鄱阳湖蓄滞洪区以来，蓄滞洪区的建设进展相对较为缓慢。1991年国家通过以工代赈形式安排了少量建设内容。1999年至今的蓄滞洪区建设任务已全部完成，主要完成了部分圩堤以及7处垭口封堵、80km安全转移公路、7处分洪口门等工程。

2.3.2 湖区防洪减灾非工程措施

防洪减灾的非工程措施主要包括以下几类[7]：

（1）制定与经济建设同步发展的系统的减灾计划，重视灾前的防灾投入，把减灾纳入经济发展计划中。

（2）加大减灾监测系统、灾害信息传输系统、灾害信息处理预报与预警系统、灾害信息评估系统的建设等。

（3）制定与减灾对策相适应的人口政策、资源政策、环境政策和发展政策。

（4）加强灾害意识的宣传，建设必要的法规，加大防灾、抗灾、救灾技术装备的投入，防止出现灾害发生前准备不足，灾害发生时惊慌失措，灾害发生后束手无策的现象。

（5）完善的灾害管理体制，包括减灾队伍的组织管理、减灾预案的制定，灾害信息的交流、灾害预报和预管，灾情的汇集，灾害规律和减灾技术的研究等。

(6) 推动社会灾害保险的实施。在以上的非工程措施中，鄱阳湖区应用空间信息技术开展洪涝灾害的监测评估工作包括以下方面：受江西省人民政府的委托，中国科学院曾在1995年、1998年两次对江西省鄱阳湖区开展了利用"3S"技术进行汛期洪水预测、实时监测和灾后评估的科学试验工作[8]。2000年4月，江西省水利厅与中国水利科学研究院合作开发了江西省防汛指挥决策支持系统，系统采用包括GUI、C/S、B/S、Web、GIS等一系列的先进技术，利用1/25万的全省电子地图，建立了面向江西省防汛指挥应用的信息管理和决策支持系统，初步完成了柘林水库实时联机洪水预报调度系统、鄱阳湖区康山蓄滞洪区洪水仿真模型、堤防安全评估子系统等的开发。江西省遥感信息系统中心2000~2004年也对鄱阳湖区洪水监测与快速评估信息系统进行了研究，形成了一套从遥感信息预处理确定洪水淹没范围，到遥感信息复合分析提取水体和淹没区，最后在基于灾情评估的地理信息系统的支持下得到淹没区不同土地利用类型的统计数据的监测评估方法。

另外，作者从2001年开始在江西省主要学科学术和技术带头人培养计划项目的支持下也对鄱阳湖地区防汛抗洪地理信息系统进行了研究，该项目利用地理信息系统技术、计算机技术、神经网络技术、数学建模等技术，一是开发建立了鄱阳湖地区防汛抗洪地理信息系统，包括鄱阳湖区基础数据库管理、工情信息管理、洪水预报、洪灾损失评估和三维仿真五大功能模块；二是开发了鄱阳湖地区洪水预报三维展示系统，包括给定水位演示、洪水动态演示、堤防溃决动态模拟、灾民撤退动态模拟、物质调度模型等功能；三是开发了鄱阳湖地区防汛抗洪地理信息发布系统，包括图层管理、选择查询、地理报表、雨情信息、水情信息、站点信息、统计输出、查询淹没范围、查询洪水预报、查询洪灾损失值、用户反馈等功能。

2.3.3　湖区防洪减灾机遇与挑战

鄱阳湖是我国最大的淡水湖，也是我国四大淡水湖中唯一没有富营养化的湖泊，同时还是具有世界影响的重要湿地。在未来发展中，鄱阳湖地区既肩负着保护"一湖清水"的重大使命，又承载着引领经济社会又好又快发展的重要功能。在新的历史时期，从国家战略全局和长远发展出发，为积极探索经济与生态协调发展的新模式，建设好鄱阳湖生态经济区，为我国大江大湖区域综合开发提供良好示范，国务院已于2009年12月12日正式批复《鄱阳湖生态经济区规划》，标志着建设鄱阳湖生态经济区正式上升为国家战略。这也是新中国成立以来，江西省第一个纳入国家战略的区域性发展规划，是江西发展史上的重大里程碑，它对实现江西崛起新跨越具有重大而深远的意义。

《鄱阳湖生态经济区规划》2009~2015年重点规划期的主要奋斗目标是：水资源得到有效保护，鄱阳湖水质稳定在Ⅲ类以上；空气质量达到国家Ⅱ级标准；湿地保护面积持续稳定，湿地生态功能不断增强；生物多样性得到有效保护，珍稀濒危动植物数量有所增加；河道行洪通畅，防洪抗旱治涝减灾能力进一步提高；森林覆盖率和森林质量不断提高，水土流失面积持续减少；工业污染和农业面源污染防治取得明显成效；城镇公共绿地面积不断扩大；流域综合管理能力大幅增强，区域生态环境质量继续位居全国前列。2016~2020年为深入推进、全面发展阶段，主要任务是构建保障有力的生态安全体系，形成先进高效的生态产业集群，建设生态宜居的新型城市群，为到本世纪中叶基本实现现代化打下良好基础。

为了实现上述规划目标，提高鄱阳湖区的防洪治涝减灾能力，除了加强工程建设的措施外，采用非工程性措施也是必要的手段。但我国目前的洪灾损失评估模型存在不准确、难实时、效率低等问题。如何利用现代新技术快速、精确地评估洪灾所造成的损失是一项急需解决的难题。而作为国际信息技术研究热点——空间信息格网和人工神经网络为建立洪灾损失评估模型提供了机会。为此利用空间信息格网技术，将洪灾区域依据自然社会经济情况划分为格网，并结合GIS技术及DEM数据，计算每个格网里的社会经济和洪灾相关数据。结合这些数据，从洪灾的属性特征出发，分析影响洪灾损失的主要因素，分别研究它们对洪灾损失的影响规律，利用数学建模方法构建进行灾害评估的多因子空间；然后利用BP神经网络对每个格网里的影响因子和洪灾损失进行训练，构建由单个格网神经网络模型组成的神经网络模型集群，通过该模型集群，得出整个洪灾区域的洪灾损失；最后以鄱阳湖区为例，对基于空间信息格网和BP神经网络的洪灾损失评估模型进行应用并检验完善。

总之，在鄱阳湖区开展洪灾损失评估研究具有重要的现实意义，因为湖区不仅是全国著名的商品粮基地，同时又是洪涝灾害多发地区，每年因洪水灾害所造成的损失都十分巨大，特别是随着湖区人口增多、经济发展，洪灾所造成的损失呈上升趋势。因此准确快速地评估鄱阳湖区洪灾损失，能够达到有效的监洪、报洪、防洪、抗洪以及救灾目的，为防洪规划和防洪减灾决策的制定以及防洪效益的评估提供重要的依据。

参考文献

[1] 甘筱青，黄新建. 为了鄱阳湖的明天——鄱阳湖生态保护与综合开发［M］. 北京：中国经济出版社，2004.

[2] 吴敦银，李荣昉，刘金生，等. 论鄱阳湖控制工程的防洪作用［J］. 江西水利科技，

2003，6（29）：83~87.
［3］万良君，曾再平，王改利．城市洪涝灾害的损失评估研究与防灾减损对策［J］．气象水文海洋仪器，2003，12：129~133.
［4］王凤．鄱阳湖区洪水灾害与综合管理研究［D］．南昌：江西师范大学，2006.
［5］陈静．鄱阳湖区洪水灾害损失快速评估［D］．南昌：南昌大学，2006.
［6］云惟群，付凌晖，王惠文．鄱阳湖地区洪水灾害模式分析［J］．灾害学，2003，3：30~35.
［7］余萍．蓄滞洪区洪灾损失评估方法的研究及应用［D］．天津：天津大学，2007.
［8］钟昀．滨海新区洪灾损失评估及防洪减灾对策的研究［D］．天津：天津大学，1999.

3　格网划分及致灾因子分析

3.1　概述

3.1.1　格网概念

最早的格网概念应属中国的汉字“田”，象征着土地中阡陌纵横。说文解字中解释道：“陳也。樹穀曰田。象四囗。十，阡陌之制也。凡田之屬皆从田。”古代的格网仅仅是以等长划分出的格网单元，近代以来，出现了按地理坐标划分的规则格网。格网并不仅仅是方形的，随着地理分析的需求，以数学规则划分地球表面而形成各种形状的空间单元，即格网是依据特定需求，以一定的数学规则划分研究区形成各种形态的空间单元。随着信息时代的来临，人们对于地理分析的需求日益增强，仅具有空间属性的格网已经不能满足需求，格网已经发展成为既具有空间属性又可以承载各种与空间分布相关的信息的新型空间划分体系——空间信息格网。

空间信息格网技术可以将多种数据展布到一个尺度统一的可以进行直接分析比较的空间划分体系中。在进行人口、资源、环境等方面的研究中，特别在需要打破行政分界的研究需求下，这种技术展现出了极其广阔的发展前景。

在洪灾损失评估中，洪水的淹没范围是与地理空间特征相关的，与人为划分的行政单元无关，而洪灾损失评估所需要的社会经济数据则大多以行政区域为统计单元。淹没范围与行政区域的不重叠正是洪灾损失评估研究的瓶颈。空间信息格网技术在其他研究领域的应用凸显了其在打破行政分界，并将多种数据空间化到一个统一的便于进行分析的尺度方面的优势。

3.1.2　国内外研究现状

目前，传统的测绘技术已经逐渐被以卫星遥感、GIS 和电子通信技术等相互融合所形成的新型数字化测绘体系所取代，并且信息化的测绘体系也随着科学技术的发展而逐渐浮现。但是，人们思维中对于空间的表达仍然局限于传统纸质地图的表达方式。目前空间信息技术在实际应用中，仍仅局限于对于传统纸质地图的数字化再现。如何打破传统的空间表达体系，在新的数字环境下形成一种适合于计算机处理和数据共享的空间数据组织形式，正是目前空间信息技术的发展关键。

李德仁院士认为“要解决空间信息的共享问题，必须从根本上研究适合于空间信息共享的基础理论和方法，从空间信息的表示、数据的组织和管理、共享和服务模式上提出有别于目前空间信息系统的一套体系框架”[1]。格网与空间信息技术的融合，正是解决目前空间信息在数据的表达、组织和管理、共享等方面问题的关键。如何将空间信息以格网技术的思路方法来表达、组织则是目前研究的重点内容。

国外许多学者致力于空间信息格网的研究，利用数学理论探讨了如何进行格网的划分以及格网的编码。随着 GPS、GIS、数字地图、无线通信和其他信息技术的进步，以及人们社会生活中对于信息空间化的应用需求不断提高，美国联邦地理数据委员会（FGDC）认为传统的行政区域划分和分部门的信息操作权限无法适应当今时代对于空间化信息的需求，急需一个统一的格网系统来解决不同空间参考系统之间的信息转换问题和地图制图的混乱局面[2]。FGDC 在 2001 年制定了美国国家格网标准（United States National Grid，USNG），用来实现以格网坐标表达地理位置的地理信息数据服务功能，并要求所有公开发布的地图服务都必须以 USNG 为标准[3]。在英国，国家格网参考系（National Grid References）可以表达本国任意一点的地理位置，该参考系被广泛应用在英国测量局制图工作中。为便于社会经济数据的统计，日本 1973 年颁布了“统计用标准格网及标准格网代码”，并建立了一套基于信息格网系统的统计模式，并被广泛地应用于国家统计调查以及企事业单位调查等[4]。

空间信息格网技术在我国起步较晚，但发展很快。近年来，基于空间信息格网技术的研究主要集中在人口统计数据的空间可视化、资源环境评价等方面。在人口统计数据可视化方面，1995 年刘岳利用全国第四次人口普查数据，制作了全国人口格网地图[5]；2001 年，李宝林以 5km×5km 格网为尺度对人口数据进行了空间展布，并将该成果与对应的初级生产力进行叠置分析，用以分析我国西部地区人口的饱和度[6]；2002 年，江东等人利用基于 Landsat 和 TM 遥感数据解译获取的 1∶100000 比例尺的土地利用类型数据估算了全国人口分布情况，并制作了 1km×1km 格网的中国人口分布密度图[7]；2003 年，廖顺宝等人应用多源数据融合技术对西藏、青海两省人口数据进行空间展布，最终生成 1km×1km 尺度的人口密度图[8]；2003 年，金君等人提出了基于空间信息格网的数字人口模型[9]。在资源环境研究方面，2005 年，贾艳红等人利用空间信息格网技术对甘肃牧区草原生态安全评价进行了研究[10]；2006 年，王耕等人利用空间信息格网技术对辽河流域 90 个县（市）区进行了基于 GIS 的流域生态安全可视化评价[11]。

3.1.3 洪灾损失评估中引入格网的意义

空间信息格网技术作为主要技术手段用来进行洪灾损失评估，主要是因为当前洪灾损失评估大多过分强调了行政区划的界限区分，而洪水淹没区域与行政单元并不一致，另外水深等气象因子也不是以行政单位为单位的，同时也未充分考虑人为划分的行政区划对于数据自身空间属性的表达所产生的负面影响，这在一定程度上导致了成果偏离实际情况的问题。空间信息格网技术能够进一步实现数据的空间属性在空间尺度上的细化，使得传统统计数据的表达有了新的途径，弥补了行政界线的不足。另外，由于洪水灾害损失评估中，涉及多个层次的大量指标，对数据和图层叠加分析需求也使得空间信息格网技术的优势得以凸显。

本书以当前洪涝灾害的严峻形势和应用需求为出发点，根据目前各种评估方法出现的问题，希望在 GIS 平台下对空间信息格网技术在洪灾损失评估中的应用进行进一步探索研究，拟运用空间信息格网技术对洪水淹没区域制作洪水特性格网，并利用该技术将社会经济统计数据依据其自身的空间属性展布到地理空间中，形成带有社会经济信息的空间格网，并在 GIS 平台支持下整合基于社会经济数据的空间信息格网洪灾损失方法，将洪水特性格网和社会经济数据空间信息格网进行叠合，通过计算淹没范围内基于损失率的洪灾损失评估格网单元的损失值，进而得到整个淹没区域的洪灾损失值。

3.2　气候因素对鄱阳湖区洪灾的影响

气候因素对鄱阳湖的影响主要表现在水文特征方面，相关研究主要集中在降水、蒸发对径流量、水位的影响等方面。随着降雨量的逐渐加大和降雨持续时间的不断增加，洪灾区遭受的经济损失也将越来越严重。不同区域在同一时刻的降雨总量和降雨持续时间是不同的，而不同时刻在同一地区的降雨总量和降雨持续时间也是存在差异的。图 3-1 所示为鄱阳湖流域平均多年平均降水量的年内分配图。

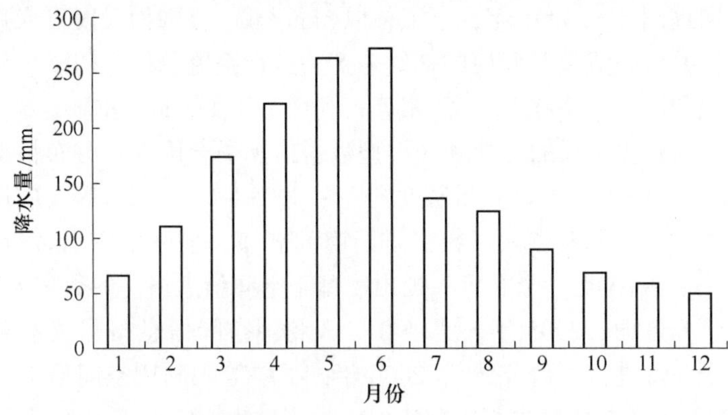

图 3-1　鄱阳湖流域平均多年平均降水量年内分配

从图 3-1 可知，鄱阳湖流域年内降水主要集中在 3~8 月，它们占全年的 70% 以上。4 月份后开始进入梅雨期，最大值出现在 5、6 月，分别占 15% 和 19%，最小值出现在12月，仅占3%。连续最大4个月降水占全年降水量的50%~60%。可见，整个流域降水季节分布不均，有明显的雨季和旱季之分。据有关文献记载1959~2008年鄱阳湖流域年平均气温为17.9℃，呈波动上升趋势，50年间上升了0.65℃。

本书根据1961~2013年收集的鄱阳湖流域降水资料，制作了鄱阳湖流域降水变化主要统计量，见表3-1。

表3-1 鄱阳湖流域降水变化主要统计量

主要指标	面平均降水		
	1961~1990年	1991~2003年	2004~2013年
年降水量/mm·a^{-1}	1625.99	1793.18	1477.43
夏季降水量/mm	527.78	684.26	701.874
夏季暴雨频率/d	2.44	3.69	3.86
夏季暴雨强度/mm·d^{-1}	71.53	76.38	78.685
夏季暴雨量占夏季降水的比率/%	37	42	43

注：降雨量和暴雨的频次、暴雨计算选用日降水数据（中国气象局规定，日降水>50mm为暴雨）。流域年平均温度为站点年平均温度的算术平均值，年降水为各月平均降水之和，夏季降水为6~8月份降水量之和。

从表3-1可以看出，1961~2013年，鄱阳湖流域年降水量呈略增多趋势，但长期变化趋势不显著。流域多年平均降水量为1632.2mm。2002年以来，鄱阳湖流域年平均降水日数明显减少，同期年降水暴雨日数呈略增趋势，区域性暴雨频次、特大暴雨频次均呈明显增加趋势，而小雨、中雨日数呈明显较小的变化趋势，这说明流域的降水集中度在增加。江西省气象部门曾在《鄱阳湖流域气候变化评估报告》中指出，鄱阳湖流域降水量和降水强度略有上升，暴雨、特大暴雨频次均呈明显增加趋势，而小雨、中雨日数呈明显减小的变化趋势，降水集中度增大，强降水事件增多；流域内洪涝事件呈多发趋势，夏季高温事件增多，且强度增强。因此气候因素是鄱阳湖区发生洪灾的主要原因。

3.3 人为因素对鄱阳湖区洪灾的影响

气候因子的异常是发生洪涝灾害的直接影响因子，但人类活动对环境的破坏则加剧了洪涝灾害发生的程度和影响范围。人类活动对发生洪水灾害的影响，许多学者已经进行了探讨，2001年，张建敏等人[12]对长江流域洪涝灾害进行致灾因子分析时，就探讨了人为等非气候因子的致洪作用；2002年，金腊华等人对鄱阳湖圩区还湖减灾运用方式的研究，通过定量分析得出人为因素对于洪涝灾害的显著作用[13]；2007年，马定国等人[14]对鄱阳湖进行洪灾风险研究时得出人类活动是引发洪灾强度加剧的活跃因素。因此在考虑洪灾致灾因子时，非气候因子（人为因素）也是必须考虑的因素之一。

人类活动对鄱阳湖水文的影响主要体现在湖区围垦和水利工程建设等对湖泊水位、面积、容积以及洪涝灾害的影响。已有研究表明，大规模的围垦造田造成湖泊面积、容积缩小和调蓄功能衰退[15]。1998 年以来退田还湖工程的实施对鄱阳湖区洪水调蓄功能具有明显影响；闵骞计算出了典型年洪水位在不同围垦情况下的洪水位过程，用以确定围垦的洪水效应，结果表明退田还湖分别可使 1954 年洪水和 1998 年洪水的最高水位降低 0.72m 和 0.68m，使 50 年一遇和 100 年一遇的洪水位分别可降低 0.63m 和 0.68m[16~18]。2004 年，吴敦银等计算退田还湖降低湖口站洪水位和减少 1954 年型洪水超额分洪量，结果表明，退田还湖工程实施后，鄱阳湖面积和容积都有较大增加，因此提高了鄱阳湖调蓄五河和长江洪水的能力[19]。

人类活动对鄱阳湖洪灾的影响还表现在人工水利工程，1997 年，姜加虎等人的研究表明，三峡工程对鄱阳湖的水位有明显影响，自下游向上游方向逐渐减少，枯水期影响程度大于丰水期，对都昌以下局部地区影响明显，具体表现为 10~12 月水位降低，1~3 月升高，年最低水位升高[20]。1999 年，刘晓东等人用大湖演算法分析计算了三峡水库增（减）泄流量对湖口水位的影响值，计算表明，三峡水库运行对湖口水位的影响值，在相同增（减）泄流量下，原江湖水位低，则水位变化大，反之水位变化小[21]。2007 年，吴龙华的研究表明，三峡水库 5、6 月增泄流量对鄱阳湖区的防洪、排涝将产生重大影响，增泄流量人为地增大了江洪与湖洪的遭遇几率，与鄱阳湖最大洪水遭遇的几率达 60%以上，将进一步加重鄱阳湖区的防洪负担，如再遇长江洪水提前的不利洪水典型，对鄱阳湖区防洪将会产生极为不利的影响[22]。

总之，人类的干预，使洪水频率与洪水淹没范围这种关系发生变化。在同一区域，修建水库、圩堤等人类活动会使洪水淹没范围减少，洪水水位提高。如 1998 年的长江流域洪水，其洪水频率小于 1954 年洪水，而洪峰最高水位却高于 1954 年洪水。但当某一时期人类干预处于稳定状态，则这种对应关系也具有相对的稳定性。

3.4　地形地貌对鄱阳湖区洪灾的影响

鄱阳湖及周边经济区地貌类型复杂多样，由丘陵岗地、平原、水道、洲滩、岛屿、内湖、汊港组成。其地势有规律地由湖盆向湖滨、冲积平原、阶地、岗地、低丘、高丘变化，逐步过渡到低山和中低山等，河流中上游地区主要以山地丘陵为主，而河流下游地区以三角洲平原与滨湖平原为主。湖盆自东向西，由南向北倾斜，高程（黄海）一般由 12m 降至湖口约 1m。湖底平坦，湖水不深，平均为 8.4m。最深处在蛤蟆石附近，高程为-7.5m。滩地高程多在 12~17m 之间。

由于河床的往返摆动、分汊，形成了扇形冲-溢平原，河网、湖沼星罗棋布。河口区泥沙淤积形成砂坝、天然堤等三角洲微地貌，一般沿河道两侧发育，并向水下伸展。整个鄱阳湖及其周边地区的地貌形态多样，山、丘、岗、平原相间，由边及里，由高及低，构成环形、层状地貌。

地形对洪水过程的影响主要是通过产流和汇流来进行的。地形的高程、坡度决定了径流形成的时间和水量。地形不仅控制着地表水系的空间分布状况，而且还决定着其径流的走势，为了使洪灾经济损失的评估结果更加精确，提取地形条件因子是必不可少的。

3.5 鄱阳湖区洪灾防洪能力

防洪是采取一切措施，尽可能减少洪水灾害。鄱阳湖防洪体系是一个由自然要素和人工要素组成的复杂系统，主要包括防洪工程措施和防洪非工程措施。防洪工程措施是防洪减灾的基础，通过工程建筑来改变不利于防洪的自然条件，以减少洪泛的机会和灾害损失。防洪非工程措施是与防洪工程措施相对应而提出的，是指不修或者少修防洪工程而采取的其他各种减少洪灾损失的措施。

洪灾防御能力的强弱主要取决于防洪工程的质量，当洪涝灾害发生之后，若防洪工程对洪水的防御能力强，且对洪灾抢险措施非常及时，洪水对灾区造成的经济损失将会大大减小；而相反，若是防洪工程的防洪能力比较薄弱，并且抗洪抢险措施不够及时，灾区将会遭受较大的经济损失。所以防洪工程的防洪能力对洪灾经济损失的影响非常巨大。下面从以下 4 个方面来分析鄱阳湖区的防洪能力。

(1) 鄱阳湖区水库防洪能力。主要表现为对洪峰在时间上的延迟、对洪峰流量的削减，避免干、支流洪峰遭遇等方面。单一水库的防洪效果，可以由水库入库、出库洪峰流量，通过计算洪峰削减率反映；然而对于联合调度、共同担负防洪错峰的几个水库，通过计算单个水库的洪峰削减率，难以确定整个水库群优化调度后发挥的防洪效果。水库群联合调度发挥的防洪效果，主要是对受水库群影响的下游某一水文站的洪峰流量进行还原，即对水文站受水库影响的年份的资料通过各种方法还原到建库前的天然情况，比较天然洪峰流量和实际洪峰流量，计算洪峰削减率，从而确定水库联合调度的防洪能力以及防洪能力的提高值[23]。

(2) 鄱阳湖区圩堤防洪能力。圩堤的存在，改变了鄱阳湖自然形态，也改变了洪水的成灾机理。据江西省水利厅堤防工程统计资料，实施退田还湖后，鄱阳湖区现有圩堤 449 座，堤线总长 3038km，保护面积 7606km^2，保护耕地 42.2 万 hm^2，保护人口约 800 万人[24]。圩堤的抗洪能力受建设标准、设施的配套、工程质量等因素共同制约，因后两者很难量化，因此仅将圩堤的建设标准作为圩堤防洪能力的指标。堤防建设标准往往用所能抵御的洪水强度来表示，如20年一遇标准、50年一遇标准，这样就与洪水危险性直接联系，因此通过圩堤的防洪指标，就可以确定圩堤面对不同强度的洪水的漫堤或溃决风险。

（3）五河尾闾疏浚及退田还湖工程防洪能力。通过对五河尾闾的河段进行清除河道淤沙，以降低河床，增加河道行洪断面，提高行洪能力，达到防洪减灾的目的。1998年大洪水后，根据党中央、国务院以及江西省委、省政府的统一部署，实施了平垸行洪、退田还湖工程，共退圩垸414座，其中双退181座，单退233座，搬迁圩垸内居民90.82万人，22.5万户。五河尾闾疏浚及退田还湖工程恢复鄱阳湖水面887km^2、鄱阳湖支流水面256.3km^2。双、单退圩区的蓄洪容积分别为9.87×10^8m^{3}和43.28×10^8m^3，使大中洪水的最高水位和高中水年份的水位涨落变幅减小0.4~0.9m。

（4）鄱阳湖区分洪工程防洪能力。鄱阳湖区分洪工程包括貊皮岭分洪工程和4座蓄滞洪区安全建设。貊皮岭分洪工程是1999年为保证信江干流防洪安全，减轻梅港以下信江干流两岸圩堤的防洪压力，实施貊皮岭分洪工程，打开貊皮岭分洪道，分流一部分洪水从青岚湖进入鄱阳湖。该工程按20年一遇洪水建设，貊皮岭分洪道分洪流量1300~2500m^3/s，可降低信江干流梅港站水位0.4~0.7m。鄱阳湖蓄滞洪区安全建设是按照国家防总的统一部署，1954年洪水并将继续上涨时，将余干县康山圩、波阳县珠湖圩、南昌县黄湖圩和新建县方洲斜塘圩作为蓄滞洪区，共同承担鄱阳湖区分洪25亿m^{3}的任务。

总之，防洪能力因子与防洪工程的好坏密切相关，它是反映防洪工程质量最直接的指标，是工程的防洪标准，但是防洪工程体系中各个工程的防洪标准可能各不相同，用防洪标准反映防洪工程存在实际困难。

3.6　鄱阳湖区洪灾承灾体易损性

承灾体就是各种致灾因子作用的对象，是人类及其活动所在的社会与各种资源的集合。易损性（vulnerability）是指受灾体在特定强度致灾洪水作用下功能降低或遭受破坏、伤害或损伤的程度。不同承灾体遭受同一强度的洪水，损失程度会不一样；同一承灾体遭受不同强度的洪水损失程度也不一样，即易损性不同。这也说明了易损性是由受灾体自身条件和社会经济条件共同决定的。

洪灾承灾体易损性分析就是研究建立各类承灾体易损性与主要影响因素（如致灾洪水特性等）的关系，揭示各类承灾体的抗洪能力，它是洪灾灾情（受灾范围、受灾人口、伤亡人数、经济损失大小以及对社会经济环境、自然环境影响程度等）评估的重要依据，是全面估算洪灾损失的前提。

影响各类承灾体易损性的因素除了致灾洪水特性（洪水发生时间，洪峰、洪量大小，上涨速率，淹没水深，淹没历时，水流速度以及污染物及泥沙浓度与粒径组成等)、承灾体密度和承灾体抗洪能力以外，灾区的自然环境（地形、地貌、水系分布及植被等）和社会环境（社会经济发展水平，人群的年龄、性别、文化程度和工作性质，防洪基础设施建设，防洪减灾保障体系建设，人们防洪减灾教育水平和水患意识的强弱等）也是影响承灾体易损性大小的重要因素。

3.6.1 鄱阳湖区承灾体的分类

不同地区内的各类承灾体，在不同时间、不同种类、不同强度的洪水作用下，具有不同的易损性特性和响应函数[25]。因此，许多学者对于土地类型的分类，都进行了系统的研究，地貌是最主要的影响因素，也是土地分类的主要因素。因此，不同的地貌会有不同的土地类型分类，不同的用途，其划分的土地类型也不同。我国曾颁布和采用多种土地利用分类标准。20 世纪 80 年代颁布的《土地利用现状调查技术规程》有 8 个一级类，46 个二级类[26]；20 世纪 80 年代末颁布的《城镇地籍调查规程》城镇土地有 10 个一级类，24 个二级类[27]。21 世纪初颁布的《土地分类（试行）》有 3 个一级类，15 个二级类，71 个三级类[28]；《全国土地分类（过渡期适用）》有 3 个一级类，10 个二级类[29]；2007 年颁布的《土地利用现状分类》有 12 个一级类，57 个二级类[30]；2008 年《全国遥感监测土地利用/覆盖分类体系》有 6 个一级类，31 个二级类。结合鄱阳湖区的土地特点，将研究区土地利用归并整理为 6 类，见表 3-2。

表 3-2 鄱阳湖区土地利用归并分类表

<table>
<tr><th>土地利用一级分类</th><th>土地利用二级分类</th><th>土地利用归并后分类</th></tr>
<tr><td rowspan="2">耕 地</td><td>121 山区旱地
122 丘陵旱地
123 平原旱地
>25°坡地旱地</td><td>旱 地</td></tr>
<tr><td>111 山区水田
112 丘陵水田
113 平原水田
>25°坡地水田</td><td>水 田</td></tr>
<tr><td>林 地</td><td>21 有林地
22 灌木林
23 疏林地
24 其他林地</td><td>林 地</td></tr>
</table>

续表 3-2

土地利用一级分类	土地利用二级分类	土地利用归并后分类
水　域	41 河流 42 湖泊 43 水库坑塘 46 滩地	水　域
城乡、工矿、居民用地	51 城镇用地 52 农村居民地 53 其他建设用地	建设用地
未利用地	沙地 盐碱地 沼泽地 裸岩地	裸　地

灾情损失数据涉及内容复杂多样。本书重点研究农业经济损失和建设经济损失。而研究区农作物既有旱作物又有水稻，因此将所有农田经济损失划分为旱地损失和水田损失，林业损失归为林地损失，城镇用地及其他用地的损失归为建筑用地损失。结合鄱阳湖土地利用归并分类结果，得到研究区承灾体分类见表 3-3。

表 3-3　研究区承载体分类

灾情损失分类	灾情损失分类项目	承载体分类
农田经济损失	棉花、玉米、花生、大豆、蔬菜、杂粮、黄烟、小麦、大棚蔬菜、高粱、姜、甜菜、辣椒的受灾面积和成灾面积	旱地
	水稻	水田
林业经济损失	树木毁坏棵树、树木受灾面积、果园损失亩数	林地
城镇用地及其他用地经济损失	城镇倒塌及毁坏房屋、毁坏公路和铁路的长度、桥梁毁坏个数、高压线损坏长度、电力倒杆个数、冲毁广播电线杆根数、死亡家禽个数、死亡大牲畜个数、农村倒塌及毁坏房屋等	建筑用地

3.6.2 鄱阳湖区洪灾易损性分析

鄱阳湖区农田洪灾易损性分析应根据农田种植的农作物种类不同而分开分析。首先，不同的农作物，它的耐水性不同，损失的程度不同；其次，农作物种类不同，它的经济价值不同，洪灾造成的损失不同。本书将农田分为水田和旱地，同时根据旱地种植的作物种类不同，下面分别进行洪灾易损性分析。

（1）水田易损性分析。鄱阳湖地区是重要的水稻生态适宜区域，洪涝对水稻的影响是一个复杂的过程。因为洪涝本身就是由多种因子组成，如水温、水深、淹水时间、泥沙含量、流速、流量等。温度越高，淹水越深，淹水时间越长，水流量和流速越大，泥沙含量越多，对植物造成的危害越严重。洪灾除对水稻造成直接伤害外，主要是诱导次生胁迫如低氧、缺氧、高浓度乙烯等，从而严重影响水稻的生长发育。发生洪涝灾害时，水稻分蘖数目减少、干重降低、失绿，且受灾程度随淹水时间的延长而加剧，严重时甚至导致植株死亡。影响水稻洪灾易损性的影响因素有淹没深度和历时、品种、生育期、温度、水流速度及泥沙含量。

（2）旱地易损性分析。鄱阳湖区旱地一般作物为小麦、玉米、棉花等。但旱作物耐淹能力较差，耐淹水深一般为10cm左右，耐淹时间为1~2天。包括豆类、蔬菜和甜瓜等大多数旱作物，若水淹深度超过1.0m，淹没时间超过一周，减产损失率都在80%以上，甚至绝收。小麦同洪水遭遇的时机一般发生在生长后期的抽穗开花和乳熟两个生育阶段。

小麦抽穗开花期淹水会延缓抽穗时间，影响开花受粉，容易造成不孕。小麦乳熟期淹水会损害麦粒干物质累计的三个条件——麦株的绿色面积、光合作用效率及叶片寿命，使麦粒不饱满。小麦在此两个阶段受淹，若淹水深度超过株高2/3，淹没历时超过3天，会使麦株茎叶变黑腐烂，从中下部折断。

玉米无论是在拔节期或是在抽雄期遭遇洪涝，只要积水时间在3天以上，就会减产50%以上，其中拔节期积水5天会绝收，抽雄期积水7天基本绝收。

棉花在鄱阳湖区一带有广泛种植，棉花既怕旱又怕涝。棉花苗期淹水容易造成死苗；蕾期和花铃期淹水会造成“水控”，棉株生长停止，蕾、花、铃大量脱落；絮期淹水则增加烂铃或贪青晚熟，降低纤维质量。棉田受涝后，积水2天减产21.2%，积水4天减产39.4%[31]。

（3）林地易损性分析。由于树木耐浸泡性强，损失率远低于农作物，在一般淹没情况下，林木死亡很少，可以不计这类损失。但是在淹没水深加大、历时较长的分蓄洪区或流速较大的行洪区和堤坝决口的滞留顶冲区，树木则会有大量死亡，造成林木较大损失。淹没的树木，已成材的，不影响其价值，一般损失很小；而幼林淹死后残余价值很小，损失就很大。林业洪灾损失，主要是淹死幼林的价值和果、茶等经济林地淹没后的损失。其主要与林地类型、平均树龄、平均树高、受灾面积、淹没深度、淹没历时有关。对于林地洪灾损失估算，在林业损失比重较大的地区，按材林和经济林分别计算；林业洪灾损失占经济损失的比重较小时，则根据选取农作物间接损失系数，由经验系数法来估算。研究区内林地占有面积比较大，林地大多数分布在高程较高处，受灾情况与淹没水深的关系较大，因此可以利用淹没水深与林地洪灾损失率之间的关系来评估林地的经济损失。

(4) 建筑用地易损性分析。城乡居民家庭财产，可分为房屋、生产、交通工具、家具、家用电器、衣被、日用品、粮草、畜禽等。洪灾家庭财产损失大小不仅与淹没水深、淹没历时及水流速度有关，而且与各类财产的性质、耐淹程度及抢救难易等有关。例如房屋结构的好坏、耐淹能力的强弱，不仅影响房屋本身的损失率，同时还影响其他家庭财产的损失率。结构坚固、耐淹能力强的楼房与砖瓦房，不仅倒塌率很低，还可以把部分不怕淹的财产锁在屋内，防止漂走；把怕淹的家庭财产临时搬到房顶或者楼上，以减少其他财产的损失。故应根据房屋结构与耐淹性能，按楼房、砖瓦房与土草房三类分别调查分析家庭财产的损失值和损失率。

总之，鄱阳湖区承载体易损性按承载体不同，它的经济损失不同，因此应根据承载体种类不同，而分类计算损失。鄱阳湖区农作物经济损失评估可根据农作物的种类、生长期、淹没面积、淹没水深、淹没历时，来确定它的损失率，再根据农作物的市场经济价值，来计算它的经济损失。而林地和建设用地的损失同样也是如此。

3.7 影响洪灾的主要因子分析

影响洪灾经济损失的因素有多方面，既有来自于自然环境方面的因素，又有来自于人类活动对大自然影响方面的因素，但不同方面因素的统计数据之间是有一定的相互关系的，为了便于对洪灾损失评估影响因子进行定量分析，按照多因子分析法将其划分为洪水致灾、地形条件、防洪能力、社会经济因子四大类。下面分析这四类因子对洪灾经济损失的影响，至于这些因子获取方法将在第 5 章介绍。

(1) 洪水致灾因子。通常洪涝灾害产生的直接原因就是持续的降雨，因此降雨量和洪水淹没程度是导致灾区遭受经济损失的主要因素。随着降雨量的逐渐加大和降雨持续时间的不断增加，洪灾区遭受的经济损失也将越来越严重。不同区域在同一时刻的降雨总量和降雨持续时间是不同的，而不同时刻在同一地区的降雨总量和降雨持续时间也是存在差异的。通常情况下，洪水对灾区的淹没深度越深，洪水流速越快，洪水水质污染程度越高，那么灾区所遭受的经济损失也就越大，而相反，洪灾对灾区造成的经济损失将会减小。

(2) 地形条件因子。地形条件对洪灾经济损失的影响主要是由灾区地表高度和地形变化程度来决定。洪灾发生后，在经济发展水平以及洪水强度相当的情况下，洪水对地势高的地区造成的经济损失小于低洼地带，对地形变化程度小的地区造成的经济损失大于地形变化程度大的地区。地形变化程度可以通过地形坡度来体现，它能够很好地反映出地形的起伏状况。

(3) 防洪能力因子。洪灾防御能力的强弱主要取决于防洪工程的质量，当洪涝灾害发生之后，若防洪工程对洪水的防御能力强，且洪灾抢险措施非常及时，洪水对灾区造成的经济损失将会大大减小；而相反，若是防洪工程的防洪能力比较薄弱，并且抗洪抢险措施不及时，灾区将会遭受较大的经济损失。所以防洪工程的防洪能力对洪灾经济损失的影响也非常巨大。

(4) 社会经济因子。洪灾损失大小和社会经济发展状况有着密切的关系。在社会防洪初级阶段，经济的迅速发展常常造成洪水灾害发生频率的增加和同类型洪水损失的不断增加，随着人们对洪水灾害不断加深认识，采取各种防洪措施综合防洪，社会经济发展结构也不断调整，洪水灾害损失将逐渐得到控制。同时，社会经济发达的地区，人口密度大，城镇密集，各项生产活动频繁且高效，所以承灾体的数量多、密度大且价值高，遭受洪水灾害时人员伤亡和经济损失较大。因此灾区社会经济状况对洪灾经济损失的评估影响很大，在遭受洪灾损害程度相同的情况下，洪灾对经济发达地区造成的经济损失会远高于发展经济水平较低的地区。而社会经济因子对洪灾经济损失评估的影响可由城乡人口、工矿及企业产值、人均收入、农产品产值等因素共同决定。一般洪灾区的工农业产值越高、人均收入越高以及城乡人口越多，洪灾对其造成的经济损失就越大，反之，灾区遭受的经济损失就越小。

参 考 文 献

[1] 李德仁．从数字地图到空间信息网格——空间信息多级网格理论思考 [J]．武汉大学学报（信息科学版），2003，6：642~650.

[2] FGDC-STD-011-2001, United States National Grid [S]. Federal Geographic Data Committee, 2001.

[3] Great Britains' national mapping agency. Using the National Grid [EB/OL]. http://www.ordnancesurvey.co.uk/os-website/gi/nationalgrid/nationalgrid.pdf.

[4] Herath S, Dutta D. Flood inundation modeling and loss estimation using distributed hydrologic model, GIS and RS [C]. International Workshop on the Utilization of Remote Sensing Technology to Natural Disaster Reduction, Tsukuba, 1998: 26~28.

[5] 刘岳．国家经济地图集的设计和制图可视化的方法技术 [J]．地理学报，1995，03：313~320.

[6] 李宝林．“中国西部开发战略图解”的解析 [J]．地球信息科学，2001，02：179~182.

[7] 江东，杨小唤．基于 RS、GIS 的人口空间分布研究 [J]．地球科学进展，2002，05：133~135.

[8] 廖顺宝，孙九林．异构数据共享与网格计算 [J]．地理信息世界，2005，01：92~95.

[9] 金君，李成名．人口数据空间分布化模型研究 [J]．测绘学报，2003，03：117~120.

[10] 贾艳红．基于熵权法的草原生态安全评价——以甘肃牧区为例 [J]．生态学，2006，08：

113~117.

[11] 王耕，王利，吴伟．基于GIS的辽河干流饮用水源地生态安全演变趋势 [J]. 应用生态学报，2007（11）：2548~2553.

[12] 张建敏，高歌，陈峪．长江流域洪涝气候背景和致灾因子分析 [J]. 资源科学，2001，03：73~77.

[13] 金腊华，宋立旺. 鄱阳湖圩区滞洪与水利资源利用协调 [J]. 长江流域资源与环境，2003（3）：228~232.

[14] 马定国，刘影，陈洁，等．鄱阳湖区洪灾风险与农户脆弱性分析 [J]. 地理学报，2007，03：321~332.

[15] 窦鸿身，闵骞，史复祥．围垦对鄱阳湖洪水位的影响及防治对策 [J]. 湖泊科学，1999，01：20~27.

[16] 闵骞．鄱阳湖退田还湖及其对洪水的影响 [J]. 湖泊科学，2004，03：215~222.

[17] 闵骞．鄱阳湖围垦对洪水影响的评价 [J]. 人民长江，1999，07：30~32.

[18] 闵骞．鄱阳湖退垦还湖方式的探讨 [J]. 中国减灾，1999，02：11~15.

[19] 吴敦银，李荣昉，王永文．鄱阳湖区平垸行洪、退田还湖后的防洪减灾形势分析 [J]. 水文，2004，06：26~31.

[20] 姜加虎，黄群．三峡工程对鄱阳湖水位影响研究 [J]. 自然资源学报，1997，03：24~29.

[21] 刘晓东，吴敦银．三峡工程对鄱阳湖汛期水位影响的初步分析 [J]. 江西水利科技，1999，02：9~13.

[22] 吴龙华．长江三峡工程对鄱阳湖生态环境的影响研究 [J]. 水利学报，2007，S1：586~591.

[23] 刘兴华．流域防洪能力研究 [D]. 南京：河海大学，2007.

[24] 刘小东，熊大衍．鄱阳湖的防洪问题及对策探讨 [J]. 江西水利科技，2012，03：157~161.

[25] 宋亚君．承灾体易损性参数确定方法研究及实践 [D]. 南京：南京信息工程大学，2013.

[26] 全国农业区划委员会．土地利用现状调查技术规程 [S]. 1984.

[27] 原国家土地管理局．城镇地籍调查规程 [S]. 1989.

[28] 国土资源部．农业部．土地分类（试行）[S]. 2001.

[29] 国土资源部．全国土地分类（过渡期适用）[S]. 2001.

[30] 质量监督检验检疫总局，中国国家标准化管理委员会．土地利用现状分类 [S]. 2007.

[31] 闻瑞鑫，胡新民，邵吉安．洪灾对棉花生育与产量的影响及减灾措施——江苏省常熟市棉花特大洪涝灾害的调查研究 [J]. 农田水利与小水电，1993，09：15~18.

4 洪灾面积的多源遥感快速提取

4.1 洪灾面积调查与遥感提取概述

自然灾害在我国发生非常频繁，其中以洪涝灾害尤为严重。自改革开放以来自然资源的开发利用不断扩大，城乡经济建设飞速发展，洪水出现的频率及其造成的损失也不断地增加。因此快速、准确地获取洪水淹没范围对于防洪减灾具有重要意义。特别是对于一些重点防洪城市和行蓄洪区，如果能够快速准确获取洪水的淹没范围和水深的分布情况，对于及时转移受灾区人们的生命财产，减少损失具有非常重要的价值，也就是说进行洪灾损失评估首先必须要确定洪灾面积。

4.1.1 传统洪灾面积调查方法

传统洪灾面积确定方法有地貌学方法、历史洪水调查法、水文学方法（实体模型模拟、洪水数值模拟）、水灾频率分析法等。

地貌学方法是根据地形地貌特征，分析可能淹没的范围和可能的淹没深度，一般用洪水量作控制，用平均水深的方法进行粗估。这种方法精度不高，一般使用在缺乏水文资料的情况下。

历史洪水调查法是对历史上已经发生过大洪水和淹没范围进行实地调查测量，将各次大洪水的淹没边界和淹没水深经过测量标明在地图上，经过对比分析可得到各种频率洪水的洪水演进的情况。这种方法一般使用在水文资料较少的情况和存在洪痕标志或经历洪水的老人还健在情况下，可作为其他方法进行实地验证的补充方法。

水文学方法是采用各种水文产汇流计算模型，如国内外十分知名的马斯京根、坦克、蓄水函数、新安江、超渗产流等模型进行计算，将计算区域的各断面的水位、流量计算出来。水力学方法主要是通过水力学计算对洪水在河道的水位、流量、流速的大小，或洪水在分洪区、蓄滞洪区及洪泛区、城市内的水深、流量、流速及淹没时间等要素进行标示计算[1~4]。

水灾频率分析法是以经典频率曲线为基础，经过数学模型拟合建立水灾频率分析模型；以水灾资料统计入手，通过历史水灾资料的量化，延长水灾资料系列，进而借助计算机实现灾害的动态研究和编制洪水风险图[5,6]。这种方法成本低，适用于流域范围的洪水风险评估和风险图绘制，但需具备3个要素：序列水灾资料、近年社会经济资料和频率分析模型。

洪水淹没是一个很复杂的过程，它受多种因素的影响，其中洪水特性和受淹区的地形地貌是影响洪水淹没的主要因素。传统的洪水淹没范围模拟是一个复杂的时空模拟问题，要想完全解决这个问题非常困难。虽然人们可以用数学模型来模拟洪水演进，但由于洪水演进过程十分复杂，使得人们至今还不能用数学物理方程严格地描述其中每一个过程。因此，现有洪水演进模型在许多环节上仍主要借助于概念性元素模拟或经验函数关系描述，而且模型中存在一些假设和简化；且数学模型模拟淹没区都需要编制复杂的程序或应用复杂的算法，耗时较长，不能快速得到洪灾面积。特别对于政府决策人员或者普通人来讲，过于繁琐复杂。

4.1.2　遥感提取方法概述

遥感技术是目前最有效的快速获取水体范围的手段，它可以对不同时刻的水体状况进行监测。20 世纪 70 年代以来，卫星遥感技术迅猛发展，由于它具有宏观、快速和同步等优点，已逐渐在大面积水体识别、洪水监测等方面得到广泛应用，已成为洪涝灾害评估预测的一种有效的技术手段。近 30 年来，Landsat、NOAA、SPOT、RADARSAT、FY-1B、CBERS 等各种卫星都已介入水体信息的获取，MSS、TM、AVHRR、SAR、CCD 等各种传感器的数据都已得到试验和应用。同时，阈值法、指数法、谱间关系法、光谱混合分析法、基于图像统计特征的水体面积提取、基于决策树的水体提取等方法也相继提出并得到了应用，下面分别分析与阐述。

（1）单波段阈值法。水体在近红外和中红外波段的反射能量很少，而非水体在这两个波段的具有较高的反射特性，这使得水体与非水体有明显的区别。阈值法就是基于这种反射特性的差异而完成水体提取的方法。阈值法关键的是阈值的确定，最佳阈值要经过反复试验得到，如 Moller-Jensen[7] 通过对 Landsat 影像设定阈值，TM4 小于 45 且 TM5 小于 35 提取水体；Shil 利用 Landsat MSS 的近红外波段 7 提取水体[8]；Barton I J 等人利用 AVHRR 波段 4 的亮度温度识别水体并对洪水进行昼夜监测[9]；陆家驹[10] 等人用 TM 红外波段识别水体等。

（2）指数法。McFeeters[11] 提出的归一化差异水体指数（*NDWI*），可以突出影像中的水体信息。之后很多学者针对不同的研究区和数据源创建了新的或改进的水体指数；如徐涵秋[12] 提出改进归一化差异水体指数（*MNDWI*），以改进 *NDWI* 在城市范围内水体提取的不足；Ouma 和 Tateishi[13] 在描绘东非裂谷内的湖泊岸线时提出了 $NDWI_3$ 水体指数模型；闫霈等[14] 在分析半干旱地区水系与背景噪音反射特点的基础上，提出了增强型水体指数 *EWI*，有效区分了半干涸河道与背景噪音；丁凤[15] 在对 Landsat ETM+影像上的水体及其背景地物进行光谱特征分析的基础上，发现水体在近红外和中红外波段（对应于 Landsat 数据的 Band

4、Band5 和 Band 7）同时具有强吸收这一典型特征，据此提出了一种新型的水体指数 *NWI*；莫伟华等人[16]从 MODIS 波段特点出发，以广西中部横县西津水库为试验区分析了水体的光谱和影像特征及各类水体指数的物理特征，提出了新的水体指数 *CIWI*（combined index of NDVI and NIR for water body identification）；曲伟等人[17]利用 HJ1-A/B 资料证明了归一化差异水体指数 *NDWI* 对环境减灾卫星数据的适用性，同时提出了利用蓝光波段代替 *NDWI* 中绿光波段的 *NDWI-B* 水体指数，不仅可以达到准确提取大范围水体的目的，还可以区分研究区内的湿地以及小范围水体；何坦等人[18]利用 HJ1-A/B 星的 CCD 影像快速提取了鄱阳湖的水体面积；NDSI 是基于雪对可见光和短红外波段的反射特性和反射差的相对大小的一种测量方法，合适的 NDSI 可以有效地将雪和水与其他地物分开[19]，由于鄱阳湖区无积雪，且洪灾多发生在 5~8 月，故可利用 NDSI 反复试验设置合适的阈值，从而较好地提取鄱阳湖区水体信息。

（3）光谱关系模型。光谱关系模型是指研究特定地物在各个波段的光谱特性响应曲线，通过光谱间的比较、组合、变换，建立相应的关系模型，从而达到地物提取的目的。水体信息的光谱特性响应曲线具有很强的代表性，因此针对不同的遥感传感器，可以采用光谱关系模型有效地将水体从其他背景地物中提取出来。周成虎[20]等人针对 TM 数据，建立了识别水体的光谱关系法，此模型特别适合山区水体的提取。但由于居民地也具有该波谱特征，汪金花[21]等人又给出了改进后的水体提取模型，可以清楚地将水体与居民地区分开来。但这两种模型都只对较宽的河流具有较好的提取效果，对较狭窄的河流却无能为力。于是李科等人[22]又在传统的水体提取模型的基础上对其不足进行了改进，设计出了新的 TM 图像水体自动提取模型。杨树文[23]等人依据水体、阴影在蓝、绿波段所具有的下降幅度差异较大的特征，基于差值运算，构建了新的多波段谱间关系模型，利用该模型可简单、有效、准确地提取水体，但该模型需要根据经验选择阈值。吴赛[24]等人根据 MODIS 遥感数据的特点以及水体的波谱特性建立了针对 MODIS 数据的水体光谱特性模型。毛先成等人[25]以 MOS-1b/MESSR 湖南洞庭湖区域影像数据作为遥感信息源，结合枯水期和洪水期 2 个不同时期的各波段影像数据进行组合运算、比值变换等处理，以及影像、光谱、直方图的对比分析，建立了水体分类模型。

（4）基于图像统计特征的水体面积提取。图像的统计特征主要反映在它的纹理上，细小地物在影像上有规律地重复出现，它反映了色调变化的频率，纹理形式很多，包括点、斑、格、垅、栅。在这些形式的基础上根据粗细、疏密、宽窄、长短、直斜和隐显等条件还可再细分为更多的类型。每种类型的地物在影像上都有本身的纹理图案，因此可以从影像这一特征识别地物。纹理反映的是亮度（灰度）的空间变化情况。连芸等人[26]利用遥感影像上水体的颜色、水体的轮廓特征分析水体的深浅、含沙量以及所含物质的不同提取水体；刘排英[27]利用光谱曲线积分即面积指数法对较大水体进行提取。

（5）基于决策树的水体提取。决策树作为数据挖掘的一种方法，具有灵活、直观、运算效率高等特点。邓劲松[28]等人利用SPOT-5卫星影像，根据水体与其他地物亮度值差异可以通过设置阈值加以区分，建立了决策树模型，在各节点设计不同的分类器，进行水体信息的提取。程晨[29]等人根据图像的缨帽变换和新的波段组合构建了鄱阳湖周边区域的决策树水体提取模型。陈静波[30]等人针对城市水体与建筑物阴影沥青路面和浓密植被等暗地物的光谱混淆性，构建了结合光谱特征和空间特征的城市水体提取知识决策树。

4.1.3 目前遥感提取存在的主要问题

尽管国内外应用遥感技术监测洪水灾害的研究很多，但大多是定性研究，如判别洪水淹没的大致范围，而定量研究灾害损失较少，即使是定量研究，一般也只应用一种遥感资料，限制了提取结果的精度。作者查阅了大量利用遥感资源提取水体的文献，归纳总结了利用遥感技术提取水体目前存在的主要问题：

（1）对于洪灾期间的水体提取方法研究大多数是基于单一来源的遥感数据或者是微波与光学遥感结合的方法。但利用微波遥感，对于大面积洪灾区域提取水体来说，成本高昂。

（2）大面积水体提取方法由于数据量大，利用单波段阈值法、水体指数法、波谱关系法提取水体，速度很快，但效果不理想。

（3）对于地形复杂的区域，洪水含有大量的地表冲刷物，影像中的洪水像元很容易受到干扰，而采用单一方法提取洪水的面积，容易造成误提和漏提、河流不连贯等现象。

（4）不同区域、影像的质量差异及来源不同，则水体提取的方法也不同。

在实际应用中，多数采用水体指数法或在水体指数法基础上结合其他方法提取水体。传统水体指数法优点是其分子强分母弱的基本原理简单实用，缺点是参与模型构建的波段信息不够丰富，仅仅被限制在多光谱图像的几个波段内，见表4-1。对于缺少中红外波段、短红外波段的某些遥感影像，则水体指数法受到局限。

表4-1 传统水体指数模型

传统水体指数名称	涉及波段	具体公式	适合卫星
$NDWI$	绿、近红外	$NDWI = \frac{GREEN - NIR}{GREEN + NIR}$	HJ、Landsat、MODIS
$NDWI_3$	近红外、中红外	$NDWI_3 = \frac{NIR - MIR}{NIR + MIR}$	Landsat、MODIS

续表 4-1

传统水体指数名称	涉及波段	具体公式	适合卫星
MNDWI	绿、中红外	$MNDWI = \frac{GREEN - MIR}{GREEN + MIR}$	Landsat、MODIS
EWI	绿、近红外、中红外	$EWI = \frac{GREEN - NIR - MIR}{GREEN + NIR + MIR}$	Landsat、MODIS
IWI	绿、红、近红外	$IWI = \frac{NDWI - NDVI}{NDWI + NDVI}$	HJ、Landsat、MODIS
CIWI	红、近红外	$CIWI = NDVI + NIR + C$	HJ、Landsat、MODIS
NWI	蓝、近红外、短波红外	$NWI = \frac{Band1 - (Band4 + Band5 + Band7)}{Band1 + (Band4 + Band5 + Band7)} \times C$	Landsat、MODIS
NDSI	绿	$NDSI = \frac{GREEN - CH6}{GREEN + CH6}$	MODIS

4.2 洪灾面积遥感提取有关技术方法

从影像上提取和识别水体属于一般图像分类与专题信息提取的问题，但若问题仅集中于水体信息的提取，又有其独特性：首先，从图像分类看，仅需要将图像分为水体与非水体两类，因此其关键在于类型的分解，而不是图像分类，需要解决水体边界的过渡性问题，以便准确地确定水体的界线；另外则是快速水体信息提取，从一般图像处理看，经过一定的信息增强，通过特定算法可有效地识别出水体。以上两方面是在影像质量状况无云的情况下进行水体提取，而对于洪灾中，受天气影响，首先影像上覆盖云层的影像，则需要根据云层的薄厚情况，采取合适的去云技术达到去除云层的效果，同时又不影响水体的提取；其次受天气限制，单一来源的影像可能云层太厚，无法剔除，因而需要寻找其他来源的影像或者水体提取过程中由于其他地物干扰需要其他数据协助提取，这就需要采用数据融合技术将多源数据融合起来，弥补单一信息来源的不足。对影像的水体信息提取应该综合考虑水体自身特性、山体阴影影响、地域特征、天气状况等方面，采用合适的方法提取水体信息，以达到准确、快速提取的目的。

4.2.1 洪灾水体时空特征与遥感数据源选择

4.2.1.1 洪灾水体时空特征

水的光谱特征主要是由水本身的物质组成决定的，同时又受到各种水状态的影响，在可见光波段 0.5μm 之前，水的吸收少，反射率比较低，大量透射。其中，水面反射率约 5%左右，并随着太阳高度角的变化呈 3%～10%不等的变化；水体可见光反射包括水表面反射，水体底部物质反射及水中悬浮物质（浮游生物或叶绿素，泥沙及其他物质）的反射三方面。对于清水，在蓝-绿光波段反射率4%~5%，0.5μm以下的红光部分反射率降到2%~3%，在近红外，短波红外部分几乎吸收全部的入射能量，水体在这两个波段的反射能量很小。在红外波段识别水体是较容易的。而植被、土壤在这些波段内的吸收能量较小，且有较高的反射特性，这使得水体与它们有明显的区别。

不同深度的水体光谱特性也有很大差异，在蓝光、绿光等对水体透射能力强的波段，浅水区域的反射率明显比深水区域高。叶绿素含量增加时水体反射特性发生变化，当水体藻类密度较高时，水体光谱反射曲线在这两个波段附近出现显著的反射率谷值。当水体中悬浮泥沙含量逐渐增大时，波谱反射峰值向长波方向移动；浑浊水体的反射波谱曲线整体高于清水，随着悬浮泥沙浓度的增加，可见光对水体的透射能力减弱，反射率增强。水体相对于植被和居民地等地物呈现出较为均匀的图斑，无明显的纹理特征。

水体从水灾的角度出发，水体多指液态的水，而液态水由于具有空间上的连续性和动态的流动性，其在影像上表现出很明显的空间特征，主要表现为河流的线状，湖泊的面状，及水体与云团的大小对比上，与周围固相的陆地有明显的差异。

水体在遥感影像上的表现力受制于多方面因素，首先是水体本身的限制，自然界的水体变化多样，在面积、水深及水体清晰程度等物理含量方面都存在着差异，从而导致其表现出的影像特征极不相同，例如海洋、宽广的湖泊等水体，在影像上表现为大斑块、独特的色调；而狭小的河，则在影像上表现为断断续续的线划，其色调与周围环境的差异也较小，难以准确地提取；第二，遥感传感器方面的限制，传感器的空间分辨率在很大程度上决定了最小可识别目标；同时，使得在特定的波段内地物的光谱差异被均衡化而导致“同谱异物”现象；再者，由于传感器穿透能力的限制也导致了多种信息迭合的现象。从图像处理角度看，则是混合像元的问题，所以，地面目标在不同传感器上表现力不同。

洪灾水体随空间变化而变化，但却保持相对的稳定性和平衡。综上所述，由于泥沙含量、叶绿素以及水深等因素的影响，水体具有不同的光谱特性。因此了解这些特性及变化对选择遥感数据源及快速提取洪灾水体提取模型是必要的。

4.2.1.2　遥感数据源的选择

遥感影像的三个度量标准对水体提取影响较大，即空间分辨率、光谱分辨率和时间分辨率。空间分辨率为影像中能够识别两个地物之间的最短距离，像元是影像中能被识别的最小单位。因此空间分辨率的大小直接决定了影像质量，空间分辨率越高，目标影像上的水体与地物区分越明显，水体提取效果越好。其次，光谱分辨率对水体提取也有影响。光谱分辨率是指传感器获取的影像波段个数、各波段的波长位置以及波长之间间隔的大小。光谱分辨率越高，波长间隔即带宽越小、对光谱的划分越精细。但是，光谱分辨率应该处于一定的范围内，超出固定范围，则波段之间相关性越大，造成数据冗余度增加。最后，时间分辨率对水体提取也有影响。时间分辨率是指传感器获取同一位置时间间隔的大小。卫星传感器按照一定的时间周期重复采集数据，重复观测的最小时间间隔称为时间分辨率。时间分辨率越小，则获取的关于灾情的数据越多，对灾情的分析会更精确。

刘志明等人[31]利用卫星资料对1998年吉林西部地区洪涝灾害进行了动态监测，快速提取了灾情信息。但因其空间分辨率较低（1.1km），所以像元所反映的信息具有较大的地类混合和邻域效应，很难提供洪水灾情的准确数据。戴昌达等人[32]利用TM较好地分析评价了1991年安徽滁河和水阳江流域的洪涝灾情。Wang等人[33]利用灾前和灾中2个时间段的TM数据，对美国卡罗莱纳州北部1999年12月30日的洪涝淹没情况进行检测。Wang[34]利用TM影像的第4和7波段进行叠加来进行水体和非水体的分割，取得了一定的效果。洪水监测的遥感手段也包括合成孔径雷达（SAR），SAR具有全天时和全天候对地观测优势，其空间分辨率高，可达到10m，甚至3m，所以星载SAR技术受到了空间遥感界的高度重视[35]。根据相关文献，目前遥感数据源的特点如下：

（1）高分辨率遥感卫星如QuickBird、IKONOS、GeoEye等虽然可以提供较高的地面分辨率影像数据，有助于对洪灾中各承载体损毁的精细检测，但其数据处理量大，不适合大范围区域内的灾情实时监测与分析。

（2）低分辨率卫星影像数据如NOAA，虽然可以从大范围上提供区域整体受灾概况，但是局部灾情监测并不能提供有效的数据支持。

（3）高光谱遥感影像如AVIRIS OMIS CHRIS Hyperion等，存在着价格昂贵、幅宽窄、返回周期长等问题，难以在洪灾中应用。

（4）中低分辨率卫星影像是灾害监测中最有利的数据来源，包括Landsat、SPOT、ALOS等卫星。

在洪涝灾害评估过程中，平水期（洪水发生前的时刻）的水体范围比较容易获得。因为这一时期内，可用的影像资料比较丰富。但在洪水期，由于阴天加上多云多雾，单一遥感影像不能满足洪灾期间的需求。对于大面积洪灾区域，依靠微波传感器，成本昂贵，时性较差，只适合在较恶劣的环境条件、地形复杂、范围不太大的特大洪水灾害情况下使用。从数据源角度来看急需一种具有重访周期短、适用于大范围、实时快速灾害监测的卫星遥感数据源，以有效应对重大灾害的灾前监测和灾后损失评估。

中国为适应环境监测和防灾减灾新要求所提出的遥感卫星星座计划“环境与灾害监测预报小卫星星座”（HJ1-A/B），由具有中高空间分辨率、高时间分辨率、高光谱分辨率、宽观测幅宽性能，且可以综合运用可见光、红外与微波遥感等观测手段的光学卫星和合成孔径雷达卫星共同组成，它具有大范围、全天候、全天时、动态的灾害和环境监测能力[36]。

EOS 系列卫星上的最主要的仪器是中分辨率成像光谱仪（MODIS），MODIS 具有时间分辨率一天过境次数多、空间分辨率从千米级提高到百米级、覆盖范围广、辐射校正准确等特点。并且当前全世界均可免费接收其数据，适合大范围洪水实时动态监测[37]。

美国 NASA 的陆地卫星（Landsat）（1975 年前称为地球资源技术卫星——ERTS），从 1972 年 7 月 23 日以来，已发射 7 颗（第 6 颗发射失败）。Landsat8 于 2013 年 2 月 11 日发射升空，经过 100 天测试运行后开始获取影像。Landsat 影像具有波段多、分辨率高和大面积周期性观测的优点，但是重复周期长，易受到气候天气的干扰。表 4-2 列出了环境减灾卫星 CCD 传感器与其他传感器对应波段对比情况。

表 4-2　环境减灾卫星 CCD 传感器与其他传感器对应波段对比

卫星及传感器	波段及对应光谱范围/μm				空间分辨率/m	时间分辨率/d
HJ1-A/B CCD	Band1 (0.43~0.52)	Band2 (0.53~0.60)	Band3 (0.63~0.69)	Band4 (0.76~0.90)	30	1
Landsat5、7 TM	Band1 (0.45~0.52)	Band2 (0.53~0.60)	Band3 (0.63~0.69)	Band4 (0.76~0.90)	30	16
Landsat 8 OLI	Band2 (0.45~0.52)	Band3 (0.53~0.60)	Band4 (0.63~0.69)	Band5 (0.845~0.885)	30	16
MODIS	Band3 (0.459~0.479)	Band4 (0.545~0.564)	Band1 (0.62~0.67)	Band2 (0.841~0.876)	250、500	1

从表 4-2 中可以看出，HJ1-A/B CCD 影像具有 Landsat TM 影像空间分辨率的优点，同时又兼用 MODIS 影像的高时间分辨率与宽覆盖的特性。一幅 HJ1-A/B CCD 影像的覆盖面积相当于 4 张 TM 影像的覆盖范围，对大区域提取洪水面积来讲，减少了图像镶嵌的工作量，并避免了某些拼接造成的色差。

HJ1-A/B 影像与 Landsat 影像的 30m 空间分辨率影像同 NASA 2009 年发布的 DEM 的空间分辨率一致，并且这些数据基本上都可免费获取，从而大大减少利用遥感技术费用。根据本书研究区的区域特点，考虑成本经济效益及水体提取快速，我们主要使用 HJ1-A/B、Landsat 数据，而 MODIS 数据则由于其自身局限性仅作为次要数据源。

4.2.2　遥感影像去云方法

本书所选取的影像中，其中一幅 2013 年 5 月 14 日 Landsat8-OLI 影像上左上角植被覆盖区域及鄱阳湖上有大量的片状厚云覆盖。另一幅 2013 年 5 月 23 日 HJ1-CCD 影像上小朵状厚云覆盖，且较分散。影像覆盖大面积的云层，将经过预处理的影像直接进行洪灾面积的提取，其精度将大大降低。因此在进行影像上洪灾面积提取之前，需要对影像的云和阴影进行处理，修复原本被云和阴影（云的阴影）遮盖的地表，同时在去除云和阴影（云的阴影）过程中，尽量保持影像的质量。

针对这两种数据源的特性及影像云层的厚薄情况，作者提出一种简单而又实用的方法，通过灵活应用影像的光谱信息（蓝色、近红外、中红外和热红外波段），从两幅（目标影像、参考影像）图像的时间信息、云和相应的阴影之间的空间关系（大小、距离和方向），产生云和阴影的掩膜。

2013 年 5 月 13 日的 HJ1-A-CCD2 影像和 Landsat8-OLI 影像上覆盖云层，为了去除覆盖在影像上的云层，考虑到去云的参考影像与目标影像的时间间隔最好相近，参考影像的云层覆盖范围与目标影像的云层覆盖范围不能重叠，地物覆盖变化不大，作者选取了 2013 年 5 月 11 日 HJ1-B-CCD 和 HJ1-B-IRS 影像、2013 年 7 月 1 日 Landsat8-OLI 作为参考影像。2013 年 5 月 23 日的 HJ1-A-CCD2 影像上云层去除过程，需要用到热红外波段协助去除阴影，因此作者选取了一幅 2013 年 5 月 23 日 HJ1-B-IRS 影像。

本书将根据云层覆盖影像的传感器类型，选取了经过几何校正的有云影像的 Landsat8-OLI 影像的波段（2～7 波段）、HJ1B 影像的波段（1～4，6）转换成大气顶层反射率（表观反射率），并乘以 400 产生 8bit 格式的数据，而将 Landsat8-OLI 影像的热红外波段（9、10 波段）及 HJ1B-IRS 第 8 波段转换成传感器的亮度温度值之后减去 240，然后乘以 3，重新缩放以产生 8 bit 的数据。将这些影像重采样生成空间分辨率为 30m 的 8bit 格式的数据。下面将从云和阴影检测方法、云和阴影填充的方法以及本书所研究的方法精度评定等方面进行详细叙述。

4.2.2.1 云和阴影检测

云和阴影检测包括三个主要部分。第一步，产生两幅云和阴影掩膜，一幅是云和阴影掩膜一，另一幅则是云和阴影掩膜二。第二步从这两个掩膜中使用补偿特征，集成掩膜一和掩膜二，产生掩膜三。第三步根据云和阴影之间的几何关系（距离、大小和方向），以除去在集成的云和阴影掩膜中的错误阴影，最后产生一幅最终的云和阴影掩膜（掩膜四）。具体云和阴影（云的阴影）的检测算法流程如图 4-1 所示。整个算法利用 IDL 语言编写实现，处理时只需输入同一区域相应的预处理后的 HJ1 卫星 CCD、IRS 波段和 Landsat8 所需波段，即可得到去云影像。

A 云和阴影掩膜的初提取

本书将两期影像的蓝色波段和热红外波段作为检测云的首选波段。第一个假设则是云在遥感影像上亮度较高，尤其在蓝色波段上，通常比其遮盖的陆地表面

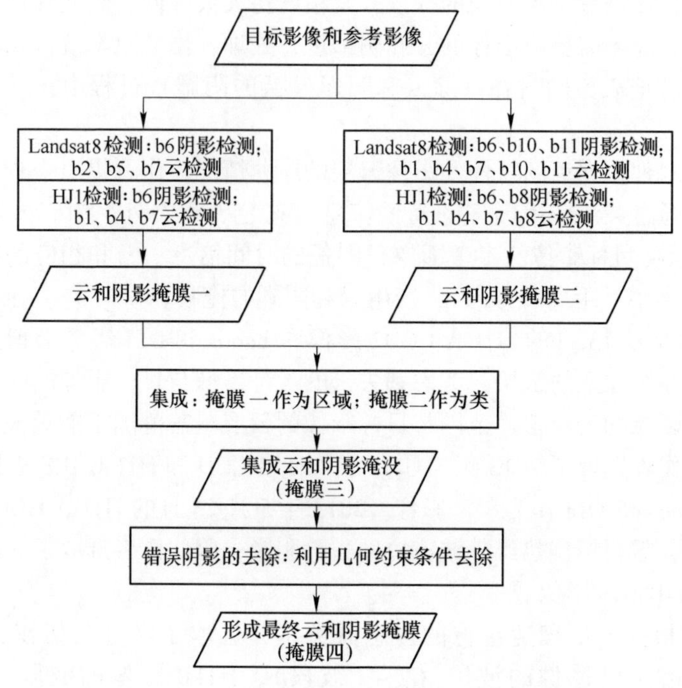

图 4-1　云和阴影（云的阴影）检测流程

温度更低。第二个假设是，相对于影像上受云和阴影干扰的像素，它的反射率变化速度更快，而其他陆地表面的变化速度则相对稳定。使用目标影像的蓝色波段和从目标与参考影像得到差分图像的蓝色波段检测云，将检测的云提取到掩膜一上。另外，通过消除目标影像的近红外波段和短波红外波段上相对较低的波谱值，来协助去除一些被误分为云和阴影的像元。目标影像和参考影像上的热红外波段则用来进一步提炼掩膜一中云类，剔除掩膜一上的非云像元，检测到云的准确率更高，产生一个掩膜二。

利用两期影像的中红外波段和热红外波段检测阴影，阴影检测的方法类似于影像上云的检测。其基本假设是，阴影通常比其所遮盖的地表更暗、更冷。掩膜一中阴影类只是通过目标影像和参考影像的中红外波段提取。掩膜二中阴影提取，除了目标影像和参考影像的中红外波段外，还将借助于热红外波段。对于 HJ1-B 卫星和 Landsat8 卫星影像，应用图 4-2 中各自的云和阴影掩膜条件语句分别提取云像元和阴影像元。图 4-2 中 b_a（i，j）表示目标影像上第 a 波段位于（i，j）上的像素值；b'_a（i，j）表示参考影像上第 a 波段位于（i，j）上的像素值；提取云和阴影的阈值公式如图 4-2 所示。该模型的第一部分功能最终输出结果包括云和阴影掩膜一及云和阴影掩膜二。

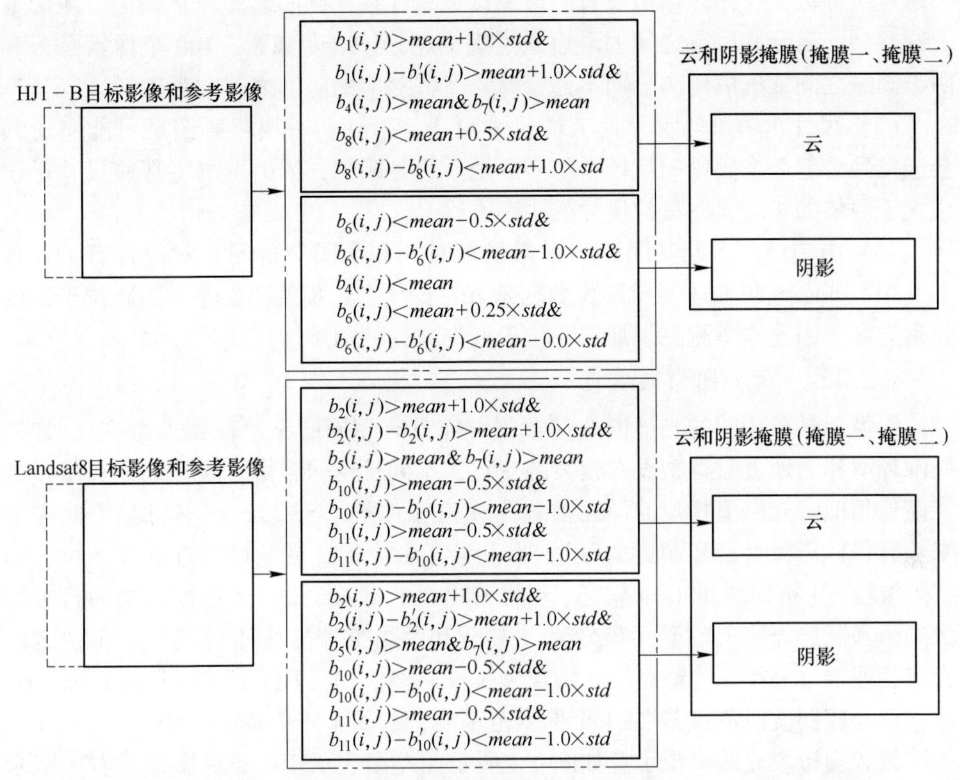

HJ1－B目标影像和参考影像
$b_1(i,j)>mean+1.0\times std\&$
$b_1(i,j)-b'_1(i,j)>mean+1.0\times std\&$
$b_4(i,j)>mean\&\,b_7(i,j)>mean$
$b_8(i,j)<mean+0.5\times std\&$
$b_8(i,j)-b'_8(i,j)<mean+1.0\times std$
$b_6(i,j)<mean-0.5\times std\&$
$b_6(i,j)-b'_6(i,j)<mean-1.0\times std\&$
$b_4(i,j)<mean$
$b_6(i,j)<mean+0.25\times std\&$
$b_6(i,j)-b'_6(i,j)<mean-0.0\times std$
云和阴影掩膜(掩膜一、掩膜二)
云
阴影
Landsat8目标影像和参考影像
$b_2(i,j)>mean+1.0\times std\&$
$b_2(i,j)-b'_2(i,j)>mean+1.0\times std\&$
$b_5(i,j)>mean\&\,b_7(i,j)>mean$
$b_{10}(i,j)>mean-0.5\times std\&$
$b_{10}(i,j)-b'_{10}(i,j)<mean-1.0\times std$
$b_{11}(i,j)>mean-0.5\times std\&$
$b_{11}(i,j)-b'_{10}(i,j)<mean-1.0\times std$
$b_2(i,j)>mean+1.0\times std\&$
$b_2(i,j)-b'_2(i,j)>mean+1.0\times std\&$
$b_5(i,j)>mean\&\,b_7(i,j)>mean$
$b_{10}(i,j)>mean-0.5\times std\&$
$b_{10}(i,j)-b'_{10}(i,j)<mean-1.0\times std$
$b_{11}(i,j)>mean-0.5\times std\&$
$b_{11}(i,j)-b'_{10}(i,j)<mean-1.0\times std$
云和阴影掩膜(掩膜一、掩膜二)
云
阴影

图 4-2　掩膜一和掩膜二的条件语句

B　云和阴影掩膜集成

该模型的第二部分将云和阴影掩膜一同云和阴影掩膜二集成为一个掩膜，如图 4-1 所示。在无外界干扰的情况下，根据上述步骤，即可得到令人满意的云和阴影掩膜。然而由于陆地表面的变化性、云的宽反射率和云内部温度分布不匀等复杂因素的影响，容易将不是云和阴影的像元也检测到掩膜一中（误检率较大），在掩膜二中某些符合条件的云和阴影像元却没检测出来（漏检率较大）。为了解决这一问题，本书采用类似于多尺度面向对象分类方法，集成思想就是将掩膜一中的每一个云或阴影图斑作为一个区或一个对象，将掩膜二作为一个类，假设在掩膜二中，云或阴影图斑大小大于或等于 5 个像素，以及掩膜一中大于或等于 10 个像素的区域或对象，在集成掩膜中将被归类为云或者阴影，小于这一限制条件的区域和对象将会在集成掩膜中消失。

C　去除错误的阴影

该模型的第三部分则是利用三个几何约束条件适当地去除错误的阴影。去除错误阴影的三个特定条件如下：

(1) 近距性。云及其阴影不应该相距甚远。如果在有云存在区域，设置 100

个像素缓冲区，在该区域内没有阴影图斑像素存在，则阴影图斑被除去。从影像上观察到，云及其阴影之间的最短距离很少超过 100 个像素。100 个像素是云和阴影图斑之间最近的距离，而不是云像素及其对应的阴影之间的距离。

（2）尺寸。阴影的尺寸比云的尺寸更小，然而，一块阴影图斑可能有时候会连接到看起来像阴影的区域，但实际上并不是阴影，因此本书将那些尺寸等于或大于两倍的相应云图斑的尺寸的阴影去除。

（3）方向性。云及其阴影与影像采集时间和太阳位置的相对位置有关。本书所用 Landsat8 与 HJ1 卫星影像数据是五月份早上采集的，影像上阴影位于云的西南方向，因此本书删除了那些不位于西南方向的阴影。

4.2.2.2　云和阴影的填充

影像上具有相同的光谱值的像素很可能具有相同的土地覆盖类型[38]，如果周围环境和土地覆盖类型没有较大的变化，不同日期的影像上同一地方的像素的光谱值相似。光谱值相似的像元被称为光谱相似群（SSG），本书将基于此方法来填充目标影像上云和阴影的区域[39]。参考影像的红光波段、近红外波段、短红外波段（Landsat8 的 band4、5、6 与 HJ1-B 的 band3、4、6）被用来为目标影像的云和阴影掩膜上的受污染像素（被云和阴影覆盖的像元）定义一个特定的光谱相似群（SSG）。当 Landsat 影像（band4、5、6）、HJ1 影像（band3、4、6）波段值与相同波段值偏差在±1 个像素范围内，都属于一个特定的 SSG。

云和阴影填充的模拟示意如图 4-3 所示，左图表示模拟目标影像，右图表示模拟同一区域的参考影像，红色方块代表被云和阴影遮盖的像元（污染像元），黄色方块表示参考影像上与红色方块对应的像元。参考影像的绿色像元属于一个光谱相似群（SSG），这些绿色像元是通过参考影像识别的，且是无云像元。目标影像上这些蓝色像元，则是根据参考影像上那些绿色像元位置投影到目标影像上，计算目标影像上蓝色像元的平均值，然后用这个平均值来代替红色像元值。本书将根据以下三个步骤来填补一个云或阴影像元。

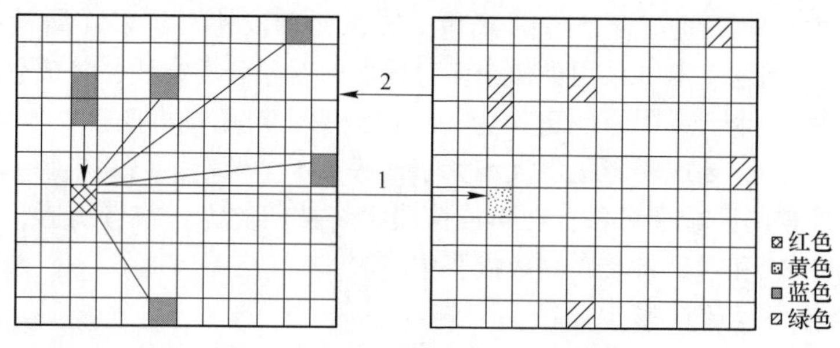

图 4-3　云和阴影填充模拟示意图

第一步：参考影像上相应的像元被确认为目标影像的云或阴影像元，Landsat8

的目标影像 band4、5、6 的像素值称为 b4c、b5c、b6c。HJ1 的目标影像 band3、4、5 的像素值被称为 b3c、b4c、b5c。将目标影像上像素值（Landsat8 的 b4c、b5c、b6c 和 HJ1 的 b3c、b4c、b5c）与相应传感器的参考影像上其他每一个像元进行比较。假设 Landsat8 上受污染像元（被云和阴影遮盖的像元）的 band4、5、6 波段值分别在 b4c±1，b5c±1 和 b6c±1 范围之内，则所有这些进行比较的像元形成一个光谱相似群（SSG）。同样方法适用于 HJ1 影像上，这里不再重复。

第二步：参考图像上属于一个光谱相似群（SSG）的像元的位置被映射到目标图像同一位置上，然后计算目标影像上这些像元的平均值。

第三步：上一步计算出的平均值，在这一步将用来替代被云和阴影遮挡的这些污染像元值。云和阴影掩膜上的每一个像元都这样重复进行。因为云的大小和位置是变化的，因此整个参考影像都需要搜索光谱相似群（SSG）。在这个过程之后，还剩下少数孤立的云和阴影像元没被填充，则应用局部均值法，将这些剩下的云和阴影像元填充完成。

在云和阴影掩膜填充之前，由于云和阴影掩膜在单个像素级上还存在色差，填充的影像与原始影像之间的边界，存在突变现象，尤其云的边界地方，影响影像的整体视觉效果，而且影响下一步的水体提取工作。因此本书将掩膜四上云和阴影图斑外围，缓冲 5 个像素，修正在填充区域边界附近的灰度值，使得填充的云和阴影边界附近的色彩平滑过渡不产生边界色彩突变现象。

4.2.2.3 精度评定

本书所使用精度评估方法是分层随机抽样方法，将影像分为三个类（云、阴影、无云像元），每一个类别选取一定数量的样本点用于评估方法的准确性。

分别在 2013 年 5 月 14 日的 Landsat8 影像和 2013 年 5 月 23 日的 HJ1 影像最终的云和阴影掩膜上，对云、阴影、无云三类分别随机选取 300 个样本点。根据谷歌地图上的陆地卫星影像，检查所选取的随机样本点属于哪一类，并将这些样本点标示到 3 个类别中。抽样的结果和解释过程是一个完整的参考数据集，采用上述云和阴影检测算法提取的 4 个掩膜（掩膜一、掩膜二、集成掩膜、最终掩膜）将利用参考数据来评估 4 个输出掩膜的准确性，计算每一个输出掩膜中的云、阴影、无云像元的生产者精度、使用者精度、整体精度。

A 云和阴影掩膜

图 4-4 和图 4-5 所示为 Landsat8、HJ1 影像在云和阴影检测过程中一些中间结果和最终结果。掩膜中红色表示检测到云图斑，绿色表示检测到阴影图斑。图 4-4 和图 4-5 中（a）和（b）表示云和阴影掩膜一与云和阴影掩膜二。图 4-4（a）中，影像的右上角，植被覆盖区域，大量植被像元被误检测为云像元。而图 4-5（b）上，由于红外波段辅助检测，消除非云像元[40,41]，导致云像元的误检率大大降低了。本研究区内由于有大量的山体存在，地形复杂，导致以上这两个掩膜上非

阴影的像元被检测为阴影，大大提高了阴影的误检率。图 4-4（c）表示将云和阴影掩膜一与云和阴影掩膜二集成，得到的一个集成掩膜（掩膜三）。集成掩膜上的云图斑与掩膜二上的云图斑差不多，但是集成掩膜上云图斑真实形状与掩膜一上云图斑形状一样。图 4-4（d）表示在集成掩膜基础上，应用 3 个几何约束条件而提取最终的云和阴影掩膜。这个最终的云和阴影掩膜，由于将错误的阴影图斑剔除，使得它的准确性高于集成掩膜[42,43]。

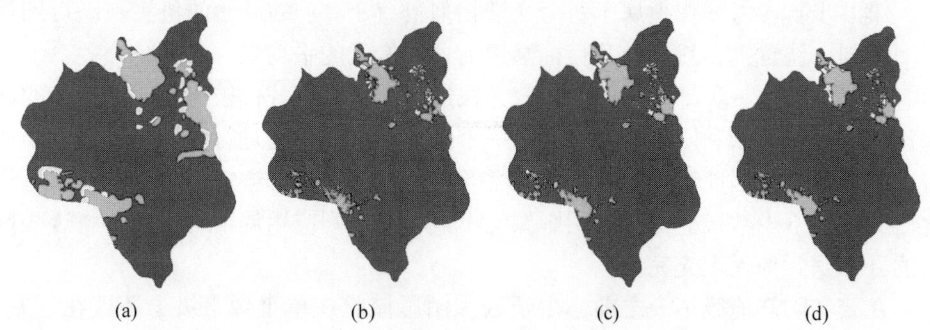

图 4-4　Landsat8 云和阴影掩膜

（a）Landsat8 影像的云和阴影检测图；（b）红外波段辅助下的检测图；
（c）（a）与（b）叠加后的集成掩膜图；（d）阴影图斑剔除后的结果图

同样在 HJ1-B 影像上，从目视角度看，图 4-5（a）中的云图斑多于图 4-5（b）。图 4-5（a）中一些地物的像元被误检测为云和阴影像元。图 4-5（b）上，由于红外波段辅助检测，消除非云像元，导致云像元的误检率大大降低了。图 4-5（c）为集成掩膜（掩膜三）。集成掩膜上的云图斑与掩膜二上的云图斑差不多，但是集成掩膜上云图斑真实形状与掩膜一上云图斑形状一样。图 4-5（d）这个最终的云和阴影掩膜，由于将错误的阴影图斑剔除，故它的准确性高于集成掩膜。

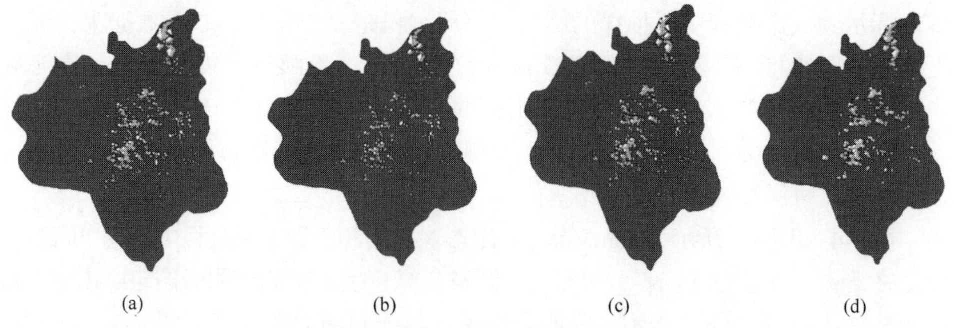

图 4-5　HJ1 影像云和阴影掩膜

（a）HJ1 影像的云和阴影检测图；（b）红外波段辅助下的检测图；
（c）（a）与（b）叠加后的集成掩膜图；（d）阴影图斑剔除后的结果图

Landsat8 卫星 OLI 传感器自身携带短波红外波段（band 9，1.360～1.390μm）具有检测云的功能，图 4-6 所示为 Landsat8 云检测效果对比图，其中左边为原始影像，中间为第九波段、右边为云和阴影掩膜四。

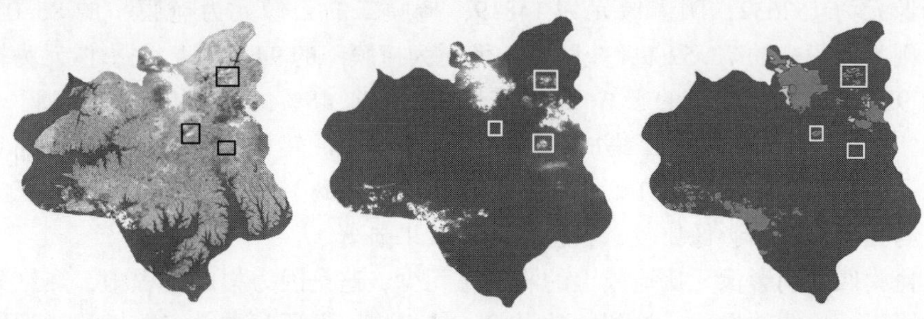

图 4-6 Landsat8 云检测效果对比图

从图 4-6 方框可看出，原本原始影像上有云覆盖的地方，第 9 波段上却没有检测出来，原始影像上无云层覆盖的地方，第 9 波段上则检测为云。而应用本书的检测方法对于云和阴影准确性更高。

上文从目视角度对本书检测方法进行定性对比分析，同时本书分别统计了 2013 年 5 月 23 日 HJ1、2013 年 5 月 14 日 Landsat8 影像的 4 个掩膜上的云类和阴影类的像元。分别计算掩膜二、三、四上云类、阴影类像元个数、其他 3 个掩膜的云类、阴影类像元个数占掩膜一的云类像元个数、阴影类像元个数的百分比，见表 4-3。

表 4-3 四个掩膜的云和阴影类的像元数

影像类别		云和阴影掩膜						
		掩膜一	掩膜二	掩膜二 /%	掩膜三	掩膜三 /%	掩膜四	掩膜四 /%
HJ1	云	52763	42336	80.23	49131	93.1	49131	93.1
	阴影	11734	8662	73.82	11058	94.2	11015	93.87
Landsat8	云	152632	131336	86.05	144202	94.48	144202	94.48
	阴影	14819	10747	72.52	13706	92.49	12420	83.8

从表 4-3 中可知，两幅影像的掩膜一的云、阴影像元数都比其他三个掩膜的要多，其中掩膜二的云和阴影像元数最少。掩膜三的云和阴影像元数则位于掩膜一和掩膜二之间。这是因为将掩膜一和掩膜二集成为掩膜三的处理过程中，将掩膜二中小于 5 个像元的云或阴影图斑，掩膜一中小于 10 个像素的云或阴影图斑剔除，剩下的图斑则集成为掩膜三。HJ1 影像的掩膜一的云像元总数为 52763，

阴影像元则为 11734，掩膜二的云像元为掩膜一的 80. 23%，阴影则为掩膜一的 73. 82%；掩膜三的云像元为掩膜一的 93. 1%，阴影像元为掩膜一的 94. 2%；掩膜四的云像元为掩膜一的 93. 1%，阴影像元为掩膜一的 93. 87%。Landsat8 影像的云像元为 152632，阴影像元为 14819，掩膜二的云像元为掩膜一的 86. 05%，阴影则为掩膜一的 72. 52%；掩膜三云像元为掩膜一的 94. 48%，阴影像元为掩膜一的 92. 49%；掩膜四的云像元为掩膜一的 94. 48%，阴影像元为掩膜一的 83. 8%。将掩膜一和掩膜二集成过程中，掩膜一上的错误的云类（尤其 Landsat8 影像上植被覆盖区域和 HJ1 影像上一些分散的小图斑）剔除，形成的掩膜三上云图斑与相应的原始影像比较，云检测区域效果显著。

掩膜四的阴影像元比掩膜上的阴影像元少，这是因为集成过程中，热红外波段对阴影的检测效果比云检测的效果差，使得掩膜上还存在一定数量的错误阴影像元。在掩膜三的基础上引用了阴影的三个几何约束条件，剔除了掩膜三上错误的阴影像元。

本书在云和阴影掩膜四上随机选取一定数量的样本点，定量评估检测精度。分别将这些样本点应用到其他三个掩膜中。这 4 个掩膜的云、阴影、无云三类的生产者精度、用户精度和整体精度见表 4-4。

表 4-4　云和阴影掩膜精度

<table>
<tr><th>影　像</th><th>掩 膜</th><th>类　别</th><th>生产者
精度/%</th><th>使用者
精度/%</th><th>整体精度/%</th></tr>
<tr><td rowspan="12">2013 年 5 月
14 日 Landsat8
影像</td><td rowspan="3">掩膜一</td><td>云</td><td>95. 65</td><td>95. 08</td><td rowspan="3">93. 908</td></tr>
<tr><td>阴影</td><td>63. 03</td><td>65. 35</td></tr>
<tr><td>无云</td><td>95. 18</td><td>95. 49</td></tr>
<tr><td rowspan="3">掩膜二</td><td>云</td><td>99. 37</td><td>94. 63</td><td rowspan="3">94. 186</td></tr>
<tr><td>阴影</td><td>62. 99</td><td>81. 72</td></tr>
<tr><td>无云</td><td>93. 18</td><td>96. 1</td></tr>
<tr><td rowspan="3">掩膜三</td><td>云</td><td>94. 15</td><td>95. 94</td><td rowspan="3">95. 4</td></tr>
<tr><td>阴影</td><td>99. 25</td><td>96. 1</td></tr>
<tr><td>无云</td><td>68. 51</td><td>81. 01</td></tr>
<tr><td rowspan="3">掩膜四</td><td>云</td><td>99. 24</td><td>97. 6</td><td rowspan="3">97. 291</td></tr>
<tr><td>阴影</td><td>85. 81</td><td>94. 13</td></tr>
<tr><td>无云</td><td>96. 19</td><td>97. 36</td></tr>
</table>

续表 4-4

影 像	掩 膜	类 别	生产者精度/%	使用者精度/%	整体精度/%
2013 年 5 月 23 日 HJ1B 影像	掩膜一	云	98.78	96.85	93.574
		阴影	93.32	56.89	
		无云	84.89	96.65	
	掩膜二	云	94.69	99.98	94.552
		阴影	71.34	97.28	
		无云	99.83	85.03	
	掩膜三	云	96.07	99.79	95.227
		阴影	95.04	79.01	
		无云	93.53	90.89	
	掩膜四	云	96.51	99.69	95.3
		阴影	95.82	79.32	
		无云	93.52	92.01	

从表 4-4 可以看出，掩膜四的整体精度显然等于或高于掩膜三，这是由于掩膜四应用阴影几何约束条件，剔除了大量的错误的阴影像元。云的最低生产者精度是 Landsat8 影像的掩膜二，这是由于云的边界引起遗漏误差增大。云的最低使用者精度是 HJ1B 影像的 94.69%，这主要是一些裸地、建筑被错误地归类为云。

B 云和阴影填充效果

图 4-7 和图 4-8 中（a）为目标影像，（b）为参考影像，（c）为云和阴影掩膜覆盖的目标影像，（d）为去除云和阴影后影像。图 4-7 表示 2013 年 5 月 14 日的 Landsat8 影像，图 4-8 表示 2013 年 5 月 23 日 HJ1-B 影像。

从 Landsat8 与 HJ1-B 去云后的影像中可以看出，云和阴影很好地去除，影像色彩与原始影像基本一致。去云后的影像没有发生空间变化。云和阴影填充区域没有出现明显边界现象。尽管目标影像和参考影像的物候条件不同，但是去云后的影像上，填充效果是无缝的。这是因为本节填充影像时，采用目标影像本身的像元，只是利用参考影像来识别那些相似像元的位置。填充后的影像，比如河流、道路的空间和光谱的线性特征都保持完整。整个去除云和阴影的算法较其他去云算法，计算密集小，节省时间，方便快捷。

除了从视觉上评价外，本章选取一些指标来进行定量评价。将根据影像的统计特征对实验结果进行分析评价，采用的评价指标主要是均值（Mean）、标准差（stdev）和信息熵（Hf）。将原始影像和实验结果影像分别按照均值（Mean）、

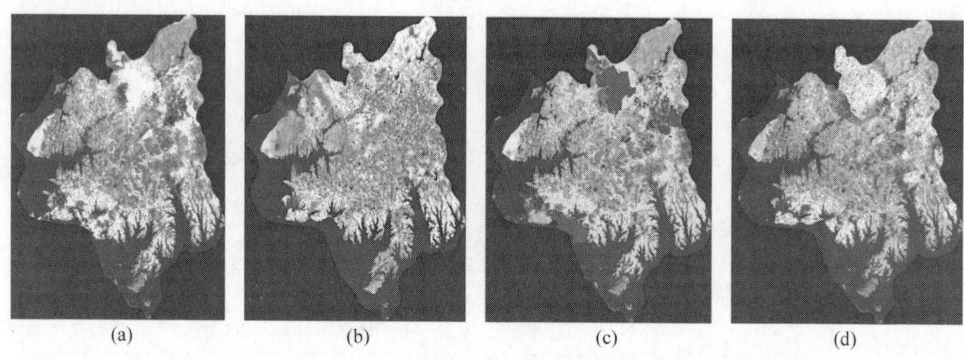

(a)　(b)　(c)　(d)

图 4-7　Landsat8 影像（RGB654）

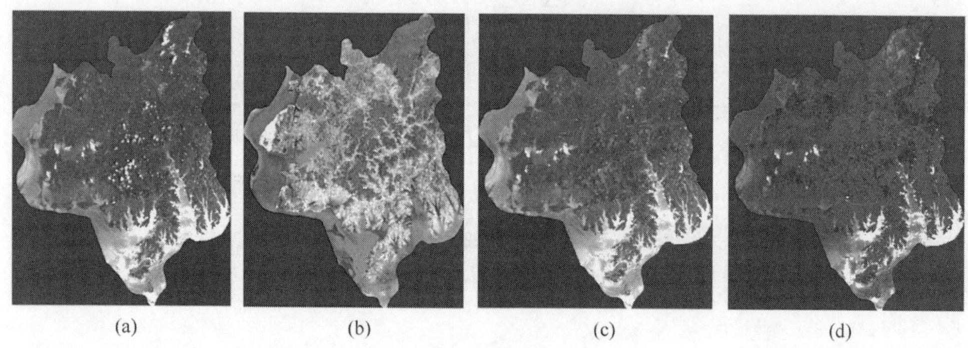

(a)　(b)　(c)　(d)

图 4-8　HJ 影像（RGB432）

标准差（stdev）和信息熵（Hf）三方面进行统计，由于 Landsat8 目标影像的 1～7 波段和 HJ1-CCD 的 1～4 个波段的数据质量与下文的水体提取精度密切相关，因此本书只罗列了与下文水体精度密切相关波段，两种不同传感器的原始影像与去云后影像质量统计数据见表 4-5。

上述方法去云和阴影（云的阴影）后的两幅影像的均值和标准差都比它们的原始影像小，这是因为云是白色噪声，云像元的灰度值偏大，因此云和阴影去除后影像的灰度值会变小。云和阴影去除之后影像各像元之间的灰度值差距减小，因此经过处理后的影像标准差也会减小。在信息熵方面，厚云去除后的影像的信息熵稍稍增加，这说明影像的信息量没有减少，在去除影像上云和阴影，恢复被云和阴影遮盖下的地表信息的同时，仍能很好地保护了原始影像的信息，根据表 4-5 可知，影像更加清晰，纹理细节信息保存得比较完好。

表 4-5 影像去云前、后统计数据对比表

影 像	波 段	均值（Mean）	标准差（stdev）	信息熵（Hf）
Landsat8 目标影像	1	46.635309	52.728315	8.763
	2	10.295526	6.220738	
	3	49.093854	55.564899	
	4	50.373432	57.73748	
	5	72.789251	86.76456	
	6	61.115239	74.791267	
	7	50.351154	65.153352	
去云后 Landsat8 影像	1	45.227184	50.124880	8.924
	2	8.129054	4.975763	
	3	45.946934	52.87170	
	4	50.289654	53.056675	
	5	72.669004	85.853257	
	6	42.167722	70.527853	
	7	52.4020307	60.836654	
HJ1-B 目标影像	1	72.675741	72.474616	7.524
	2	72.139847	75.277620	
	3	65.760140	70.380189	
	4	57.853636	69.575153	
去云后 HJ1-B 影像	1	55.836796	57.058118	7.671
	2	51.874712	57.311212	
	3	49.254300	57.904177	
	4	50.082578	54.18053	

4.2.3 多源数据融合技术

数据融合是对多源信息进行综合处理的技术，它主要指利用计算机对各种信息源进行处理、控制和决策的一体化过程。数据融合的概念虽始于 20 世纪 70 年代初期，但其理论以及方法的发展则是 20 世纪 80 年代以后开始的。尤其近年来，传感器技术的迅速发展，使其成为一个前景十分广阔的前沿性研究领域。多传感器、多分辨率、多时相遥感数据源的接受、应用以及对高质量遥感数据的需求是促进各种数据融合技术出现发展的直接动力[44,45]。

从近几年在国内外学术期刊发表的文章来看，融合一般包括三个层次：像素级融合、特征级融合和决策级融合[46~52]。对影像信息的逼近程度越来越高、描

述越来越完善，对融合时波段电磁特性也予以了充分的考虑。在研究主题中，多光谱影像与全色影像融合获得了最大的关注，从具体的融合方法到融合模型的建立，都有了很大发展。

应用在洪灾的洪水淹没区中，人们需要高空间分辨率的多光谱影像来了解淹没区有哪些地物，这就需要对高空间分辨率全色影像与低空间分辨率的多光谱影像进行融合，使融合影像在保持多光谱影像光谱信息的同时，具备高空间分辨率信息，从而提高遥感影像中目标识别的准确度、地物目标分类的精度及计算机的自动解译能力。针对研究需要本书主要应用低分辨率的多光谱影像与高分辨率的全色波段影像融合、多光谱影像与高光谱影像的融合、遥感影像与 DEM 的融合。

对于 Landsat7 和 Landsat8 卫星影像，本身带有可见光和全波段，而 HJ1-A/B-CCD 卫星影像空间分辨率和 Landsat7 和 Landsat8 卫星影像的空间分辨率一致，影像经过辐射校正、大气校正、几何精校正等处理后，用一般遥感影像处理软件，并利用 Gram-Schmidt Spectral Sharpening 方法，对 HJ1-A/B-CCD 卫星影像、Landsat7 和 Landsat8 卫星影像的可见光与全波段进行数据融合。本书利用此方法对同一地区、相近时期的 HJ1-A/B-CCD 卫星 30m 分辨率的多光谱影像与 Landsat8-OLI 的 15m 分辨率的全波段融合，使之更容易提取水体、林地、建设用地、农田等。用高分辨率全色图像与低分辨率多光谱图像进行融合，在保留了多光谱信息的同时，图像的空间分辨率得到了提高，这意味着更多的图像细节可以显示，从而提高水体提取的精度。

将研究区遥感数据与 DEM 的融合，如图 4-9 所示，其中 DEM 数据包括坡度、坡向和高程等，DEM 可参与遥感图像的分类，改善分类精度，融合后的图像同时具有 DEM 属性。遥感影像与 DEM 融合是在图像理解和图像识别基础上的融合，是经“特征提取”和“特征识别”过程后的融合，它是一种高层次的融合。

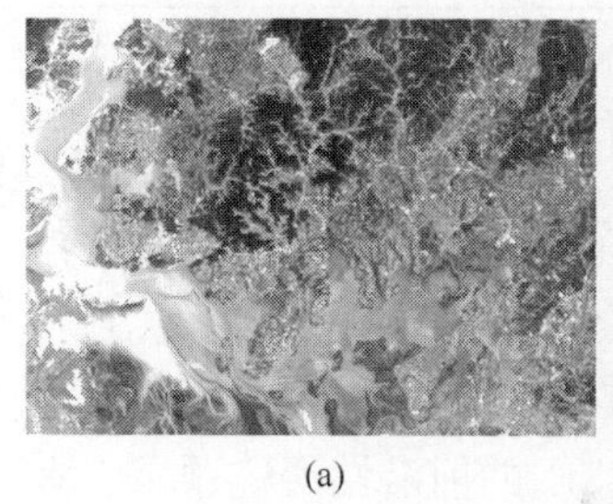
(a)

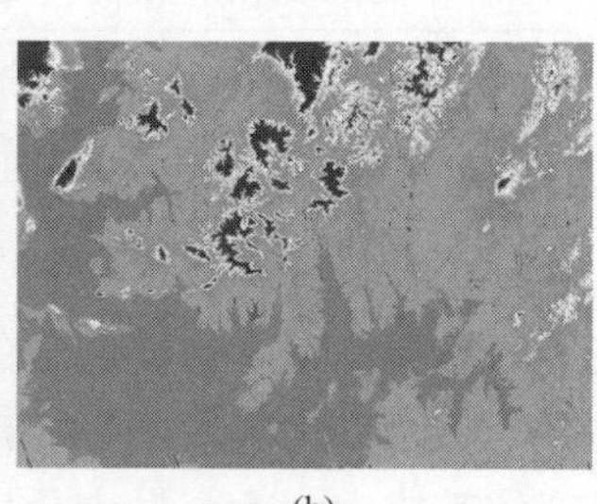
(b)

(c)

图 4-9　遥感影像与 DEM 影像融合图
（a）遥感影像；（b）DEM；（c）融合后图像

应用结果表明，多源数据融合对水体面积提取具有如下作用：

（1）能够更加准确地获得空间实体信息。

（2）可以根据先验知识，通过遥感影像信息的融合处理，能完成更复杂、更高级的一些分类、判断、决策等任务。

（3）使空间信息具有容错性，增加了决策的置信度。

（4）扩展了空间和时间的覆盖范围。

（5）改进空间数据的可靠性和可维护性。

（6）减少数据的模糊性，增加了空间数据的维数。

（7）可以提高空间分辨率，降低模糊度并达到图像增强的目的。

4.3 洪灾面积提取方法比较与快速提取

4.3.1 鄱阳湖水域特点与遥感数据选择

4.3.1.1 鄱阳湖水域特点

鄱阳湖流域地处亚热带季风影响，降水量的年际变化、年内分配和地区分布都很不均匀。鄱阳湖水位涨落受江西省五大河流和长江来水双重控制。一般4~6月多雨，降水量占全年48%，因此洪灾主要集中在鄱阳湖区，并且高水位维持时间长是鄱阳湖区洪涝灾害严重的主要原因之一。鄱阳湖地区每年雨季云覆盖时间较长，且降雨量大，因此很难获取连续的无云的区域光学遥感影像。

4.3.1.2 遥感数据的选择

根据鄱阳湖区的气候特点，考虑到湖区高分辨率地形数据难以获取，给云天状况下洪灾预测分析带来困难，故要利用不同水位条件下多时相多源卫星图像资料，解译出鄱阳湖区水体面积信息。为了训练神经网络洪灾损失评估模型，根据鄱阳湖区水域特征及江西省水文网站的鄱阳湖洪汛信息，本章选取了2009~2013年灾前、灾后，晴空无云条件下10幅Landsat、HJ1-A/B遥感影像用作本课题评估模型的基本遥感数据。遥感数据是在2013年收集，当年5月中下旬开始，长江流域降雨频繁且比同期偏多，使得研究区洪水位超警戒线，发生洪涝灾害。综合考虑影像空间分辨率、光谱分辨率、时间分辨率及洪灾面积提取速度和精度等因素，最终选取了HJ1和Landsat8卫星影像作为本书的遥感数据源，表4-6罗列了本书所用数据来源、具体的数据时间、影像上云层覆盖情况以及影像需要进行的预处理步骤。

为了研究都昌县2013年5月发生洪灾情况，需要将本书选取的不同来源的遥感数据、多时相的数据进行叠加分析，这就需要对数据进行几何校正，将不同来源的数据统一到同一坐标系，影像的地理位置误差保持在0.5个像元的精度范围内，需要用研究区的地形图进行几何纠正。本书选取了1∶10000鄱阳湖区域的地形图对影像进行精校正。

表 4-6　研究区 2013 年选取的遥感数据说明

数据日期	卫星名称	影像情况说明	数据预处理
2013. 05. 01	HJ1-A-CCD2	研究区无云	辐射校正、大气校正、几何校正、研究区裁剪
2013. 05. 11	HJ1-B-CCD2	平均云量 9	辐射校正、大气校正、几何校正、云处理、研究区裁剪
2013. 05. 13	HJ1-A-CCD1	研究区无云	辐射校正、几何校正、大气校正、研究区裁剪、影像融合(用于植被和建设用地提取)
	HJ1-A-HSI		
2013. 05. 14	Landsat8-OLI	平均云量 5. 98	辐射校正、大气校正、几何校正、云处理、研究区裁剪
2013. 05. 23	HJ1-A-CCD1	平均云量 9	辐射校正、大气校正、几何校正、研究区裁剪、影像融合
2013. 05. 28	HJ1-A-CCD2	平均云量 9 (研究区无云)	辐射校正、大气校正、几何校正、研究区裁剪

经过数据预处理之后，将处理后的影像与都昌县行政区域矢量套合，对影像进行裁剪。裁剪后的 HJ1 卫星 CCD 影像 RGB432 合成，IRS 影像 RGB123 合成。5 月 14 日的 Landsat8 卫星影像 RGB543 合成，效果如图 4-10 所示。

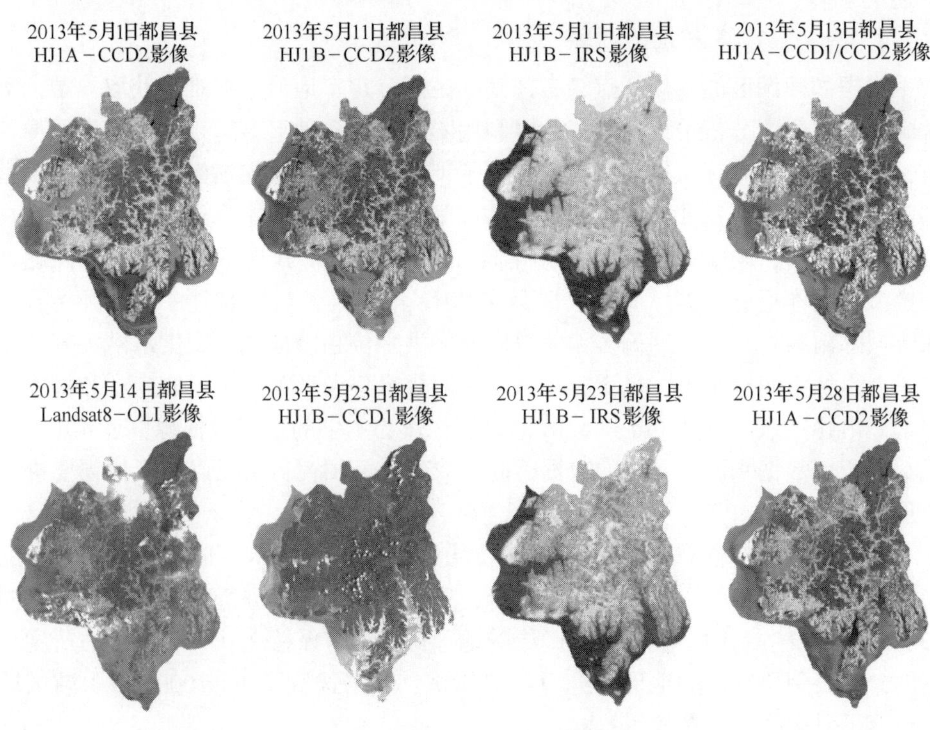

图 4-10　预处理后研究区影像图

4.3.2 提取方法比较

一般单波段模型简单，在 Landsat TM 或 ETM+第 5 波段水体和非水体有明显的区别，但由于山体阴影的影响，使得中红外在阴坡面的反射能量特别低，从而造成山体阴影在影像上呈现出明显的暗色调，水体与阴影的混淆使得难以在单波段上通过阈值法来提取水体。当阈值选为 18 时，对于小面积水体和细长河流容易漏分，如图 4-11 所示。

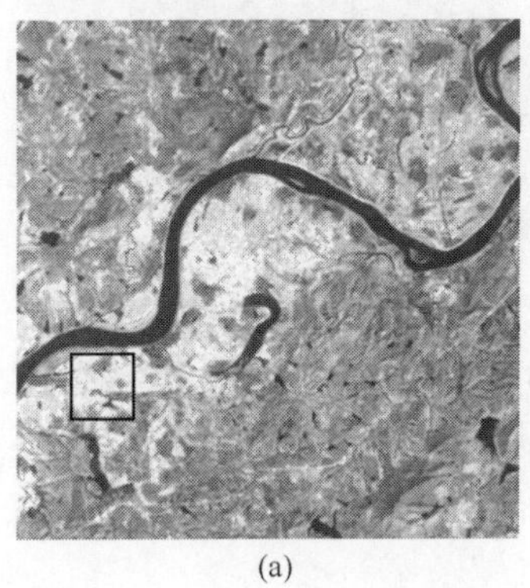
(a)

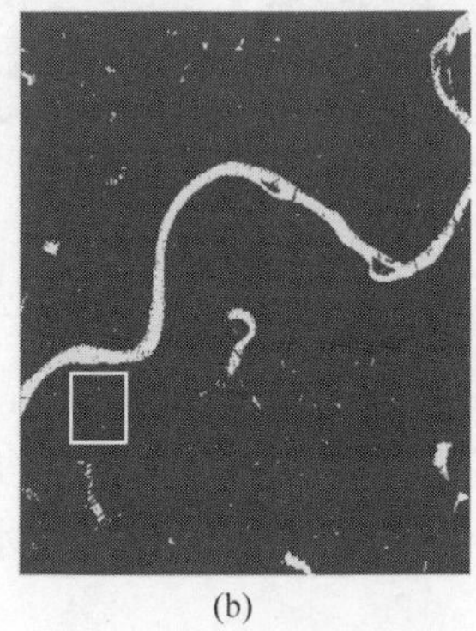
(b)

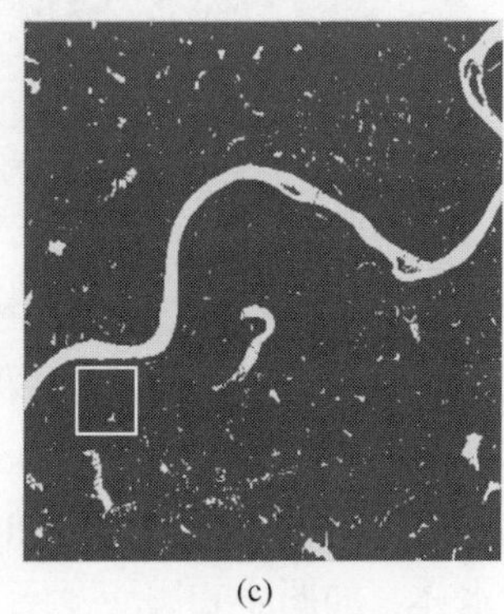
(c)

图 4-11 阈值法提取水体的对比图
(a) 原始影像；(b) 阈值为 18；(c) 阈值为 28

当选择阈值为 28 时，小面积水体和细长河流分得很好。但是在大面积山地处，容易把山体阴影错划分为水体。不管是阈值 18、21 还是 28，单波段阈值法在山体阴影处的效果都不好，如图 4-12 所示。

从图 4-12 可知，整体来看单波段阈值法提取水体阈值应选择 21，但对于有大面积山地的研究区，单一运用此方法，所提取的水体面积不够准确。

(a)

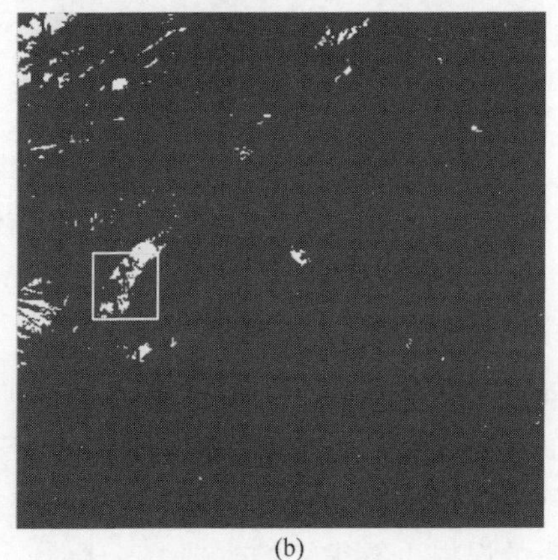
(b)

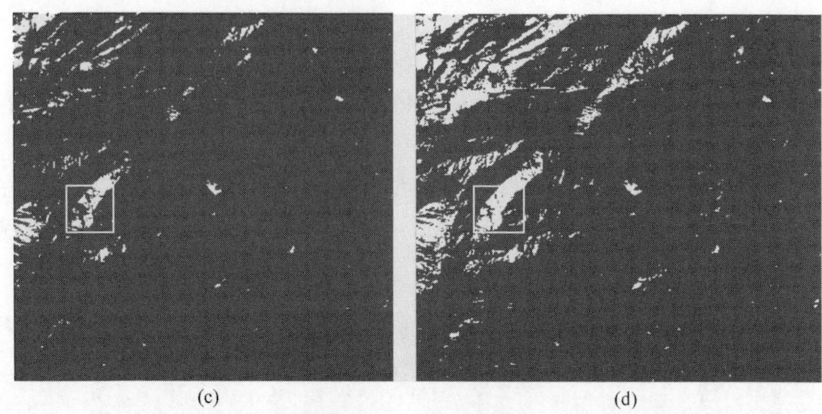

图 4-12　Landsat 影像阈值法提取水体阴影的对比图
(a) 原始影像；(b) 阈值为 18；(c) 阈值为 21；(d) 阈值为 28

对于 HJ1-A/B-CCD 第 4 波段代表近红外波段，利用第 4 波段反复试验确定阈值为 55，相较于 Landsat 第 5 波段，HJ1-A/B-CCD 第四波段阈值法提取水体对于山体阴影效果很好，如图 4-13 所示。但是对于水稻农田来说，基本错划分为水体，如图 4-13 所示。

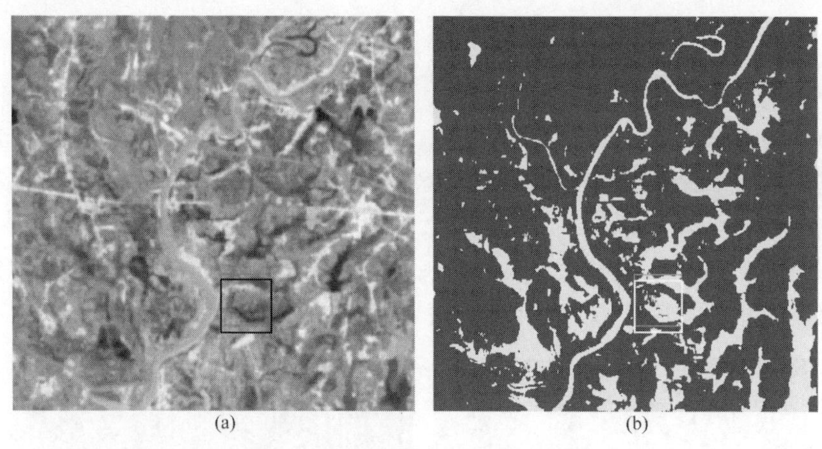

图 4-13　HJ1-A/B-CCD 影像阈值法提取水体的错分对比图
(a) 原图 (RGB432)；(b) 效果图

因此单波段阈值法多适用于无地形起伏的平原地区，而在地形起伏较大或阴影较多的山地地区并不适用。

如图 4-14 所示，利用谱间关系法（TM2+TM3）>（TM4+TM5）提取了几乎所有的水体区域，影像中的小面积的水体也得到了很好的提取效果，但在山体阴影处红色矩形框中，仍错误提取了水体。因此相对于单波段阈值法，谱间关系法对阴影的误提也有很大的改进。

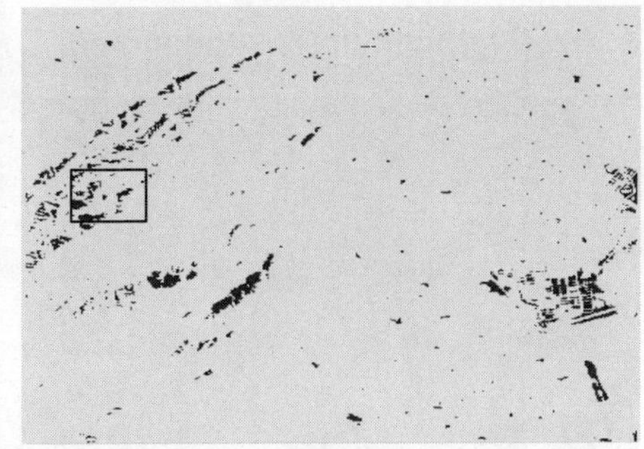

图 4-14　Landsat 影像谱间关系法误提水体图

从图 4-15 中矩形框可以看出，由于影像的空间分辨率为 30m，对于宽度小于 30m 的细小河流，很容易漏提或提取的河流水体是断开的；同时谱间关系法也容易将云错误地当做水体提取出来，这也是该方法的不足之处。

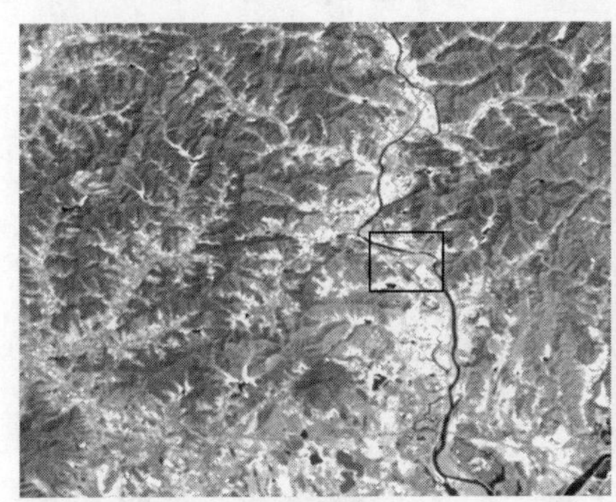
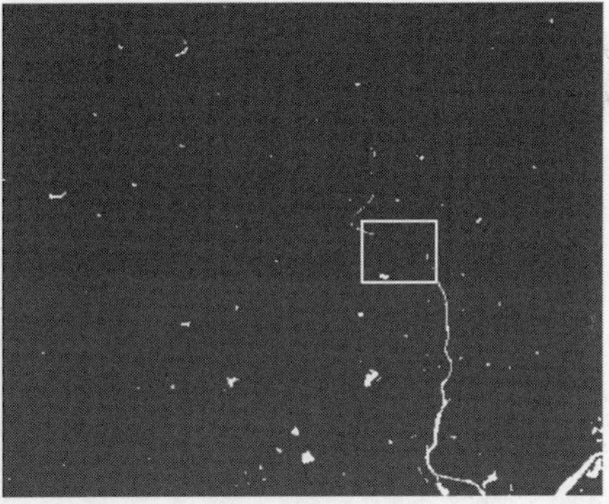

图 4-15　Landsat 影像谱间关系法提取细小河流图

本章选取了鄱阳湖研究区一幅 2009 年 5 月 10 日的 HJ1-B-CCD 影像，影像经过预处理后，利用 NDWI、NDWI-B、CIWI 进行了水体提取，水体提取的效果如图 4-16（a）、(b）所示。2013 年 5 月 13 日的 HJ-1-HSI 影像经过预处理并与 2013 年 5 月 13 日 HJ1-A-CCD2 影像融合后，利用 NDWI 方法进行水体提取，效果图如图 4-16（c）、(d）所示。

(a)

(b)

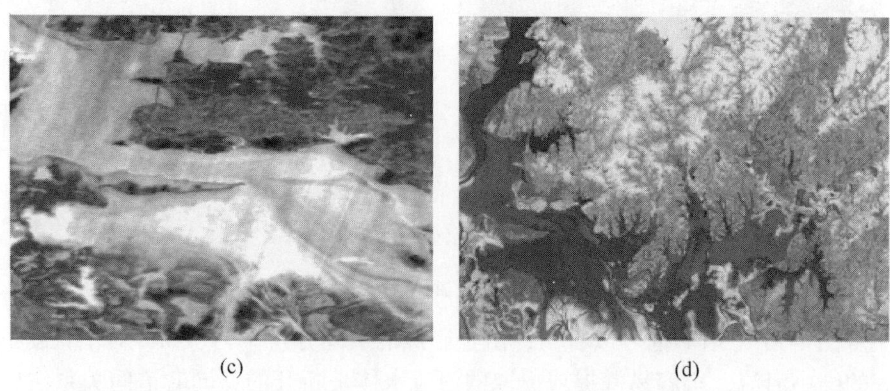

图 4-16　HJ-1-A/B 卫星水体提取效果图

（a）NDWI-B 效果图；（b）CIWI 效果图；（c）NDWI 效果图；（d）HJ1-A-HSI 融合 NDWI

利用 2013 年 5 月 6 日的 MODIS 经过预处理后的影像，利用 NDWI、NDSI 进行水体提取，水体提取后的效果不是很好，如图 4-17（a）、（b）所示。

图 4-17　MODIS 影响水体提取效果图

（a）NDWI 效果图；（b）NDSI 效果图

利用 2013 年 5 月 14 日的 Landsat8-OLI 经过预处理后的影像，利用 NDWI、MNDWI、$NDWI_3$、CIWI 进行了水体提取，水体提取的效果如图 4-18 所示。

NDWI 能够自动消除地形起伏的影响，并能一定程度上区分水体和阴影。但事实上，用 NDWI 提取的水体信息中仍然夹杂着许多非水体信息，如图 4-19 所示的矩形框内，NDWI 误提了部分建设用地及水稻田，对于细小河流的水体提取效果也较差。

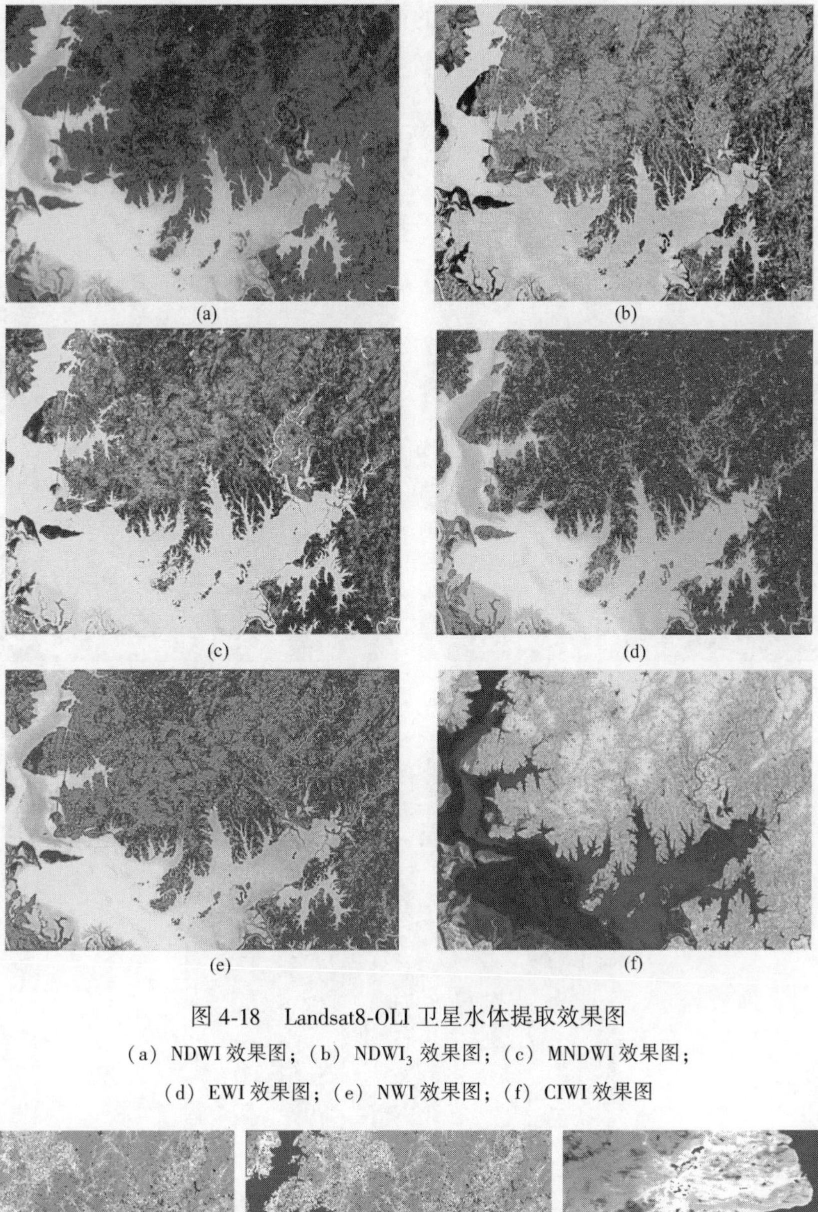

(a)　(b)

(c)　(d)

(e)　(f)

图 4-18　Landsat8-OLI 卫星水体提取效果图
（a）NDWI 效果图；（b）$NDWI_3$ 效果图；（c）MNDWI 效果图；
（d）EWI 效果图；（e）NWI 效果图；（f）CIWI 效果图

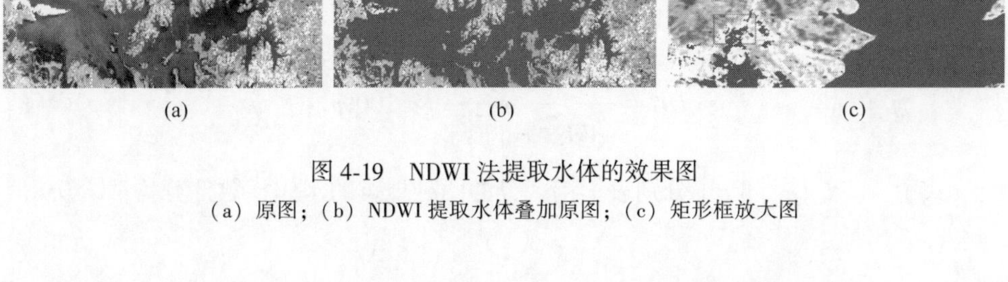

(a)　(b)　(c)

图 4-19　NDWI 法提取水体的效果图
（a）原图；（b）NDWI 提取水体叠加原图；（c）矩形框放大图

MNDWI 指数法使得水体与建筑物的反差明显增强，大大降低了二者的混淆，从而有利于城镇中水体信息的准确提取。本次实验方法几乎提取了所有的水体区域，但误提了部分植被信息。

EWI 法提取水体的效果图如图 4-20 所示。当阈值取最小值-0.435733 时，虽然细小河流提取效果很好，但是提取了很多非水体部分；当阈值取大，则细小河流提取效果很差。

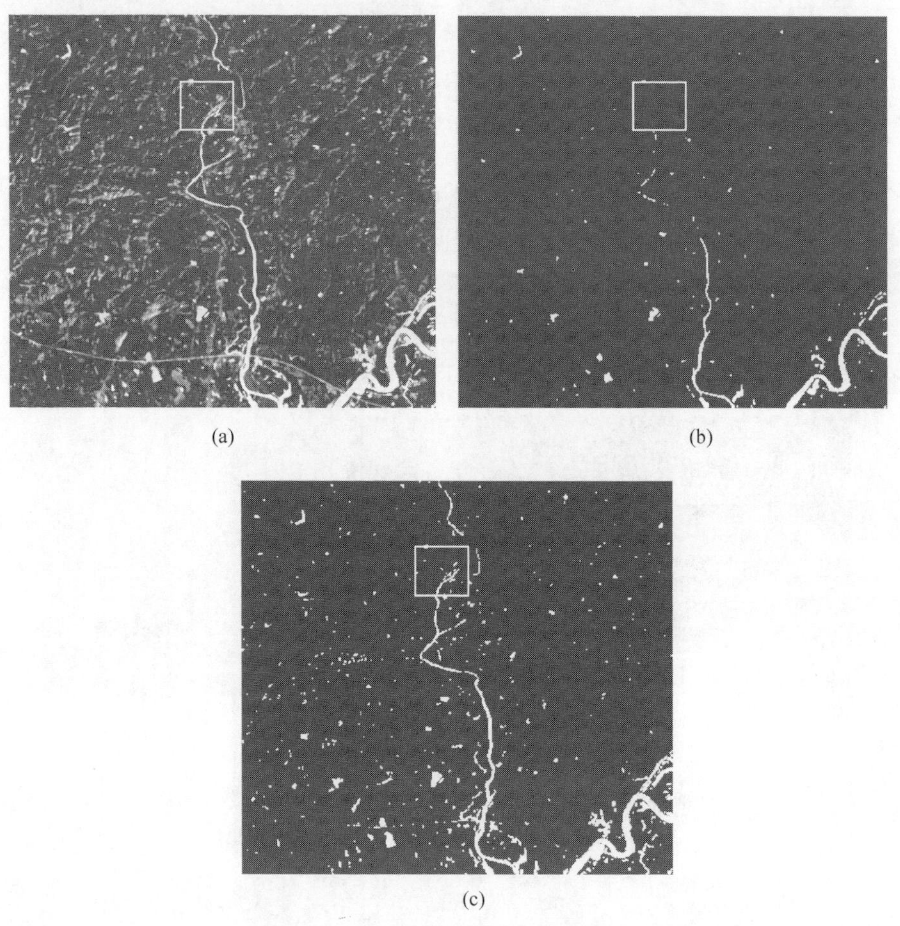

图 4-20　EWI 法提取水体的效果图

（a）EWI 效果增强图；（b）阈值为-0.3 的二值图；（c）阈值为-0.435733 的二值图

为精确比较各类水体指数对水体信息的提取精度，本文引入区分度[16]

$$DD = \frac{|\overline{WI_x}| - |\overline{WI_y}|}{|\overline{WI_x}| + |\overline{WI_y}|} \times 100\% \tag{4-1}$$

式中，$|\overline{WI_x}|$、$|\overline{WI_y}|$ 分别表示待区分的两种地类的水体指数计算均值。*DD* 值

大小反映了两种地物的分离程度，其值越大，表明两者分离效果越佳，易于区分；反之分离效果差，不易区分。为了便于这些指数的分析比较，引入了放大平移常数 C（本书取 100），对这些水体指数进行校正，以保证各类水体指数处于正值区间。为系统地比较这些水体指数的识别效果，本书分别选取典型地类（林地、建设用地和水体）各 100 个样本，分别做区分度对比，见表 4-7~表 4-9。

表 4-7　水体指数法的林地与水体区分度对比

水体指数模型	目标物	最小值	最大值	均值（Mean）	标准差（Stdev）	区分度/%
TM $NDWI_3$	水体	105.88397	190.61142	160.169982	6.471246	8.796
	林地	117.35902	153.88457	134.270951	5.055759	
TM NDWI	水体	90.919083	151.11720	138.580630	7.144336	40.489
	林地	43.531303	80.696815	58.058841	5.682988	
TM NWI	水体	53.753162	110.98866	101.355487	4.248696	41.3187
	林地	29.590153	60.880733	42.086926	5.031115	
TM EWI	水体	64.797859	143.42029	128.787269	7.318521	49.791
	林地	30.415844	65.884636	43.168702	5.343145	
TM CIWI	水体	158.21892	220.09007	174.100406	7.963162	18.761
	林地	237.16354	267.52313	254.514383	4.906712	
TM MNDWI	水体	106.00164	194.10797	180.123049	4.211620	32.846
	林地	66.409218	128.43594	91.052714	10.54713	
CCD NDWI	水体	75.379585	142.18169	132.217435	4.572332	32.8434
	林地	47.374325	100.95316	66.840100	7.042305	
CCD NDWI-B	水体	85.266327	145.51749	138.558397	3.080546	25.4654
	林地	61.500370	115.54529	82.312620	7.461799	
CCD CIWI	水体	165.22208	239.78038	177.906636	5.105361	16.012
	林地	208.90500	263.21777	245.740298	7.011750	
HSI IWI	水体	107.148	220.88184	167.664544	17.24136	38.0489
	林地	63.300751	106.18791	75.241497	4.281431	
MODIS NDWI	水体	103.75817	154.09981	142.551074	5.051210	49.4251
	林地	41.326004	65.066376	48.248291	5.741325	
MODIS NDSI	水体	158.41875	179.82677	171.147113	3.511324	43.5307
	林地	62.020969	78.763664	67.334349	3.627784	

表 4-8　水体指数法的建设用地与水体区分度对比

水体指数模型	目标物	最小值	最大值	均值(Mean)	标准差(Stdev)	区分度/%
TM $NDWI_3$	水体	105.883965	190.611420	160.169982	6.471246	21.7627
	建设用地	84.652420	121.016273	102.915447	4.887373	
TM NDWI	水体	90.919083	151.117203	138.580630	7.144336	25.4848
	建设用地	62.777115	100.992081	82.291787	8.807511	
TM NWI	水体	53.753162	110.988655	101.355487	4.248696	42.9785
	建设用地	23.989994	57.106049	40.421706	7.230612	
TM EWI	水体	64.797859	143.420288	128.787269	7.318521	41.5707
	建设用地	38.006096	71.594795	53.153335	8.152261	
TM CIWI	水体	158.218918	220.090073	174.100406	7.963162	10.977
	建设用地	202.348206	239.005997	217.036190	7.338521	
TM MNDWI	水体	106.001640	194.107971	180.123049	4.211620	35.7734
	建设用地	58.195793	111.783150	85.205823	11.82177	
CCD NDWI	水体	75.379585	142.181686	132.217435	4.572332	13.2558
	建设用地	77.971474	126.775154	101.267093	6.894194	
CCD NDWI-B	水体	85.266327	145.517487	138.558397	3.080546	13.1948
	建设用地	88.085876	131.413986	106.255597	9.018498	
CCD CIWI	水体	165.222076	239.780380	177.906636	5.105361	6.06
	建设用地	183.504517	229.193619	200.861787	5.514376	
HSI IWI	水体	107.147995	220.881836	167.664544	17.24136	16.7
	建设用地	91.927811	184.916275	119.678221	11.94144	
MODIS NDWI	水体	103.758171	154.099808	142.551074	5.051210	31.5274
	建设用地	73.787430	75.251129	74.211439	0.696658	
MODIS NDSI	水体	158.418747	179.826767	171.147113	3.511324	40.1831
	建设用地	64.704849	81.865669	73.029398	7.012157	

表 4-9　水体指数法的建设用地与林地区分度对比

水体指数模型	目标物	最小值	最大值	均值(Mean)	标准差(Stdev)	区分度/%
TM $NDWI_3$	建设用地	84.652420	121.016273	102.915447	4.887373	13.22
	林地	117.359016	153.884567	134.270951	5.055759	
TM NDWI	建设用地	62.777115	100.992081	82.291787	8.807511	17.266
	林地	43.531303	80.696815	58.058841	5.682988	

续表 4-9

水体指数模型	目标物	最小值	最大值	均值(Mean)	标准差(Stdev)	区分度/%
TM NWI	建设用地	23.989994	57.106049	40.421706	7.230612	2.018
	林地	29.590153	60.880733	42.086926	5.031115	
TM EWI	建设用地	38.006096	71.594795	53.153335	8.152261	10.3659
	林地	30.415844	65.884636	43.168702	5.343145	
TM CIWI	建设用地	202.348206	239.005997	217.036190	7.338521	7.948
	林地	237.163544	267.523132	254.514383	4.906712	
TM MNDWI	建设用地	58.195793	111.783150	85.205823	11.82177	3.317
	林地	66.409218	128.435944	91.052714	10.54713	
CCD NDWI	建设用地	77.971474	126.775154	101.267093	6.894194	20.4792
	林地	47.374325	100.953163	66.840100	7.042305	
CCD NDWI-B	建设用地	88.085876	131.413986	106.255597	9.018498	12.6972
	林地	61.500370	115.545288	82.312620	7.461799	
CCD CIWI	建设用地	183.504517	229.193619	200.861787	5.514376	10.049
	林地	208.904999	263.217773	245.740298	7.011750	
HSI ndwi	建设用地	91.927811	184.916275	119.678221	11.94144	22.7974
	林地	63.300751	106.187912	75.241497	4.281431	
MODIS NDWI	建设用地	73.787430	75.251129	74.211439	0.696658	21.2041
	林地	41.326004	65.066376	48.248291	5.741325	
MODIS NDSI	建设用地	64.704849	81.865669	73.029398	7.012157	4.0574
	林地	62.020969	78.763664	67.334349	3.627784	

分析上述水体指数区分度对比表可知：在研究区范围内，Landsat TM 影像的水体与林地区分度最高的是 EWI 法，区分度达 49.791%；其次是 NWI 法，区分度是 42.9785%。而水体与建筑用地区分度最高的是 NWI 法，区分度为 42.9785%；其次是 NWI 法，区分度为 41.5707%。建设用地与林地的区分度最高的是 NDWI 法，区分度为 17.266%；其次是 $NDWI_3$法，区分度为 13.22%。HJ1-A/B-CCD 影像的水体与林地区分度最高的是 NDWI 法，区分度为 32.8434%；水体与建设用地区分度为 13.2558%；建设用地与林地区分度最高的是 NDWI 法，区分度为 20.4792%。而 HJ1-A/B-CCD 与 HJ1-A-HSI 融合后的水体与林地、水体与建设用地、建设用地与林地的区分度高于 HJ1-A/B-CCD 影像。对于 MODIS 数据，水体与建设用地的区分度是 NDSI 高于 NDWI；水体与林地的区分度则是 NDWI 高于 NDSI；建设用地与林地的区分度 NDWI 高于 NDSI。

另外实验还表明，研究区地形复杂、细小河流较多，河流水中含有泥沙、浮游生物以及各类成分复杂的悬浮物质时，采用单一水体提取方法提取出的水陆界限或水流线往往不够精准，尤其是一些光谱特征微弱的细小河流，水流线通常不够连贯，存在较多的水体信息丢失现象，并在提取结果中对地形阴影的误判情况也较多。因此要改善研究区水体信息的提取效果，应当考虑在水体提取过程中解决好以下两个问题：（1）采用一定的特征变换方法提高水体图斑的同质性，增强细小水体的光谱特征；（2）降低待处理的数据量、弱化对沟谷阴影的误判，并利用多源数据协调快速提取水体方法。

4.3.3 多源数据协同的洪灾面积快速提取

通过上文中洪灾区域水体提取常用的方法实验比较可知，采取单一数据源或单一提取方法很难准确、快速地获取洪灾面积。特别是研究区的细小河流，其在影像上由于宽度小于影像的空间分辨率，导致它的光谱特征比较微弱，局部地段被其两侧的植被光谱严重干扰，出现断裂现象。如果研究区山地众多、地形复杂，对于山体阴影的剔除也是一大难点。本书在深入分析洪灾水体的光谱特征以及它的空间特征，掌握提取水体所遵循的规律，在继承现有几种提取方法的基础上，提出了多源数据协同的洪灾区域面积快速提取方法。

本书所用的影像为中分辨率，因而多地类混合像元比重大，光谱细节的挖掘难以有较大突破，提高水体分类精度的途径更多依靠水体的空间分布特征。将研究区地类复杂、分布交错、高程变化大的丘陵山地区域[53]，将水体的光谱特征与空间分布特征相结合，引入 LBV 数据变换得到 B 分量影像，利用 B 分量影像及 Otsu 方法确定提取水体的阈值，得到一次分类结果后，基于空间推理技术进行粗提取影像的去噪及细分，最后结合研究区地形图精确与快速地获取洪灾区域面积。

4.3.3.1 基于 LBV 变换与 Ostu 法的研究区水体粗提取

LBV 变换就是将多波段的遥感影像变换成 L、B、V 三个分量[54]，即总辐射水平特性由 L 分量表示，可见光-红外光辐射平衡由 B 分量表示，地物辐射随着波段变化的方向和速度特征由 V 分量表示。对于洪灾水体来说，由于 B 分量反映地物的可见光辐射和红外光辐射的相互对比和平衡的关系。根据对洪灾水体在遥感影像上的光谱特征的描述，水体在红、绿、蓝波段的吸收少、反射率很低，产生大量的透射，而在近红外短波则基本上不吸收入射能量，导致洪灾水体的红外光辐射很弱，红、绿、蓝辐射相对较强，它的平衡点朝着红外方向移动，从而水体具有最大的 B 值。在 B 分量影像上，水体信息最为突出，B 值反映本地区地表水体地物所含水分的多少。利用水体在 B 分量这一特征，将 B 分量影像利用 Otsu 方法确定提取水体的阈值，以此来达到多源遥感影像的水体的粗提取。

A 遥感影像 LBV 公式推导

查阅相关文献，LBV 变换最早主要用于 TM 影像上，随后 LBV 变换应用传感器越来越多，比如中巴 02B 卫星、SPOT、QuickBird 等，而应用于 Landsat8 与

HJ1 的文献并不多见。本节首先分析经过预处理后的研究区 Landsat8-OLI 和 HJ1-CCD 影像是否可进行 LBV 变换，分别提取 Landsat8-OLI 和 HJ1-CCD 影像上有代表性的 9 种典型样本，并分析它们的灰度曲线图。对于满足 LBV 变换的影像，再根据二次回归方程和线性方程分别提取地物遥感影像的 LBV 属性，从而推导出 Landsat8-OLI 和 HJ1-CCD 的 LBV 公式。

利用二次回归方程及线性方程提取地物遥感影像的 L、B、V 三个分量，方程如下。

二次回归方程：

$$D = a + b\lambda + c\lambda^2 \tag{4-2}$$

线性回归方程：

$$D = a + b\lambda \tag{4-3}$$

将回归残差 V_i 定义为：

$$V_i = D_i - d_i \tag{4-4}$$

式（4-2）和式（4-3）中 D 表示利用二次回归方程和线性回归方法求解的影像灰度值的估测值，λ 表示在某波段范围内选择的波长值（本书用中心波长表示），a、b 和 c 是二次回归方程和线性回归方程的系数，d_i 表示第 i 个波段影像中原始地物的灰度值，V_i 表示利用二次回归方程和线性回归方法求解的第 i 个波段上影像灰度值的估测值与第 i 个波段影像中原始地物的灰度值之间的差值。

由于 LBV 变换是根据影像上地物光谱曲线及其回归拟合曲线的趋势经过数学计算得到的，因此，在进行公式推导前要对不同这两种影像上的地物光谱特性进行详细分析。首先在 Landsat8-OLI 和 HJ1-CCD 影像上选取 9 种典型地物样本，即水库、河流、湖泊、滩地、极茂密植被、茂密植被、稀疏植被、建筑用地以及裸地，分别统计 Landsat8-OLI 和 HJ1-CCD 影像上这 9 种典型地物的灰度值，并计算出它们的均值。研究区内 9 种典型地物样本的像元数及在各波段的灰度均值等具体数值见表 4-10。

表 4-10 Landsat8 与 HJ1 影像研究区 9 种典型地物的灰度值及像元数

传感器类型	典型地物	Band 1	Band 2	Band3	Band 4	Band 5	像元数
Landsat8-OLI	湖泊	55.5815	40.2251	33.9682	22.7885	5.2724	10104
	水库	51.1922	43.9685	34.8045	12.6083	1.5031	9367
	河流	47.2637	39.3006	29.5549	20.4069	10.3555	9536
	极茂密植被	72.9261	62.2886	50.1634	35.9901	75.9167	15214
	茂密植被	63.0928	53.2757	45.5432	26.5117	57.326	9590
	稀疏植被	65.2748	55.3066	48.5025	27.7357	45.5945	11799
	建筑	93.0388	90.7405	83.1726	82.1072	87.2264	6000

续表 4-10

传感器类型	典型地物	Band 1	Band 2	Band3	Band 4	Band 5	像元数
Landsat8-OLI	裸地	69. 9794	62. 7687	59. 2566	68. 5349	63. 1305	12106
	城镇	79. 2974	72. 3175	57. 3208	47. 3419	43. 6907	7211
HJ1-CCD	湖泊	62. 48177	59. 25364	39. 6316	18. 43707	—	8124
	水库	54. 83372	47. 09900	25. 7662	10. 06558	—	8327
	河流	59. 11473	45. 85229	38. 9391	23. 81638	—	8413
	极茂密植被	72. 3326	57. 83964	35. 8813	117. 9041	—	7992
	茂密植被	76. 2140	61. 37235	39. 4711	105. 8951	—	4029
	稀疏植被	82. 65816	67. 11399	49. 6653	59. 48233	—	4594
	建筑	127. 0242	116. 8846	109. 555	114. 9892	—	4054
	裸地	88. 8187	67. 8040	76. 8231	90. 939	—	4516
	城镇	106. 1914	95. 67970	71. 2373	71. 49789	—	8508

Landsat8-OLI 可见光到近红外波段，5 个波段的中心波长分别为 0. 443μm、0. 4825μm、0. 563μm、0. 655μm、0. 865μm；HJ1-CCD 的 4 个波段的中心波长分别为 0. 48μm、0. 56μm、0. 66μm 和 0. 83μm。将中心波长值作为横坐标的取值点，并将表 4-10 中的 9 种典型地物的灰度值作为纵坐标，然后绘制可见光-近红外中心波长与 9 种典型地物灰度值曲线图，如图 4-21 所示。

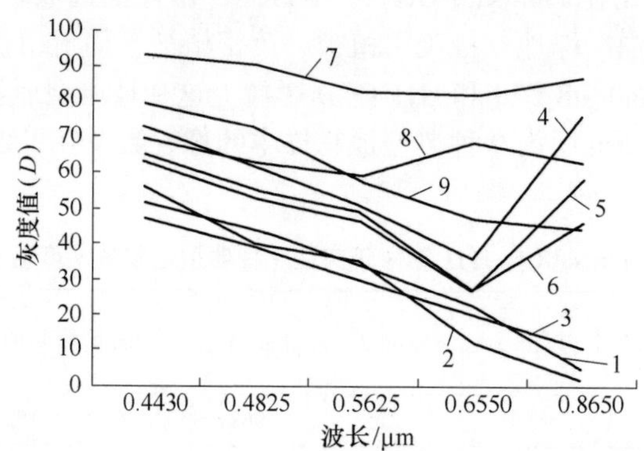

图 4-21　Landsat8-OLI 9 种典型地物的波长-灰度值曲线

1—湖泊；2—水库；3—河流；4—极茂密植被；5—茂密植被；6—稀疏植被；7—建筑；8—裸地；9—城镇

由图 4-21 中的典型 9 种地物灰度值曲线可以看出：建筑的曲线位置最高，其次是裸地的曲线位置，而湖泊、水库、河流这三种地物灰度值的曲线位置最低。总体来说，建筑、裸地、城镇的曲线位置高于极茂密植被、茂密植被、稀疏植被的曲线位置。地物曲线位置的高和低反映了该种地物的亮度水平，这说明

Landsat8-OLI 影像上地物的总辐射水平 *L* 能够通过曲线位置高低不同来反映。

湖泊、水库、河流的曲线呈右下降趋势，斜率为负。极茂密植被、茂密植被、稀疏植被的曲线是先降后升的趋势，城镇、裸地的曲线则较平稳。典型地物曲线趋势这个性质可用可见光-近红外辐射平衡 *B* 表示。

裸地的灰度值曲线从 0.443μm 到 0.5625μm 呈下降的趋势，从 0.5625μm 到 0.655μm 波段呈现上升的趋势，从 0.655μm 到 0.86μm 波段再次上升，而极茂密植被、茂密植被、稀疏植被的曲线在 0.5625μm、0.655μm、0.865μm 波段上的走势与其完全相反。另外，极茂密植被曲线从 0.443μm 到 0.865μm 波段的上升的速度和下降的速度都比较快，而建筑曲线的变化速度则相对比较平缓。地物灰度值曲线从一个波段到另一个波段方向变化及它的速度快慢不同，即可用波段辐射变化矢量（方向和速度）*V* 表示。因此，Landsat8-OLI 影像具备进行 LBV 变换所需的总辐射水平 *L*、可见光-近红外辐射平衡 *B*、波段辐射变化矢量（方向和速度）*V* 这三种遥感影像的特征，可用于 LBV 变换。

将表 4-10 中的 HJ1-CCD 影像数据 9 种典型地物在可见光到近红外波段的灰度值与波段作图，如图 4-22 所示，从 H1-CCD 影像 9 种典型地物波长-灰度值曲线图可知以下三个特点：

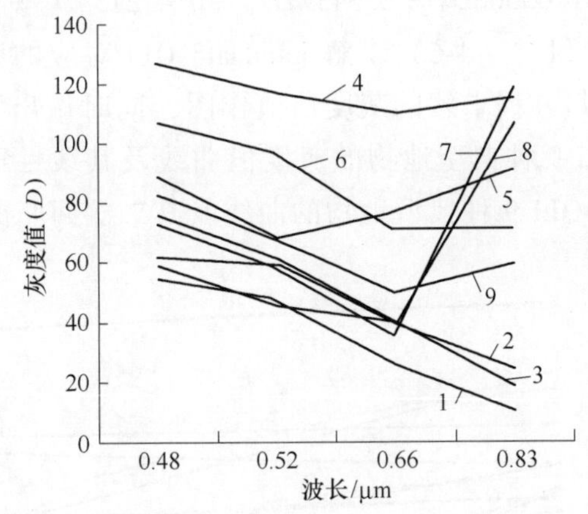

图 4-22 HJ1-CCD 9 种典型地物波长-灰度值曲线

1—水库；2—河流；3—湖泊；4—建筑；5—裸地；6—城镇；7—极茂密植被；8—茂密植被；9—稀疏植被

（1）建设用地的曲线和裸地的曲线处于图上的较高位置，而水体在近红外波段处于最低位置，各地物曲线在图上的位置高低不一。曲线在图上的位置高低不同反映了地物的总辐射水平 *L*。

（2）在图 4-22 中林地和滩地的曲线向左倾斜，即它们的红外辐射相对较强，可见光辐射相对较弱；另一些地物如水体的曲线则向右倾斜，即它们的红外辐射相对较弱，可见光辐射相对较强。红外辐射与可见光辐射的强弱对比关系反映地物可见光-近红外辐射平衡 B 特性。

（3）从图 4-22 可知，林地的曲线下降和上升趋势都很快，而建设用地和裸地的变化速度则处于较为平缓。某一地物灰度值曲线在波段间的方向变化及其速度差异，可用波段辐射变化矢量（方向和速度）V 表示。

a　Landsat8 影像的 LBV 变换公式推导

利用预处理后 Landsat8-OLI 影像经过 LBV 变换，Landsat8-OLI 影像各波段的中心波长为：band1 为 0.443μm，band2 为 0.4825μm，band3 为 0.5625μm，band4 为 0.655μm，band5 为 0.865μm。将波段 1～波段 5 的中心波长值代入式（4-2）中，求得 a、b、c 值如下：

$$\begin{cases} a = 5.974253D_1 + 2.028471D_2 - 3.64401D_3 - 6.33228D_4 + 2.973832D_5 \\ b = -17.3457D_1 - 4.917D_2 + 12.7566D_3 + 20.67615D_4 - 11.1712D_5 \\ c = 12.12077D_1 + 2.937506D_2 - 9.96085D_3 - 15.3598D_4 + 10.26327D_5 \end{cases} \tag{4-5}$$

将波段 1～波段 5 的中心波长值代入式（4-3）求得 a、b 值如下：

$$\begin{cases} a = 1.04363D_1 + 0.833521D_2 + 0.407982D_3 - 0.08405D_4 - 1.20109D_5 \\ b = -1.40231D_1 - 1.05306D_2 - 0.34571D_3 + 0.472153D_4 + 2.328933D_5 \end{cases} \tag{4-6}$$

利用式（4-5）和式（4-6）求解 Landsat8-OLI 对应的回归方程并做回归曲线。根据相应回归方程求解的灰度估值作图，同时做出回归曲线。图 4-23 所示为 Landsat8-OLI 9 种典型地物的灰度值曲线及其线性回归曲线图，图 4-24 所示为 Landsat8-OLI 9 种典型地物的曲线及其二次回归曲线图。

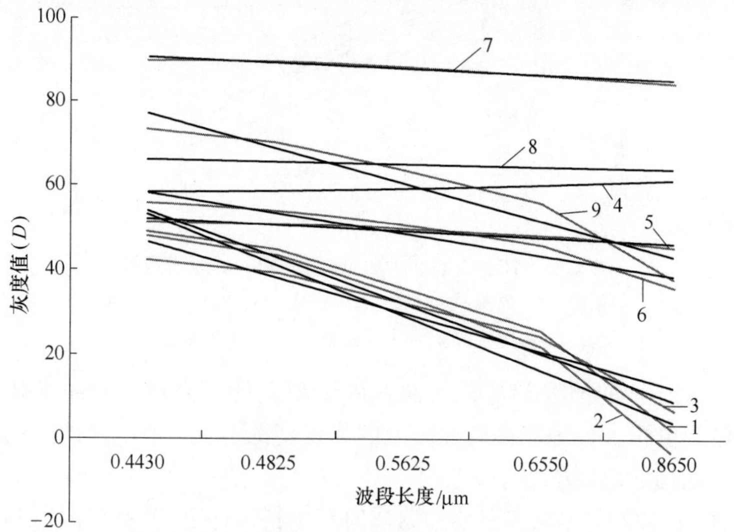

图 4-23　地物灰度值曲线及其线性回归曲线图

1—湖泊；2—水库；3—河流；4—极茂密植被；5—茂密植被；6—稀疏植被；7—建筑；8—裸地；9—城镇

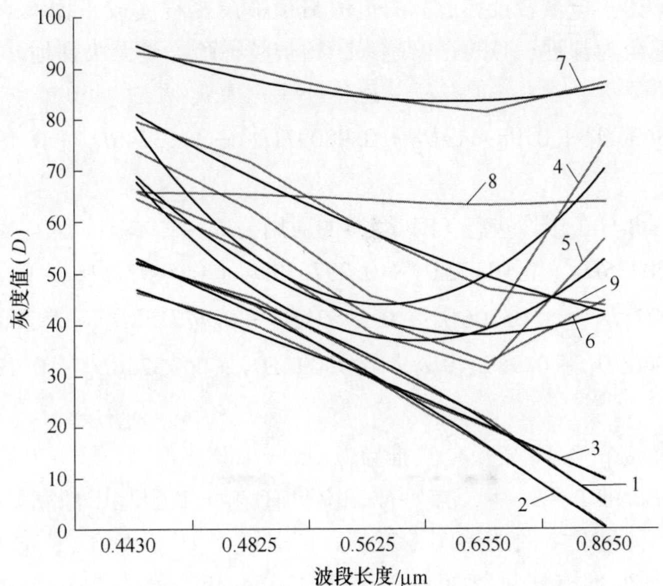

图 4-24　地物灰度值曲线及其二次回归曲线图

1—湖泊；2—水库；3—河流；4—极茂密植被；5—茂密植被；6—稀疏植被；7—建筑；8—裸地；9—城镇

从图 4-23 中 Landsat8-OLI 地物灰度值曲线及其线性回归曲线图可以看出，水库、湖泊、河流从波长 0.48μm 到 0.83μm 的灰度值从高到低，其折线斜率为负；而极茂密植被、茂密植被、稀疏植被的灰度值从可见光到近红外的灰度值是从低到高，其折线的斜率为正；而建筑的折线基本水平。可见光-近红外辐射 B 可以用一次回归折线的斜率的相反数表示，B 值为正，可以很好地突出影像上水体的特性。

$$B = -b = 1.40231D_1 + 1.05306D_2 + 0.34571D_3 - 0.472153D_4 - 2.328933D_5 \tag{4-7}$$

通过对 Landsat8-OLI 影像灰度值统计发现，对于 L（地物总辐射水平）要满足建筑的灰度值最大，同时水体的灰度值最小，植被位于建筑与水体之间并且最接近于两者中值为最佳，则需要将第四波段灰度值扩大两倍时，波长在 0.655～0.865μm 的中间时（$\lambda = 0.76\mu m$ 时）正好满足这一要求。

$$L_\lambda = D_{0.76} = -0.20755D_1 - 0.01175D_2 + 0.297619D_3 + 0.509774D_4 + 0.411785D_5 \tag{4-8}$$

从图 4-24 中可以看出，有些地物的二次回归曲线是呈上凸形，有的则是下凹形，有的则是水平，有些地物则是上凸下凹的形状，形状各不相同，反映地物在所考虑传感器的波段范围内从一个波段到另一个波段辐射变化的方向（通过 v_i 的正、负号）和变化速度（通过 v_i 绝对值的大小）。其地学意义是地面植被密度的反映，当 $V<0$，植被较茂密，V 的负值与植被茂密程度成正比；当 $V>0$，地面植被较稀疏甚至为裸地，V 的正值越大，植被越稀疏，甚至为裸地。

$$V = v_1 - v_2 - v_3 + v_4 - v_5 \tag{4-9}$$

$$V = -1.3666D_1 + 0.989649D_2 + 0.980971D_3 - 1.13246D_4 + 0.198587D_5 \tag{4-10}$$

则 Landsat8-OLI 影像进行 LBV 变换的通用公式为：

$$\begin{cases} L = -0.20755D_1 - 0.01175D_2 + 0.297619D_3 + 0.509774D_4 + 0.411785D_5 \\ B = 1.40231D_1 + 1.05306D_2 + 0.34571D_3 - 0.472153D_4 - 2.328933D_5 \\ V = -1.3666D_1 + 0.989649D_2 + 0.980971D_3 - 1.13246D_4 + 0.198587D_5 \end{cases} \tag{4-11}$$

b　HJ1 影像的 LBV 变换公式推导

由上述分析的 L、B、V 三点特征，说明 HJ-1-A/B 卫星影像满足进行 LBV 变换所必需的 3 种最基本的遥感图像特征，同时说明 HJ-1-A/B 卫星影像数据也可利用 LBV 数据变换方法进行变换。这里 HJ-1-A/B 卫星的 4 个波段的中心波长 λ_1、λ_2、λ_3、λ_4 分别为 0.48μm、0.56μm、0.66μm、0.83μm，把它们代入式（4-2）和式（4-3）中，则二次回归方程 a、b、c 的系数为：

$$\begin{cases} a = 10.253117D_1 - 3.6350503D_2 - 10.453690D_3 + 4.8356235D_4 \\ b = -29.363121D_1 + 13.328764D_2 + 33.401918D_3 - 17.367561D_4 \\ c = 20.543140D_1 - 10.896957D_2 - 24.987769D_3 + 15.341586D_4 \end{cases} \tag{4-12}$$

线性回归方程 a、b 系数为：

$$\begin{cases} a = 1.662761D_1 + 0.921640D_2 - 0.00476016D_3 - 1.579641D_4 \\ b = -2.233614D_1 - 1.061882D_2 + 0.402783D_3 + 2.892713D_4 \end{cases} \tag{4-13}$$

利用式（4-12）和式（4-13）求解 HJ1 影像数据相应回归方程求解灰度的估测值，同时做出回归曲线。图 4-25 所示为 HJ1 9 种典型地物的灰度值曲线及其线性回归曲线图，图 4-26 所示为 HJ1 9 种典型地物的曲线及其二次回归曲线图。

地物的总辐射水平 L 的计算则需要满足裸地的灰度值最大，水体的灰度值最小，林地、滩地、农田位于裸地与水体之间并且最接近于两者中值为最佳。经过大量的 HJ1-A/B-CCD 影像试验，并且从二次回归曲线图 4-26 可以看出，当近红外波段扩大 4 时，$\lambda = 0.7025$ 能较好地满足上述要求，由此可以得到

$$L' = D_{0.7025} = a + 0.7025b + 0.7025^2c$$

$$L = -0.23631D_1 + 0.35069D_2 + 0.679537D_3 + 0.20608D_4 \tag{4-14}$$

从线性回归曲线图 4-25 可以看出建筑大约处于水平，则它的斜率近似为 0，水

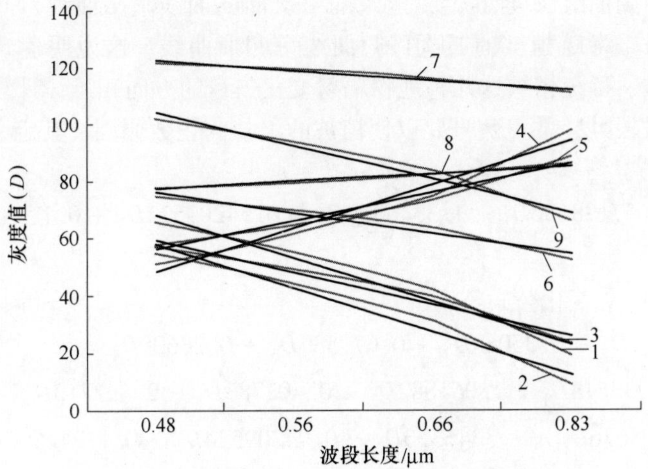

图 4-25 HJ1 地物灰度值曲线及其线性回归曲线图

1—湖泊；2—水库；3—河流；4—极茂密植被；5—茂密植被；6—稀疏植被；7—建筑；8—裸地；9—城镇

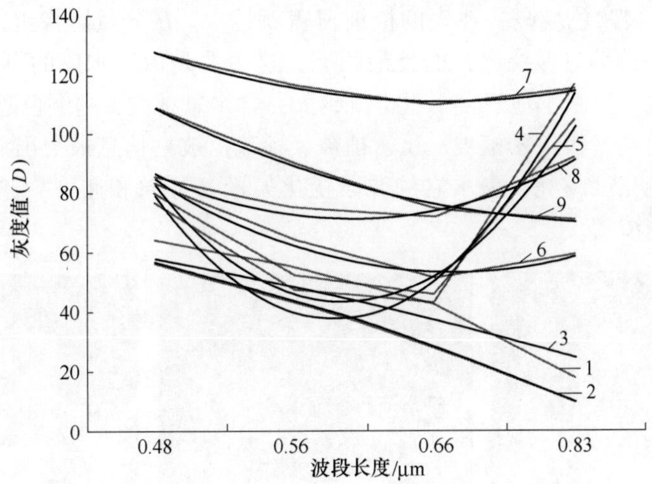

图 4-26 HJ1 地物灰度值曲线及其二次回归曲线图

1—湖泊；2—水库；3—河流；4—极茂密植被；5—茂密植被；6—稀疏植被；7—建筑；8—裸地；9—城镇

体（水库、河流、湖泊）在可见光（蓝、绿、红）波段到近红外波段处于下降趋势，水体的斜率为负。稀疏植被从可见光波段到近红外波段它的灰度值一直处于建筑与水体之间。B 反映影像典型地物可见光-近红外辐射平衡，同时也反映研究区影像地表水含量的多少，而 B 值取负可以很好地反映影像上水体的信息。

$$B' = -b = 2.233614D_1 + 1.061882D_2 - 0.402783D_3 - 2.892713D_4 \tag{4-15}$$

在二次回归曲线图 4-26 上，建筑的二次回归曲线呈凸曲线，同时极茂密植被、茂密植被、稀疏植被的二次回归曲线呈凹形曲线。这说明建筑、极茂密植被、茂密植被、稀疏植被这几种地物辐射变化矢量的方向相反，计算辐射变化矢量 V 时，各波段残差的正负号要以使植被的 V 值为正数原则，其定义为：

$$V = v_1 - v_2 + v_3 - v_4 \tag{4-16}$$

$$V' = -0.57198636D_1 + 1.3346350D_2 - 0.94209524D_3 + 0.17944656D_4 \tag{4-17}$$

HJ-CCD LBV 变化公式：

$$\begin{cases} L = -0.23631D_1 + 0.35069D_2 + 0.679537D_3 + 0.20608D_4 \\ B = -b = 2.233614D_1 + 1.061882D_2 - 0.402783D_3 - 2.892713D_4 \\ V = -0.57198636D_1 + 1.3346350D_2 - 0.94209524D_3 + 0.17944656D_4 \end{cases} \tag{4-18}$$

经过预处理后的 Landsat8-OLI 与 HJ1-CCD 的影像通过式(4-11) 与式(4-18) 可得到 LBV 各分量的影像。

从图 4-27、图 4-28 两幅影像经过 LBV 变换后的 L 分量的图上可以看出建筑、城镇、裸地的亮度最亮，这是因为 L 分量影像的明暗反映了地物的总辐射水平，L 值越大则地物颜色越亮，地表的植被覆盖就越少。B 分量影像上水体（水库、湖泊、河流）的信息最突出，而且最明亮，这主要是由于水体的可见光-近红外辐射平衡值大，反映了地表含水量也就越大，含水量越大，则颜色越亮。从 V 分量影像上的植被（极茂密植被、茂密植被、稀疏植被）信息最突出。V 分量影像中地物的颜色亮度越亮，表示它的波段变化矢量（方向和速度）越大，地表植被覆盖也就越浓密。

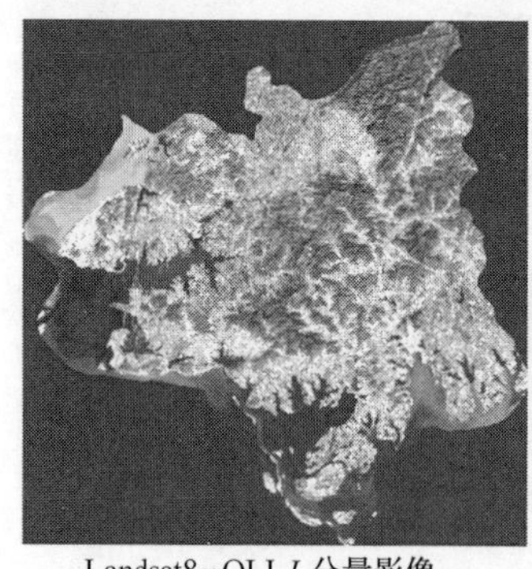

Landsat8-OLI L 分量影像

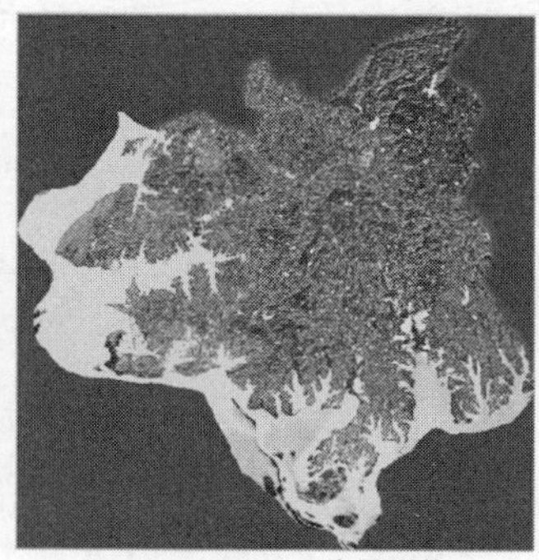

Landsat8-OLI B 分量影像

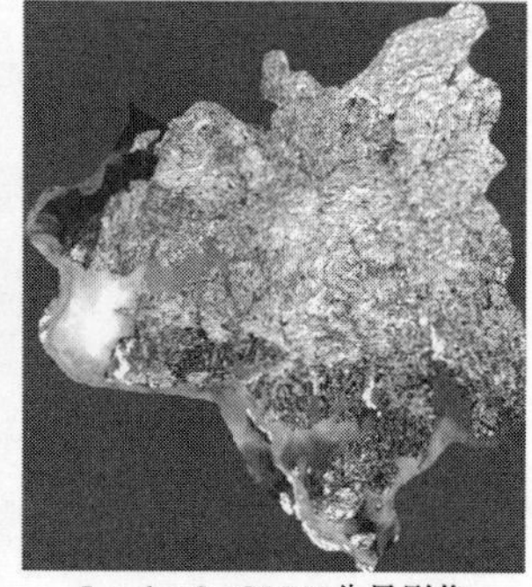

Landsat8-OLI V 分量影像

图 4-27 Landsat8-OLI L、B、V 三分量图

B B 分量影像与 Ostu 法水体粗提取

Landsat8 与 HJ1-A/B 的影像，经过 LBV 变换后，B 分量上无论清水或浑水都具有其红外光辐射极弱，而可见光辐射较强的特性，使得水体的值与其他地物相

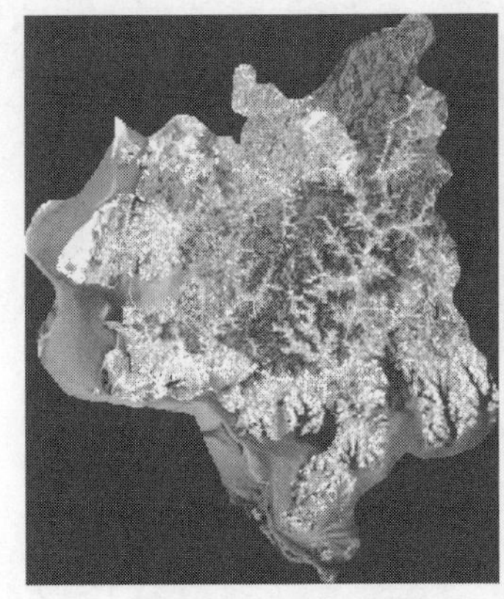

HJ1-CCD*L*分量影像

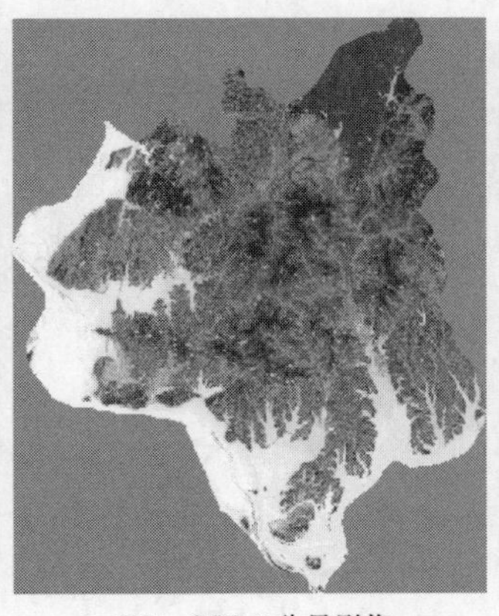
HJ1-CCD *B* 分量影像

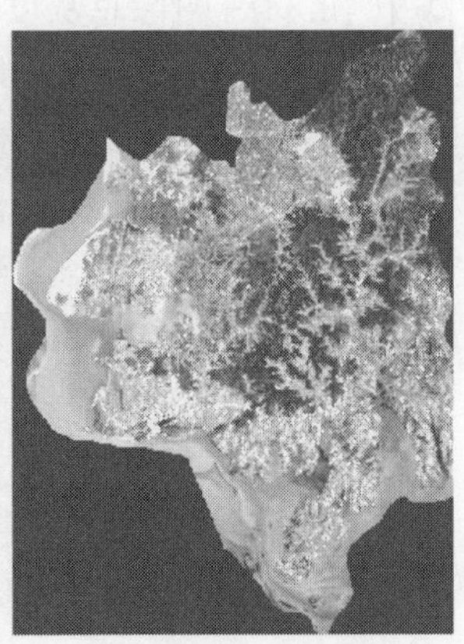
HJ1-CCD V分量影像

图 4-28 HJ1-CCD *L*、*B*、*V* 三分量图

比都较大，从而把水体与影像上其他地物区分开来，有利于水体的提取。经过实验发现，低密度覆盖的水体-植被混合像元的光谱特性以水体信息为主，以植被辐射特性较弱。水田在洪水期的辐射特性同样水体辐射特性较强。水体和低密度覆盖的水体-植被混合像元，则具有相近的灰度值，假设仅对经过预处理的影像进行水体的提取很容易将低密度覆盖的水体-植被混合像元误分为水体信息。然而，对于经过 LBV 变化的影像，增强了影像上水体信息，这样减少了水植混合像元，只需要在 B 分量影像通过确定阈值，提取水体信息，而阈值的选定会因影像的不同而不同。如果采用手工确定阈值的方法，人为因素影响较大，直接影响到水体的提取精度。阈值方法的选择，即关系到水体提取的精度，也关系到水体提取的速度。

自动选取阈值分割水体信息，将洪灾水体和非水体分开，既要保存图像信息，又要尽可能减少背景和噪声的干扰。而 Ostu 算法（又称为大律法）在图像分割研究领域中被认为是最经典的算法，它是基于图像灰度直方图的基础上选取阈值，再根据统计学上两个种类间特性差最大或最小的原理实现图像分割后两个种类间最好的分离。

Ostu 算法的原理为：假设遥感影像 A 的总像素为 N，则有

$$N = \sum_{i=1}^{L} n_i \tag{4-19}$$

$$P_i = \frac{n_i}{N} \tag{4-20}$$

$$\mu = \sum_{i=1}^{L} iP_i \tag{4-21}$$

式中　L——图像总灰度级；

n_i——灰度级为 i 的像素数；

P_i——灰度级为 i 的像素出现的概率；

μ——遥感影像 A 的总灰度均值。

对任意灰度值 k，$1 \leqslant k \leqslant L$，将 A 的灰度级按 k 分为两类：A_1 和 A_2。其中 $A_1 = \{1, 2, 3, \cdots, k\}$，$A_2 = \{k+1, k+2, \cdots, L\}$。

A_1出现的概率：

$$\omega_1 = \sum_{i=1}^{k} P_i \tag{4-22}$$

$$\mu_k = \sum_{i=1}^{k} iP_i \tag{4-23}$$

将 μ_k 均值化得：

$$\mu_1 = \frac{\mu_k}{\omega_1} \tag{4-24}$$

对于 A_2则：

$$\omega_2 = 1 - \omega_1 \tag{4-25}$$

$$\mu_2 = \frac{\mu - \mu_k}{\omega_2} \tag{4-26}$$

式中　ω_1 —— A_1出现的概率；

μ_2 —— A_2的灰度均值。

那么 A_1、A_2这两类之间的类间方差计算公式：

$$\delta(k) = \omega_1(\mu - \mu_1)^2 + \omega_2(\mu - \mu_2)^2 \tag{4-27}$$

将 k 的值从 1 到 L 变化，使得 $\delta^2(k)$ 取得最大值的 k，即为最佳阈值。

对于 Landsat8 与 HJ1-CCD 的影像数据是否可应用 Ostu 法进行自动阈值分割，本书分别统计 Landsat8 与 HJ1-CCD 经过 LBV 变换后的 B 分量影像的直方图信息，如图 4-29、图 4-30 所示，直方图呈现两个明显的波峰，其中矮小波峰由影像中具有较大灰度值的水体形成，故可选用 Ostu 方法自动选取分割阈值，从而快速提取

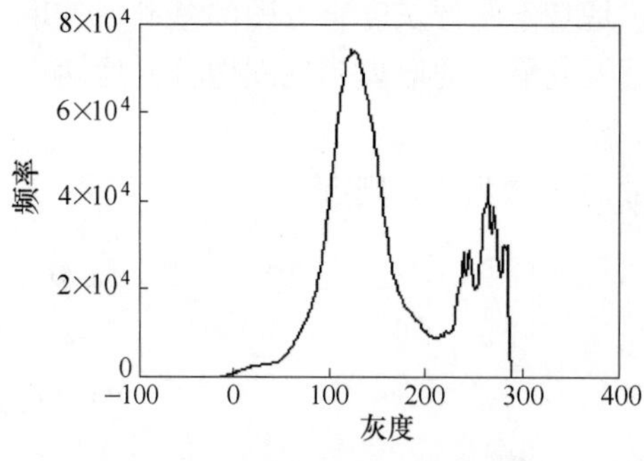

图 4-29　Landsat8 的 B 分量直方图

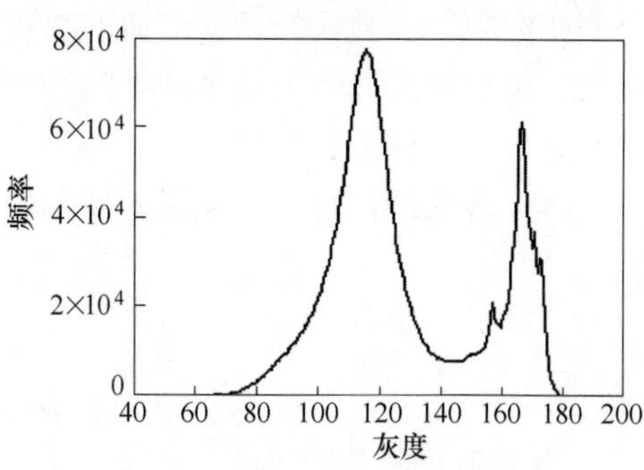

图 4-30　HJ1-CCD 的 B 分量直方图

出水体，其操作步骤如下：

首先，将整个研究区影像所有像素作为点集 A，对点集 A 第一次 Ostu 方法分割得到两部分：一部分是灰度级较低的 A_1（背景区域）和另一部分灰度级较高 A_2（含有部分背景的目标区域），得到阈值 k_1。由于 B 分量影像上水体信息的灰度值都很大，所以水体目标在 A_2 中。第二次对 A_2 进行 Ostu 方法分割得到两部分：一部分是灰度级较低的 A'（背景区域）和另一部分灰度级较高 A_2'（含有部分背景的目标区域），得到阈值 k_2，$k_2>k_1$。如此反复，直到达到满意的效果。本书只通过 Ostu 方法进行两次分割，达到了理想的效果，目标水体对应的则为 A_2' 经上述步骤提取水体，将两种遥感影像提取水体的二值图，效果如图 4-31 所示，图中研究区内白色为提取洪灾水体，黑色区域则是非水体。

从图 4-31 目视可知，5 月 11 日这一期的湖区中的滩地在减少，而且整幅图上细小水体图斑范围比 5 月 1 日要多，到 5 月 23 日，水体的图斑个数和范围达到顶峰，到 5 月 28 日，水体图斑个数和范围逐渐缩小。

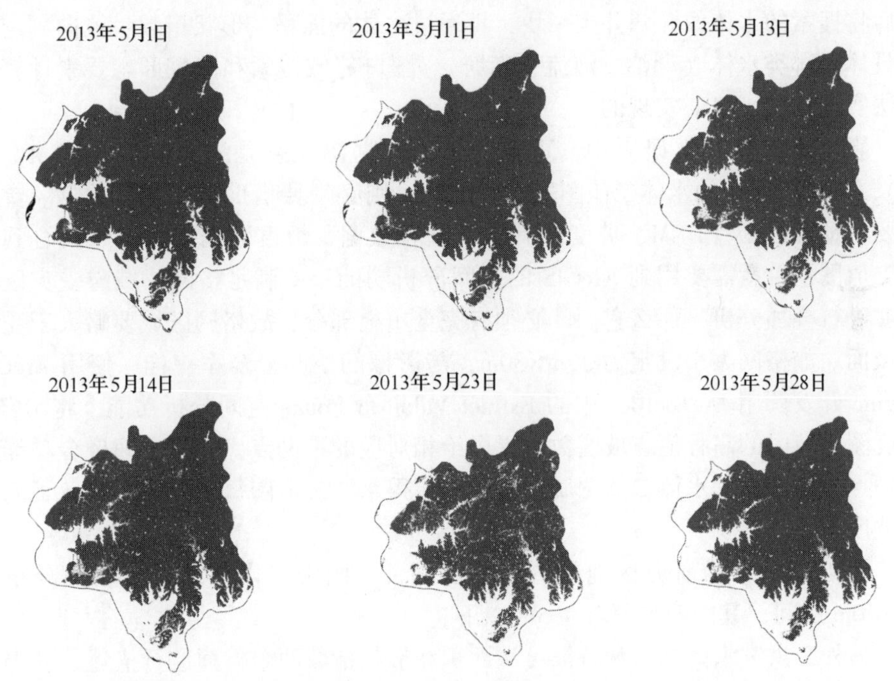

图 4-31 研究区提取水体二值图

4.3.3.2 基于空间推理技术的粗提取影像的去噪及细分

上文将经过 LBV 变换得到 B 分量影像，应用 Ostu 法自动确定阈值粗提取水体之后，达到了快速提取洪灾水体的目的，不存在山体阴影、农田等误提现象，而且不受传感器波段限制。但是将粗提取的水体与原始影像叠加，细小河流还是存在断裂现象。因为将经过 LBV 变换后的 B 分量影像与 Ostu 法自动阈值提取的只是水体的二值图，无法对提取的水体进行细分。

由于影像上“同谱异物”和“同物异谱”现象存在，尤其对于湖泊、河流、库塘，单纯应用遥感影像的光谱信息，无法完成对洪灾水体进行细分。本书对洪灾水体在遥感影像上的特征，从洪灾水体的光谱特征和空间特征两个方面对其进行了详细分析。如果把洪灾水体二值图细分为河流、湖泊、库塘，可以借助于不同类型水体的尺寸、形状等几何特征以及它与地形地貌分布特征，引入空间推理技术，通过地形图、坡度图及图斑间的空间关系修正粗提取水体二值图中被错分、漏分的水体，同时按照湖泊、河流、库塘三个类别进行细分。

空间推理技术（spatial reasoning）就是对空间对象的空间关系进行推理，用易于被人们接受的不同语义来描述不同的空间形态，并可以对推理结果做适当归并。本书将应用空间推理这一技术，将影像上的图斑作为空间对象，采用图斑邻域算法进行搜索，图斑邻域算法的原理是通过搜索基准地物（粗提取二值图上的水体）周围一定距离的像元，通过影像的高程、坡度属性来判定是否属于水体，最后将搜索的水体像元归并到一块，再通过水体的面积、形状指数、流向判定水体具体为哪类水体（湖泊、河流、库塘）。图斑邻域搜索和图斑形态要素计算的算法实现是基于 IDL 实现的。

影像上水体分类研究中，重要的辅助数据源无疑是地形数据（DEM、坡度），要对粗提取的水体二值图去噪和细分，则必须要借助这些辅助数据。首先需要将地形数据（DEM、坡度图）上的高程数据、坡度数据提取出来融合到水体二值图上，就需要用到 ArcGIS 的空间分析功能。要满足格网区域与受灾区域能够进行叠加分析，那么它们就必须有完全重叠部分，故格网区域要略大于受灾区域面。如格网大小设定为 30m×30m，与影像的空间分辨率一样。使用 ArcGIS Engine 开发调用 ArcToolBox 中的 Extract Value to Points 空间分析功能，将 DEM、坡度图区域内的高程值、坡度数据提取给相对应的格网点。使用空间融合功能将格网点与格网面、水体二值图属性融合，使得水体二值图每一个像元具备了高程和坡度属性。

图 4-32 所示为研究区地形图和坡度图，从图中可以发现水体主要分布在 0~160m 之间，其中湖泊分布在 5m 以下。

另外，洪灾水体的形状特征可从面积和形状指数两个方面进行描述。其中洪灾水体的面积 S 计算公式为：

$$S = N \times S_{\mathrm{pixel}} \tag{4-28}$$

式中　S——图斑的面积；

N——像元个数；

S_{pixel}——单个像元的面积。

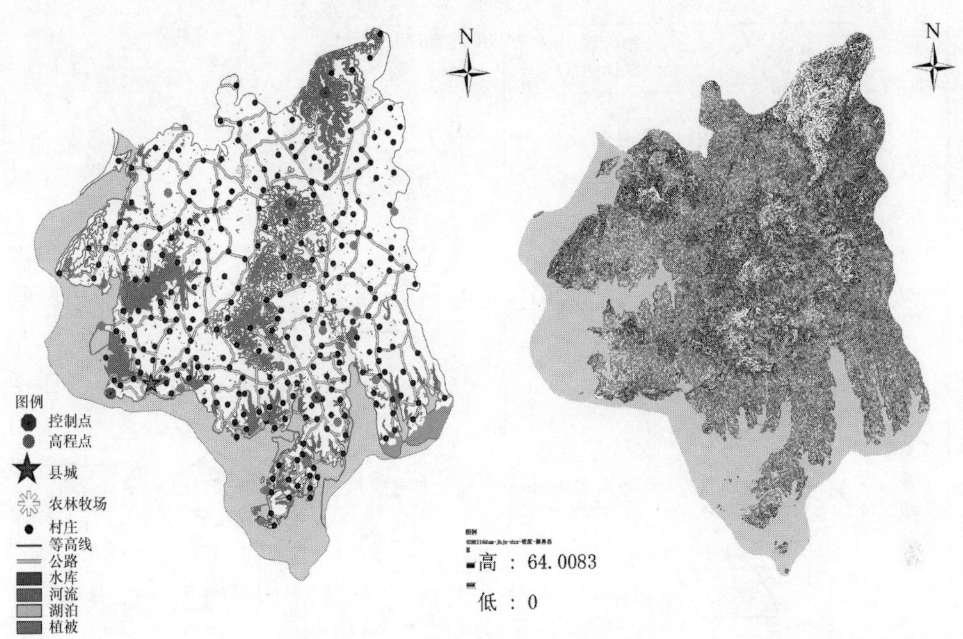

图 4-32 研究区地形图与坡度图

洪灾水体的周长 L 计算公式为:

$$L = \sum_{i}^{n} \sqrt{(x_i - x_{i-1})^2 + (y_i - y_{i-1})^2} \tag{4-29}$$

$(x_i,\ y_i)$ 为组成图斑对象的边缘连接点。周长则定义为由图斑对象的边缘连接点的中心坐标前后连接的长度。

因此洪灾水体的形状指数为:

$$K = \sqrt{S}/L \tag{4-30}$$

将洪灾水体的形状指数设定一定阈值,即可以区分。统计研究区地形图上湖泊、河流、库塘的面积、周长及形状指数,其中湖泊的面积最大,大于 300km^2。而库塘的形状指数在 0.043978~0.268261 之间,平均值为 0.215997;湖泊的形状指数 0.024278~0.1219 之间,平均值为 0.075033。因此本书取 K>0.1219 为库塘。

将粗提取的水体二值图与地形图(DEM)、坡度图一起加入剔除干扰像元、修补、细分水体流程图的优化处理,流程如图 4-33 所示。

经过上述流程的步骤,可得到精度更准确且细分的研究区水体分类图,本书将经过分类的洪灾图叠加到原始影像上,图 4-34 所示为分类效果图。

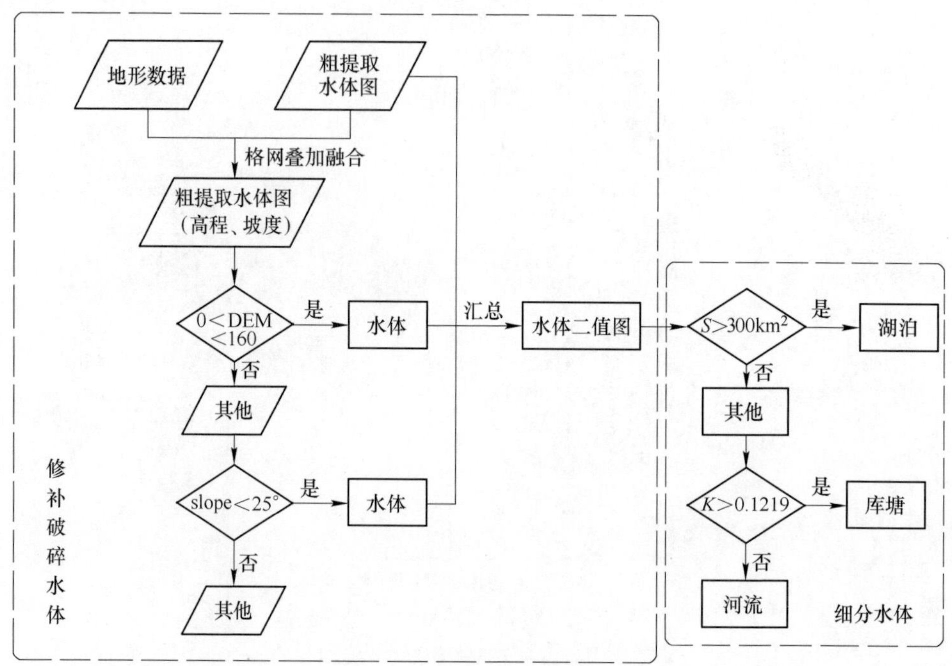

图 4-33 剔除干扰像元、修补、细分水体流程图

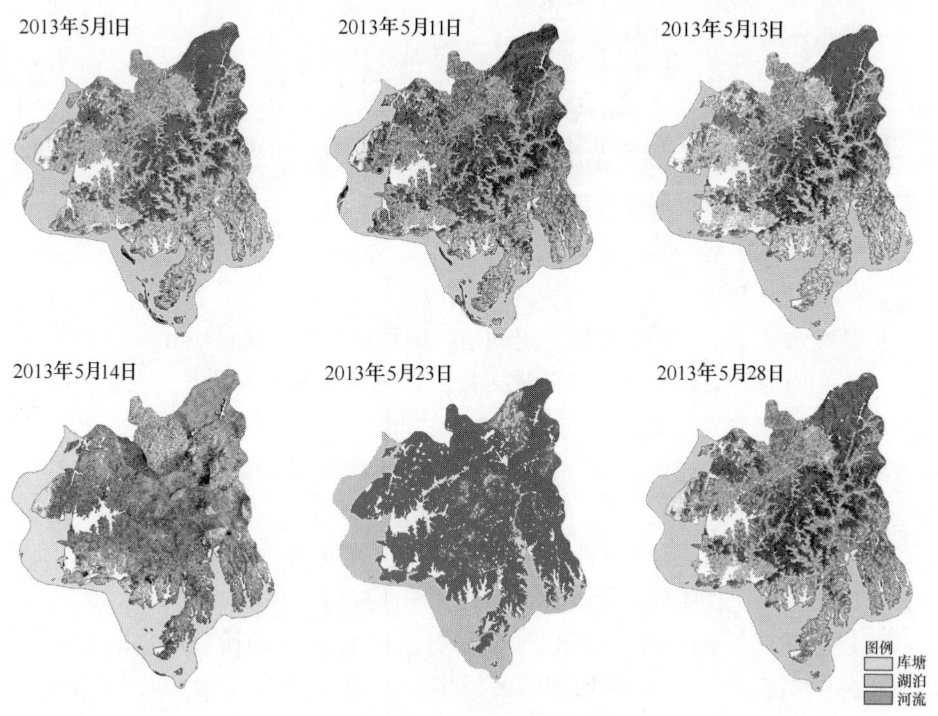

图 4-34 都昌县六期洪灾水体分类图

4.3.3.3 多源数据协同的洪灾区域

经过上述4.3.3.1节和4.3.3.2节两个步骤之后，精确获取了研究区分类水体图。即洪灾区域可以通过不同时相影像间的叠加分析来实现。通过对发生洪涝时期，灾前、灾中、灾后多时相水体分类图叠加比较，分析洪灾水体从2013年5月1日到2013年5月23日（即洪灾发生前，到洪水退去后）的变化过程，从而得到研究区被洪水淹没的洪灾区域。本书的实现过程如下：

(1) 以洪涝发生前2013年5月1日鄱阳湖区都昌县影像作为灾前数据，输入上述水体提取并分类的程序中，经程序实现，得出研究区灾前研究区水体分类图，作为背景数据（也称为本底水体）。

(2) 将研究区洪水期的5月11日、13日、14日、23日、28日影像同步骤(1) 处理得到洪水期的不同时相的水体分类图。

(3) 将这6期影像的水体分类图纳入洪灾评估系统作叠加分析。用洪涝发生前的数据作为背景数据，洪涝发生时、洪涝发生后的数据与背景数据相比，则扩大部分为淹没区域。

图4-35所示为鄱阳湖区都昌县2013年5月11日、13日、14日、23日、28日的水体分类图与1日的水体分类图进行空间叠加分析，得到11日、13日、14日、23日、28日的水体分类图相对于1日的水体分类图湖泊、河流、库塘变化区域。

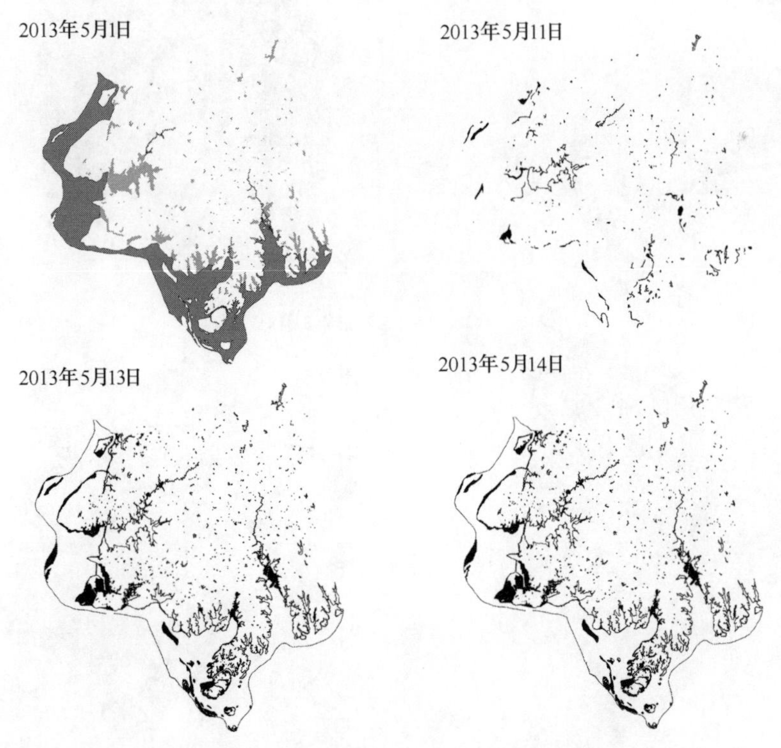

2013年5月23日
2013年5月28日
图例
库塘
湖泊
河流
叠加分析后河流
叠加分析后湖泊
叠加分析后库塘

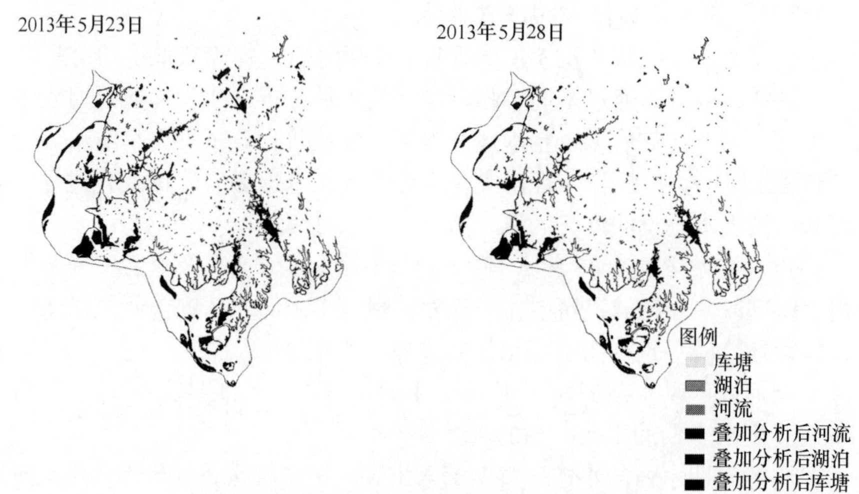

图 4-35　研究区空间分析洪水淹没区图

图 4-36 所示为三类水体的变化区域图层分别叠加遥感影像所得的空间分析图。

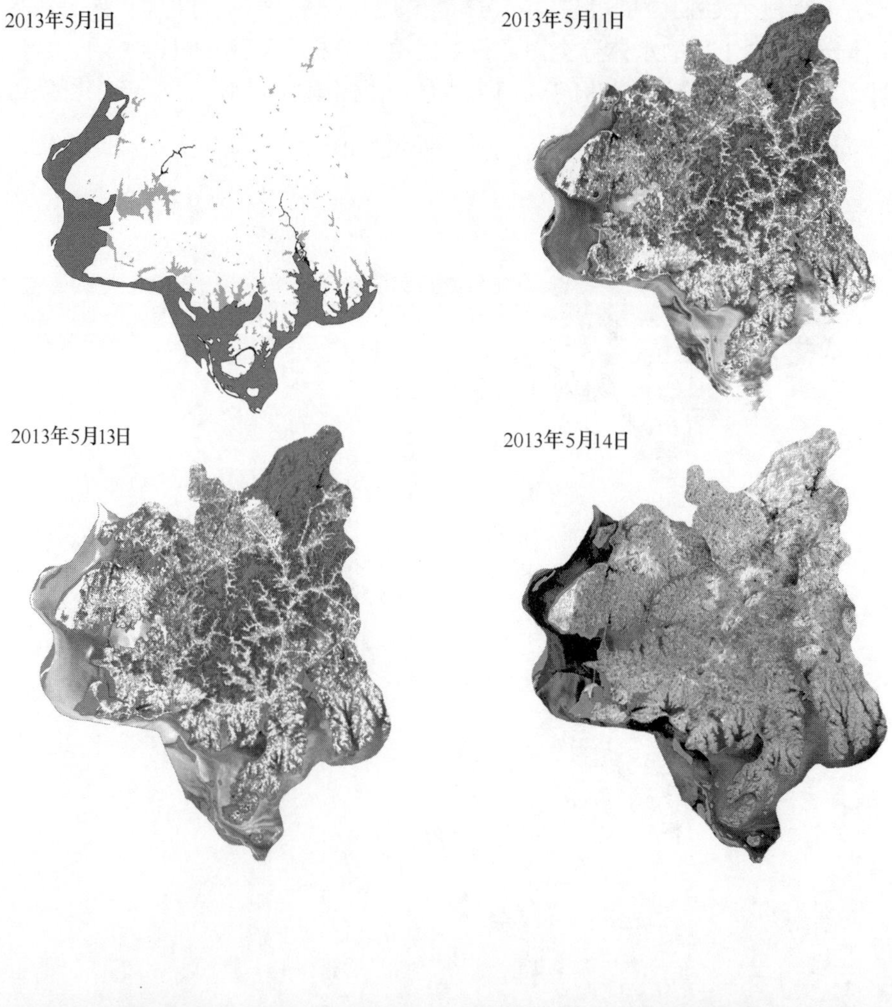

2013年5月1日
2013年5月11日
2013年5月13日
2013年5月14日

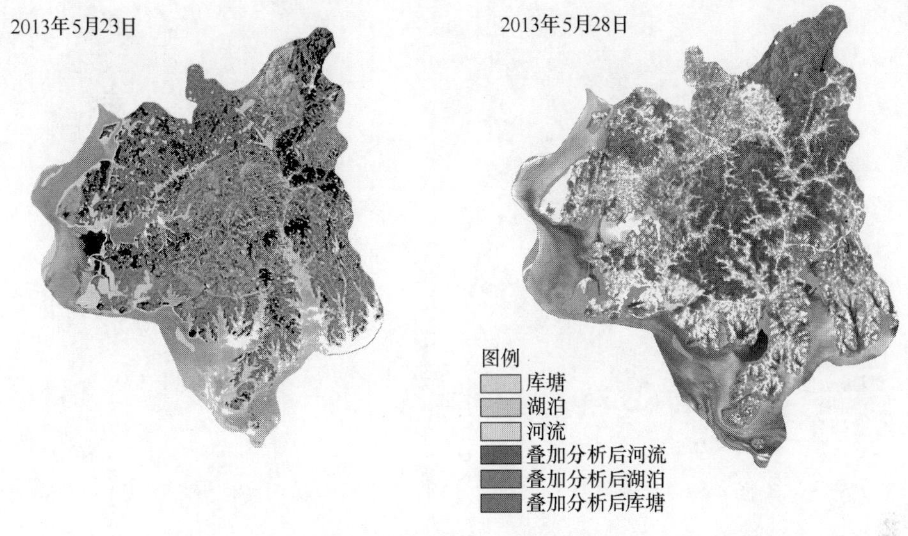

图 4-36 研究区空间分析图

将 13 日、14 日、23 日、28 日的水体分类图分别与 11 日的水体分类图叠加分析，效果如图 4-37 所示，查看 2013 年 5 月份天气预报和湖泊水位资料，可知 2013 年 5 月 11 日的湖泊水位超警戒线，那么将 13 日、14 日、23 日、28 日的水体分类图分别与 11 日的水体分类图叠加后，洪水扩大区域就是洪灾区域。湖泊部分深蓝色是 13 日、14 日、23 日、28 日相对于 11 日的影像的湖泊扩大区域，而这些湖泊扩大区域，有些图斑则是在湖泊内部，有些则是在湖泊周边，紫色部分则是库塘扩大区域，浅青色为湖泊扩大区域。从图 4-37 中发现，湖泊扩大区域，淹没区域仍然有一部分是滩地。

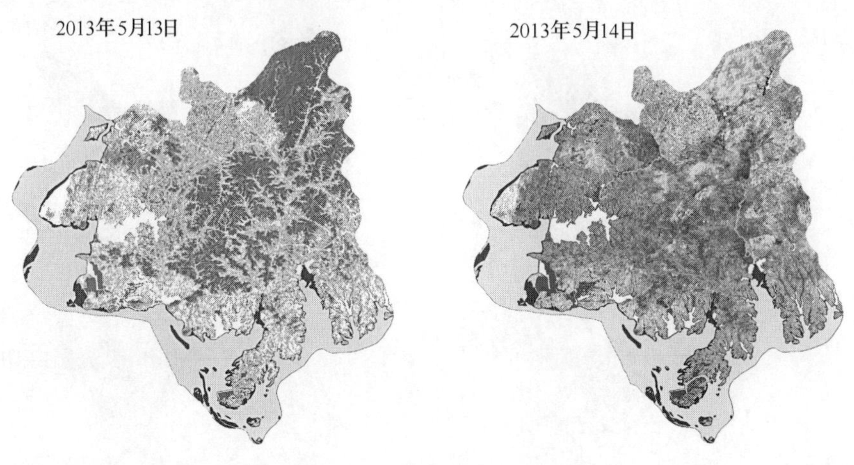

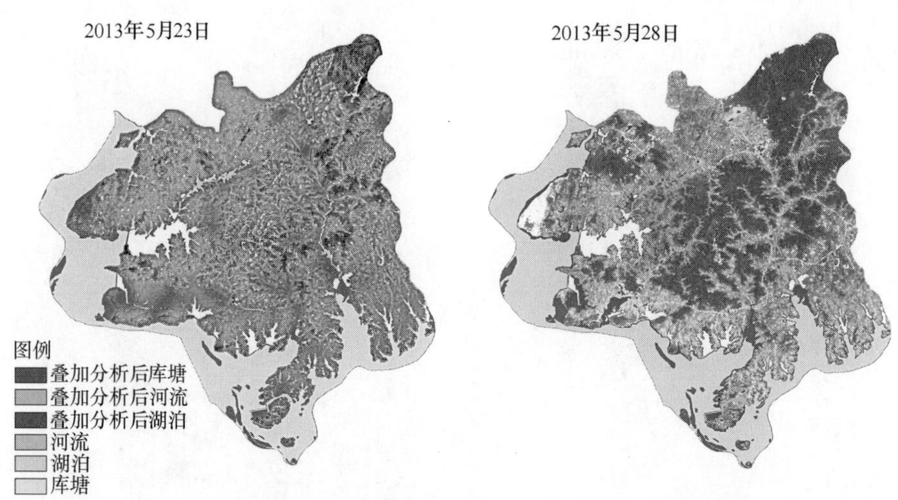

图 4-37　研究区 5 月 13 日、14 日、23 日、28 日空间分析图

洪水淹没范围不等于洪灾区域，洪灾区域，应该是有经济损失的地方，而对于裸地、滩地等不存在经济损失的区域不属于洪灾区域。因此本节将经过空间分析洪水淹没区图与研究区地形图叠加，剔除掉不存在经济损失的区域，剩余则为洪灾区域。于是在图 4-36 的基础上，叠加研究区地形图，进行空间分析，剔除滩地、裸地图斑，得到最终的洪灾区域，效果如图 4-38 所示。

4.3.3.4　精度评价与实验结果分析

将 HJ1 影像分别采用粗提取水体方法、NDWI、单波段阈值法提取水体二值图，效果如图 4-39 所示，方框中表示细小水体，可见本书方法较其他两种方法更精确，提取水体的形状基本与原始影像上水体保持一致，而其他两种方法对于细小水体的提取效果显然不如本书方法。

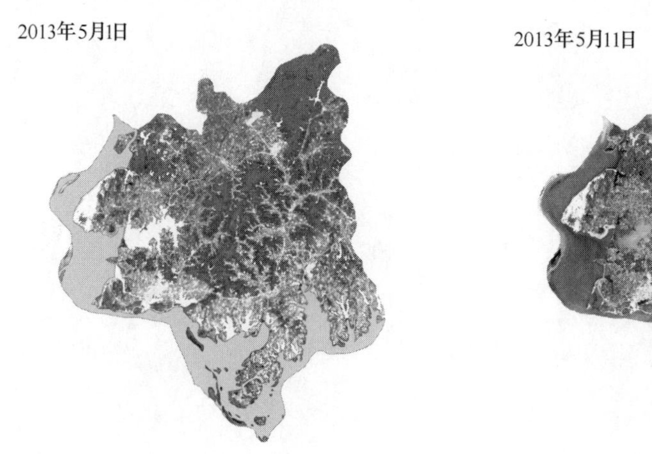

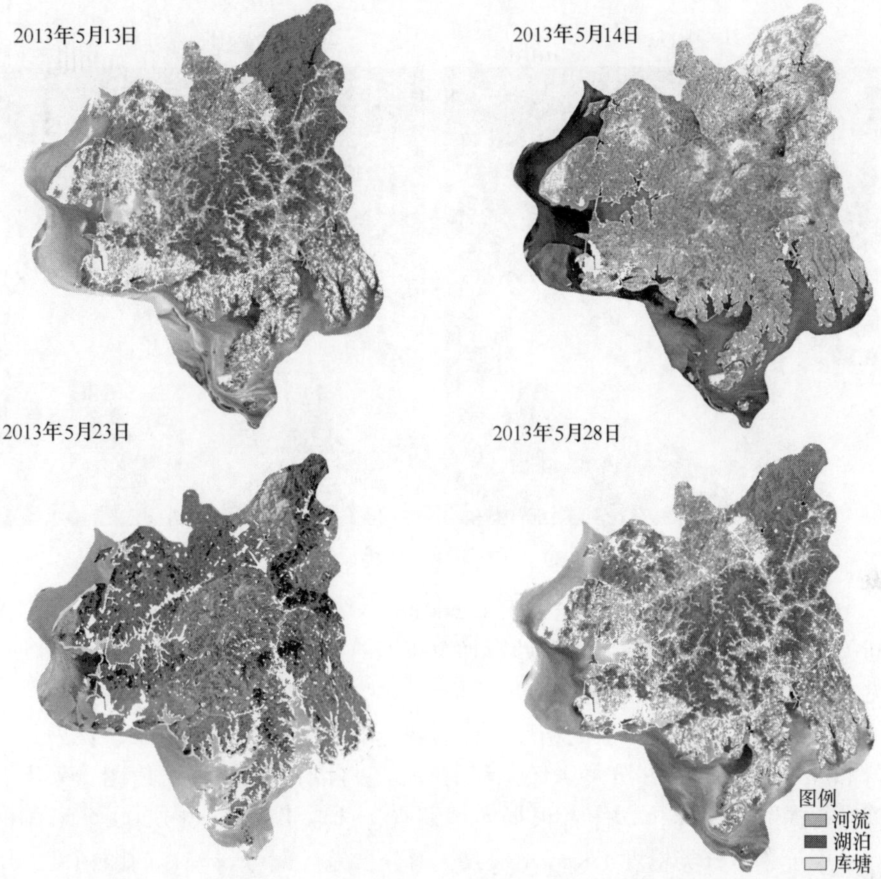

2013年5月13日

2013年5月14日

2013年5月23日

2013年5月28日

图例

河流

湖泊

库塘

图 4-38　研究区 2013 年 5 月份洪灾区域

原始影像

本书方法

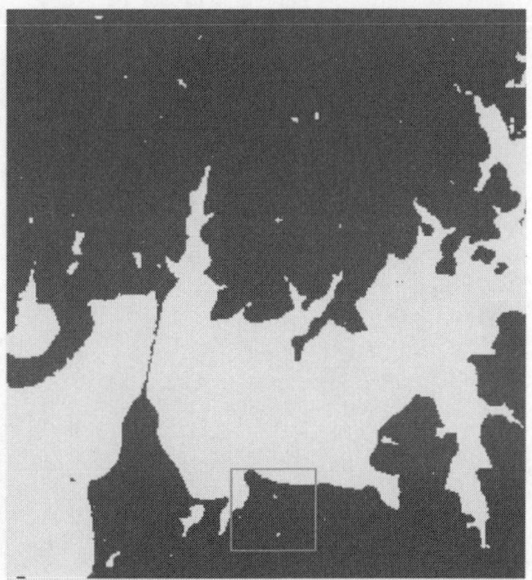

NDWI

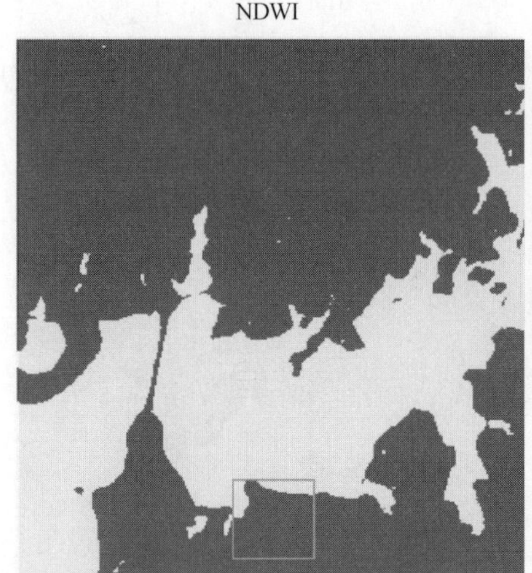

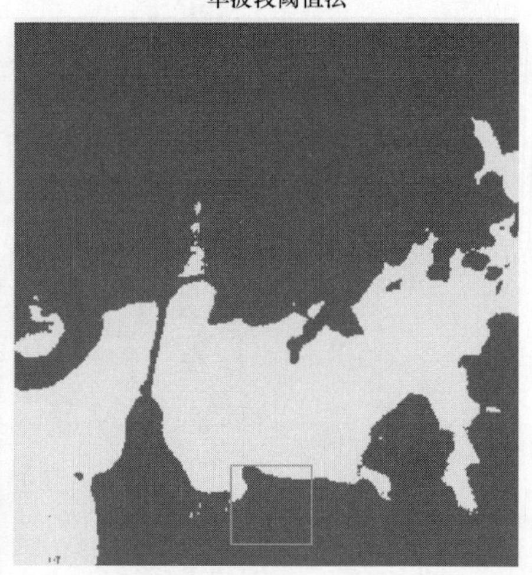

图 4-39　HJ1 影像水体提取对比图

为了说明本书方法同样适用于 Landsat8 影像，分别用本书方法与 MNDWI、谱间关系法进行水体提取，将原始影像分别与这三种方法比较，如图 4-40 所示，可见本书方法提取水体精度更高。

为了评价水体提取方法的精度，作者将选取研究区灾前、灾中、灾后的影像进行 LBV 变换之后的 *B* 分量影像，利用 Ostu 法自动提取水体二值图，采用混淆矩阵进行提取结果评价。作者根据实地调查，选取了研究区内 200 个水体样本点，采用了总体分类精度、Kappa 系数、错分误差、漏分误差、制图精度、用户精度等 6 个指标来评价单波段阈值法、谱间关系法、水体指数法以及本文方法提取水体的精度，计算结果见表 4-11。

原始影像

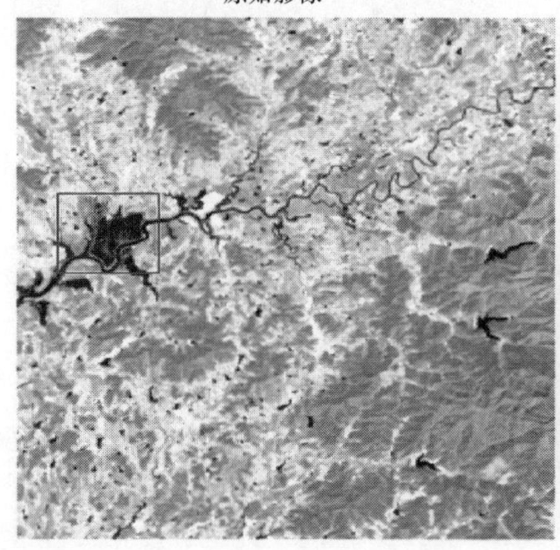

本书方法

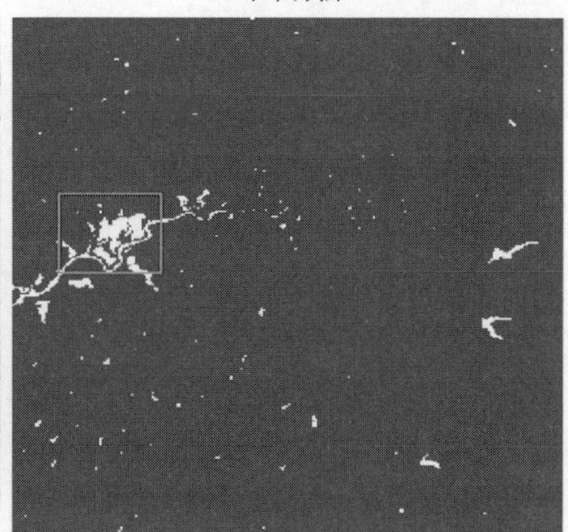

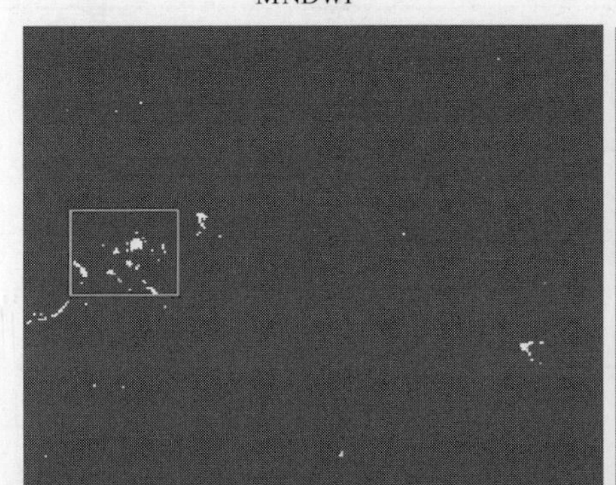

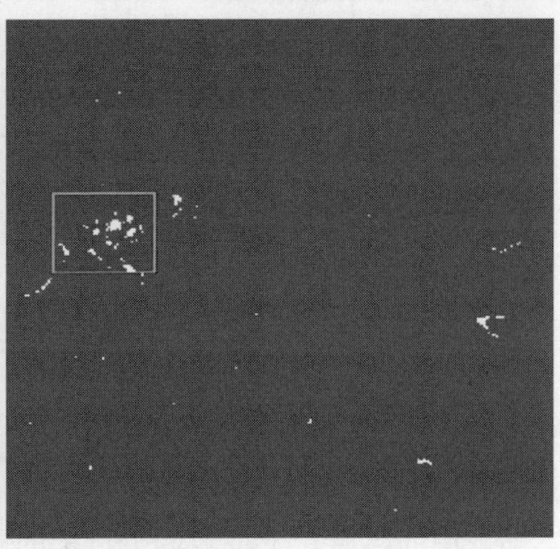

图 4-40 Landsat8 影像水体提取对比图

表 4-11 水体提取方法精度评价

方 法	总体分类精度/%	Kappa 系数	错分误差/%	漏分误差/%	制图精度/%	用户精度/%
单波段阈值法	76. 352	0. 71654	30. 418	33. 635	80. 365	76. 352
谱间关系法	80. 635	0. 76352	19. 352	35. 874	84. 635	84. 263
水体指数法	86. 352	0. 8015	10. 352	23. 352	85. 635	87. 352
本书方法	90. 412	0. 8863	5. 352	10. 352	88. 636	90. 352

由表 4-11 可知，对于研究区影像，采用单波段阈值法提取水体的精度最低，谱间关系法精度倒数第二，而水体指数法虽然比单波段阈值法及谱间关系法总体精度高。但是上文已研究对于不同的影像，采用统一来源数据，它的精度是不一样。本书根据研究区的特点，所采用的是在多源数据协调粗提取水体的基础上，利用分层剔除干扰像元及空间推理技术的细分水体的方法，显然本书方法较前三种方法优势明显。

为了评价分类精度，首先分别对洪灾水体分类的结果进行统计，得到湖泊、河流、库塘的面积，然后与研究区的地形图叠加对照，找出不符类型，并统计其面积，最后计算以面积百分比（%）为单位的差错矩阵，再计算各种精度，见表 4-12。

表 4-12 研究区洪灾水体分类差错矩阵

项 目	湖泊/%	河流/%	库塘/%	用户精度/%
湖泊	98. 25	2. 06	0. 13	97. 45

续表 4-12

项　目	湖泊/%	河流/%	库塘/%	用户精度/%
河流	1.54	93.92	5.15	95.64
库塘	0.21	4.02	94.72	92.94
整体精度/%	95.6029	—	—	—

从表 4-12 中可以看出，湖泊的分类精度为 98.25%，河流的分类精度达到 93.92%，库塘的分类精度达到 94.72%。湖泊对河流、库塘的错分精度分别为 1.54%、0.21%。这个效果是非常好的，而河流对库塘的错分精度达到了 4.02%，库塘对河流的错分精度达到 5.15%，这与影像的空间分辨率有关系，由于本书采用的影像是 30m 空间分辨率的影像，导致其在细小水体上，存在混合像元，导致极易错分。相比较湖泊、河流来说，库塘的用户精度相对低，其值为 92.94%。研究区内三类水体的总精度为 95.6029%。

对这 4 种方法提取结果的精度分析可知，应用本书方法粗提取的水体方法中大部分水体都可以被提取出来。另外，通过将研究区六期水体分类图与研究区地形图叠加发现，影像上被水体覆盖的淹没区域的水体都提取出来了，而少量的被洪水淹没较浅的地区有部分漏提。分析其原因，是由于洪水淹没较浅的地区表现出水陆混合特征，它们的界限模糊，往往这类地区多以湿地或滩涂形式出现，为此本书分别统计了研究区 6 期影像和地形图上三类水体的面积，见表 4-13。

表 4-13　研究区多源数据湖泊、河流、库塘面积统计

日期＼面积	湖泊 /km^2	河流 /km^2	库塘 /km^2	总面积 /km^2
地形图	408.324	5.8685	90.6352	504.828
2013.05.01	399.356	5.462	70.862	475.68
2013.05.11	409.536	5.722	80.165	495.423
2013.05.13	458.945	6.015	102.023	566.983
2013.05.14	458.534	6.215	102.369	567.118
2013.05.23	464.885	8.541	144.860	618.286
2013.05.28	458.910	8.037	104.213	571.16

从表 4-13 可知，湖泊的面积从 399.356km^2随着时间延后逐渐上升达到这一个月的最高峰 2013 年 5 月 23 日这一期的 464.885km^2，湖泊水位上涨，到 2013 年 5 月 28 日湖泊面积又降到 458.910km^2，基本与 2013 年 5 月 13 日持平，湖泊水位回落，达到稳定状态。河流的面积从第一期的 5.462km^2 逐渐上升到

8.541km^2，后又回落到8.037km^2。

从表4-13中可看出，5月23日第一期的库塘面积约为灾前面积的两倍。这说明受到洪水影响，导致研究区地表积水，水稻地被洪水淹没，导致这一部分水体被分为了库塘。本书除了湖泊、河流以外的水体统分为库塘，根据都昌县地理位置及影像获取时间可知，当地种植大量的水稻地及鱼类养殖地，可以说第一期的库塘的面积应该是都昌县水库、鱼塘、池塘的面积，随着天气变化，大量的降雨导致影像被水淹没的地方（农田、路面），由于水体的光谱特征增强，导致这些在影像上呈水体光谱特征被分为了库塘。

本书还分别进行了11日、13日、14日、23日、28日5期水体分类数据与1日的水体分类数据叠加分析，统计了11日、13日、14日、23日、28日5期相对于1日三类水体的增加区域，进行了11日、13日、14日、23日、28日5期水体分类数据与研究区地形图叠加分析，得到了三类水体相对于地形图的变化区域，最后统计剔除滩地、裸地的研究区2013年5月份三类水体的图斑面积，得到最终的洪灾区域面积，见表4-14。

表4-14 洪灾面积统计

日 期	水体类型	与灾前数据叠加/km^2	与地形图叠加/km^2	扣除滩地、裸地/km^2	洪灾面积/km^2
2013.05.11	湖泊	10.18	1.212	1.362	5.672
	河流	0.26	-0.1465	0	
	库塘	9.303	-10.4702	4.31	
2013.05.13	湖泊	59.589	50.621	5.892	20.2539
	河流	0.553	0.1465	0.2984	
	库塘	31.161	11.3878	14.0635	
2013.05.14	湖泊	59.178	50.21	5.435	20.3425
	河流	0.753	0.3465	0.4385	
	库塘	31.507	11.7338	14.469	
2013.05.23	湖泊	65.529	56.561	12.3685	54.335
	河流	3.079	2.6725	3.079	
	库塘	73.998	54.2248	38.892	
2013.05.28	湖泊	59.554	50.586	1.8476	9.2044
	河流	2.575	2.1685	1.8732	
	库塘	33.351	13.5778	5.4836	

从表4-14可知，2013年5月份洪灾对研究区的影响，从5月13日的洪灾区域20.2539 km^2，到14日的20.3425 km^2，24小时内洪灾区域面积增加了

0.0886km²，对经济的影响几乎可以忽略不计，23 日，洪灾区域增加到 54.335km²，过了 5 天之后洪水退去，洪灾区域只有 9.2044km²。根据 5 月份多时相，多源数据提取的洪灾面积在这一个月的变化情况与当时的天气及洪灾新闻报道相对应，说明本书提出的多源遥感快速提取洪灾面积的方法具有实用价值。

参考文献

[1] 刘小生，黄玉生．“体积法”洪水淹没范围模拟计算［J］. 测绘通报，2004，12：47~49.

[2] 刘小生，黄玉生．基于 Arc/Info 的洪水淹没面积的计算方法［J］. 测绘通报，2003，06：46~48.

[3] 刘仁义，刘南．基于 GIS 的复杂地形洪水淹没区计算方法［J］. 地理学报，2001，01：1~6.

[4] 甘郝新，邓抒豪，郑斌．基于 GIS 的洪水淹没范围计算［J］. 人民珠江，2007，06：98~100.

[5] 毛端谦．鄱阳湖区水旱灾害灾情分析［J］. 江西师范大学学报（自然科学版），1992，03：234~240.

[6] 曹东，金东春．洪水风险图及其作用［J］. 东北水利水电，1998，08：11~13.

[7] Moller-Jensen, L. Kownledge-based classification of an urban area using texture and context information in Landsat TM imagery［J］. Photogrammetric Engineering and Remote Sensing, 1990 (561): 475~479.

[8] Shih S F. Comparison of ELAS classifications and density slicing Landsat data for water surface area assessment［C］//Johnson A I. Hydrologic Applications of Space Technology (Publication No, 160). Wallingford: IAHS Press, 1985: 91~97.

[9] Barton I J, Bathols J M. Monitoring floods with AVHRR［J］. Remote Sensing of Environment, 1989, 30 (1): 89~94.

[10] 陆家驹，李士鸿．TM 资料水体识别技术的改进［J］. 环境遥感，1992，01：17~23.

[11] McFeeters S K. The use of the Normalized Difference Water Index (NDWI) in the delineation of openwater feature［J］. International Journal of Sensing, 1996, 17 (7): 1425~1432.

[12] 徐涵秋．利用改进的归一化差异水体指数（MNDWI）提取水体信息的研究［J］. 遥感学报，2005，05：589~595.

[13] Ouma Yo, Tateishi R. A water index for rapid mapping of shoreline changes of five East African-Ritf Valley lakes: an empirical analysis using Landsat TM and ETM+data［J］. International Journal of Remote Sensing, 2006, 27 (15~16): 3153~3181.

[14] 闫霈，张友静，张元．利用增强型水体指数（EWI）和 GIS 去噪音技术提取半干旱地区水系信息的研究［J］. 遥感信息，2007，06：62~67.

[15] 丁凤．一种基于遥感数据快速提取水体信息的新方法［J］. 遥感技术与应用，2009，02：167~171.

[16] 莫伟华，孙涵，钟仕全，等. MODIS 水体指数模型（CIWI）研究及其应用［J］. 遥感信息，2007，05：16-21，104~105.

[17] 曲伟，路京选，李琳，等. 环境减灾小卫星影像水体和湿地自动提取方法研究［J］. 遥感信息，2011，04：28~33.

[18] 何坦，唐庆霞，郑亚慧. 基于卫星遥感技术的鄱阳湖水体面积快速监测［J］. 价值工程，2013，19：213~215.

[19] Klein A G，Hall D K，Riggs G A. Improving the MODIS global snowing mapping algorithm［J］. GEO-science and Remote Sensing，1997（2）：619~621.

[20] 骆剑承，周成虎. 遥感影像生理认知概念模型和方法体系［J］. 遥感技术与应用，2001，02：103~109.

[21] 汪金花，张永彬，孔改红. 谱间关系法在水体特征提取中的应用［J］. 矿山测量，2004，04：30~32.

[22] 李科，王毅勇. 改进 TM 图像水体自动提取模型的研究［J］. 水资源与水工程学报，2007，06：20~22.

[23] 杨树文，薛重生，刘涛，等. 一种利用 TM 影像自动提取细小水体的方法［J］. 测绘学报，2010，06：611~617.

[24] 吴赛，张秋文. 基于 MODIS 遥感数据的水体提取方法及模型研究［J］. 计算机与数字工程，2005，07：1~4.

[25] 毛先成，熊靓辉，高岛勋. 基于 MOS-1b/MESSR 的洪灾遥感监测［J］. 遥感技术与应用，2007，22（6）：685~689.

[26] 连芸，宋传中，吴立坤，等. 基于 GIS 和 RS 的巢湖北岸湿地分类研究［J］. 合肥工业大学学报（自然科学版），2008，11：1736~1739.

[27] 刘排英. 基于光谱面积和 IHS 变换的水体提取的研究［D］. 长沙：中南大学，2010.

[28] 邓劲松，王珂，邓艳华，等. SPOT-5 卫星影像中水体信息自动提取的一种有效方法［J］. 上海交通大学学报（农业科学版），2005，02：198~201.

[29] 程晨，韦玉春，牛志春. 基于 ETM+图像和决策树的水体信息提取——以鄱阳湖周边区域为例［J］. 遥感信息，2012，06：49~56.

[30] 陈静波，刘顺喜，汪承义，等. 基于知识决策树的城市水体提取方法研究［J］. 遥感信息，2013，01：29~33，37.

[31] 刘志明，晏明，逄格江. 1998 年吉林省西部洪水过程遥感动态监测与灾情评估［J］. 自然灾害学报，2001，03：98~102.

[32] 戴昌达，唐伶俐，陈刚，等. 从 TM 图像自动提取洪涝灾情的研究［J］. 自然灾害学报，1993，02：50~54.

[33] Wang Y，Colby J D，Mulcahy K A. An efficient method for mapping flood extent in a coastal flood plain using Landsat TM and DEM data［J］. International Journal of Remote Sensing，2002，23（18）：3681~3696.

[34] Wang Y. Using Landsat7 TM data acquired day saftera flood event to delineate the maximum flood extent on a coastal flood plain［J］. International Journal of Remote Sensing，2004，25（5）：959~974.

[35] 刘亚岚，王世新，魏成阶．利用星载 SAR 快速监测评估我国的洪涝灾害 [J]．遥感信息，2000，01：32~35.

[36] 任平，杨存建，周介铭．HJ-1A/B 星 CCD 多光谱遥感数据特征评价及应用研究 [J]．遥感技术与应用，2010，01：138~142.

[37] 丁莉东，吴昊，王长健．基于谱间关系的 MODIS 遥感影像水体提取研究 [J]．测绘与空间地理信息，2006，06：25~27.

[38] Zhang Y，Guindon B，Cihlar J. An image transform to characterize and compensate for spatial variations in thin cloud contamination of Landsat images [J]. Remote Sensing of Environment, 2002, 82：173~187.

[39] Hu J，Chen W，Li X, et al. A haze removal module for mutli-spectral satellite imagery [C]. 2009 Urban Remote Sensing Joint Event.

[40] 郑玉凤．环境一号卫星 CCD 影像云去除方法研究及并行化实现 [D]．阜新：辽宁工程技术大学，2011.

[41] 唐王琴，梁栋，胡根生，等．基于支持向量机的遥感图像厚云去除算法 [J]．遥感技术与应用，2011，01：111~116.

[42] Otsu N. A threshold selection method from a gray level histograms [J]. IEEE Trans . SMC, 1979, SMC-9：62~66.

[43] 汪国有，邹玉兰，凌勇．基于显著性的 OTSU 局部递归分割算法 [J]．华中科技大学学报（自然科学版），2002，09：57~59.

[44] 胡召玲．多源多时相卫星遥感图像数据融合与应用研究 [M]．徐州：中国矿业大学出版社，2006.

[45] 李朝锋，曾生根，许磊．遥感图像智能处理 [M]．北京：电子工业出版社，2007.

[46] 史榕．多源多分辨率遥感图像融合技术研究 [D]．上海：同济大学，2008.

[47] 夏明革，何友，唐小明，等．多传感器图像融合综述 [J]．电光与控制，2002，04：1~7.

[48] 毛士艺，赵巍．多传感器图像融合技术综述 [J]．北京航空航天大学学报，2002，05：512~518.

[49] 倪国强．多波段图像融合算法研究及其新发展（Ⅰ）[J]．光电子技术与信息，2001，05：11~17.

[50] 苗启广．多传感器图像融合方法的研究 [D]．西安：电子科技大学，2005.

[51] Chavez P S. Digital merging of Landsat TM and digitized NHAP data for 1：24000-scale image mapping [J]. Photogram-metric Engineering and Remote Sensing, 1986, 52 (10)：1637~1646.

[52] 熊文成，魏斌，孙中平，一种针对环境一号卫星 A 星高光谱与 CCD 数据融合的方法 [J]．遥感信息，2011，06：79~82，108.

[53] 曾志远．卫星遥感图像计算机分类与地学应用研究 [M]．北京：科学出版社，2004.

[54] 张成雯，唐家奎，米素娟，等．中巴 02B 卫星多光谱影像中 LBV 数据变换方法研究 [J]．地理与地理信息科学，2011，27（3）：220~227.

5 影响洪灾的主要因子快速提取

影响洪灾经济损失的因素有多方面，既有来自于自然环境方面的因素，又有来自于人类活动对大自然影响方面的因素，但不同方面因素的统计数据之间是相互关联的。为了便于对洪灾损失评估影响因子进行定量分析，按照多因子分析法在第 3 章已将其划分为洪水致灾、地形条件、防洪能力、社会经济因子四大类，本章主要研究如何快速提取它们。

5.1 致灾因子的提取

针对洪水致灾因子主要考虑：洪水淹没范围（洪水实际淹没范围和洪水潜在淹没范围）、洪水淹没深度、洪水水位、历时、洪水频率或重现期、降雨量等。其中洪水淹没范围的提取已在第 4 章进行了研究，洪水频率或重现期已在第 3 章进行了阐述。本节主要研究洪水水位及降雨量、淹没水深等的提取。

5.1.1 水深计算

对于确定淹没水深的传统方法有很多，如现场实测法、水文水力学模型法等。这些传统方法一般耗资较大或者应用不便。20 世纪 60 年代遥感技术的出现与不断发展，给水深测量技术提供了新的思路，与传统水深测量方法相比，遥感测深具有覆盖面广、实效性强、经济性和获取快捷便利等优点，可以实现水体深度的宏观动态观测，从而产生较好的经济效益和社会效益。

国外，Poleyn 和 Sattinger 针对不同海底底质类型提出用波段比值方法消除不同海底底质反射和水体衰减系数的影响，进行水深反演[1]；Walker 和 Kalcic 通过 Landsat MSS 波段正交变换后反演水深[2]。

国内，黄家柱等人利用 Landsat TM 遥感数据，建立了长江南通河段水深遥感模型，指出 TM 数据对含沙量较高的长江口段浅部水深进行探测具有一定的效果[3]；陈鸣等人结合长江口水域的水沙特性，建立了遥感长江口水深的分段模型，所得的遥感水深图与实测水深图基本一致[4]；党福星等人对多波段水深遥感进行了研究，进行底质类型的识别与分区，并应用于中国南海岛礁水深的计算[5]；王艳姣等人把基于遥感光谱特征的水深遥感算法分为理论解译模型、半理论半经验模型和统计相关模型[6]。

本书借助可见光遥感技术获取了鄱阳湖水体淹没范围，结合鄱阳湖区的数字高程模型（DEM），探讨一种适合于较大范围，可近似为静态水体的水深分布算法，以便迅速地计算洪水淹没的水深分布。就洪灾损失评估而言，水深要求的精度允许将水面简化为平面处理，这有助于运算效率的提高。

静态淹没水深的计算是在已知淹没面积下，基于 DEM，使用不同的差值方式计算离散的水面高程分布，进而计算淹没的水深分布。由水面高程与地面高程之差来计算水深：

$$\Delta h = H_w - H_g \quad (H_w \geqslant H_g) \tag{5-1}$$

式中　Δh——洪水淹没水深；

H_w——水面高程；

H_g——地面高程。

对于水面高程 H_w 的计算，首先要确定水面的范围与形态，而水面范围获取已在第 4 章介绍。由于研究区湖泊、水库、蓄滞洪区和局部低洼地等形成的淹没区，一般水流缓慢，水面比降小，通常可以近似为水平平面，即鄱阳湖区各水文站点所测的水位数据的离差越小，这样可利用最能代表湖区水位的水文站点的水位数据来表示水面高程。

地面高程 H_g 可用 DEM 方便获取。DEM 数据采用 30m 分辨率影像数据，它与遥感影像提取水体的空间分辨率一致。水体图的每一个像元对应一个高程值，可以利用 30m×30m 格网将 DEM 高程值提取出来，其提取淹没水深的流程如图 5-1 所示。

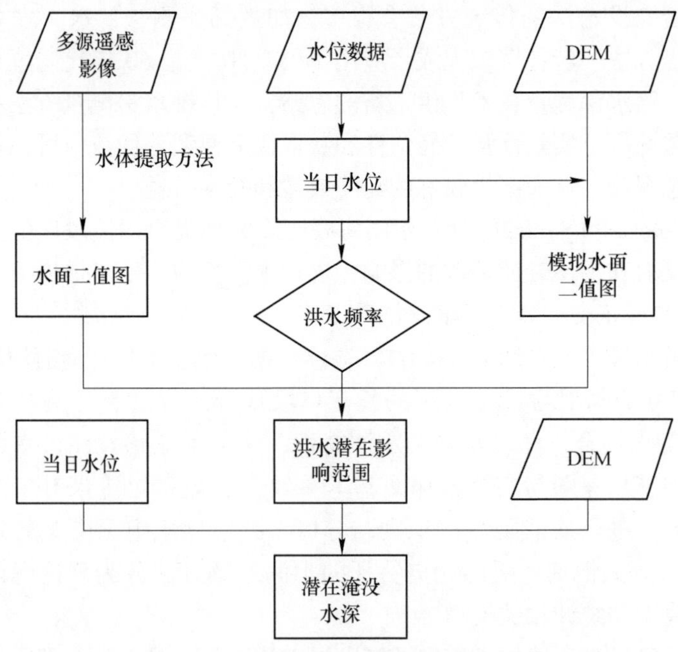

图 5-1　提取淹没水深流程图

5.1.2　洪水水位及降雨量获取与处理

研究区某一时刻的洪水水位和降雨量这两个原始数据的获取，一般可直接去水文站及气象部门收集，但原始降雨量数据往往存在一定的误差，如果不对其进行有效的处理，就会对洪灾经济损失的最终评估结果产生很大的影响。由于降雨量和洪水淹没深度可被组织为一个二维数组，因此需要使用二维插值法对其进行处理，以便获取洪灾区某时间段内的平均降雨量和洪水淹没深度。散乱节点插值法与网格节点插值法是二维插值常用的方法，其中散乱节点插值适合于对不规范二维数据进行处理，而降雨量和洪水淹没深度数据可认为是一对无规律性的二维数据，因此作者采用二维散乱节点插值对洪水致灾因子数据进行处理。

散乱节点插值通常采用反距离加权平均方法，其基本思想是：当节点 P 不等于 P_{ij} 时，插值函数的值为 P 处的值与节点 P 、P_{ij} 间距离 R_{ij} 按一定反比关系的加权平均。该插值方法的公式如下：

$$f(u,\ h)=\begin{cases}G_{ij} & R_{ij}=0\\ \sum\limits_{i,\ j}W_{ij}(u,\ \Delta h)G_{ij} & R_{ij}\neq 0\\ W_{ij}(u,\ \Delta h)=\dfrac{1}{R_{ij}^2}\Big/\sum\limits_{i,\ j}\dfrac{1}{R_{ij}^2} & \\ R_{ij}=\sqrt{(u-u_i)^2+(\Delta h-\Delta h_j)^2} & \end{cases} \tag{5-2}$$

式中　$f(u,\ h)$ ——插值函数；

G_{ij} ——节点 P_{ij} 处的函数值；

R_{ij} ——节点 P 与 P_{ij} 间的距离；

$W_{ij}(u,\ \Delta h)$ ——反比例关系函数；

u ——降雨量；

Δh ——洪水淹没深度。

经过散乱节点插值方法的插值处理后，还应对降雨量数据进行标准化处理，以便反映出降雨因子对洪灾的影响程度。

5.2　地形条件因子的提取

地形条件对洪水灾害过程的影响主要是通过产流和汇流来进行的。地形的高程、坡度决定了径流形成的时间和水量。地形不仅控制着地表水系的空间分布状况，而且还决定着其径流的走势，为了使洪灾经济损失的评估结果更加精确，提取地形条件因子是必不可少的。本书对地形因子的提取是通过 ArcGIS 软件来实现的。首先将栅格的地形图矢量化后生成灾区的 DEM 数据，然后再从 DEM 数据中提取坡度因子[7]，具体步骤如下：

(1) DEM 数据的获取。

先利用 ArcGIS 软件中的 ArcMap 工具软件对鄱阳湖区某县 1∶10000 栅格地形图进行影像匹配和接边处理，如图 5-2 所示，再将经处理后的地形图中的等高线进行矢量化，并为等高线要素赋以高程值，如图 5-3 所示，然后利用 ArcMap 的三维分析工具栏中的 Create TIN From Features 功能利用矢量化的等高线要素类创建不规则三角网 TIN，再使用 Convert TIN to Raster 功能利用创建的 TIN 生成 DEM 数据。

图 5-2 经配准和接边处理后的地形图

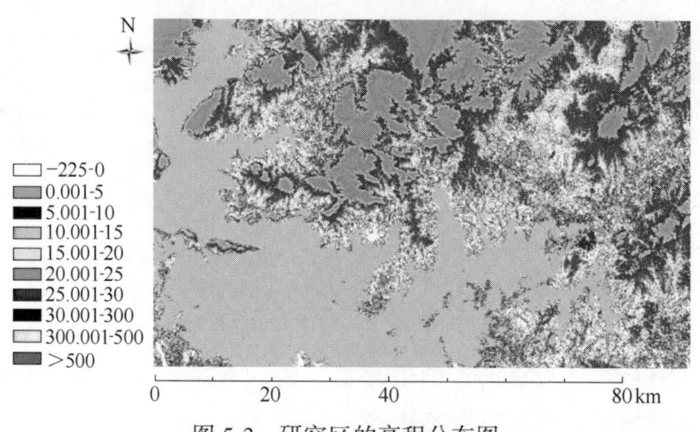

图 5-3 研究区的高程分布图

(2) 地形坡度的获取。

首先在 ArcMap 工具软件中加载获取得到 DEM 数据，然后点击 ArcMap 三维分析工具栏中的地形表面分析功能 Slope，然后在弹出的坡度分析对话框中设置好输入表面、输出度量和数据存储位置等选项，再点击“OK”后便可以获得研究区的地形坡度及坡向图，如图 5-4、图 5-5 所示。

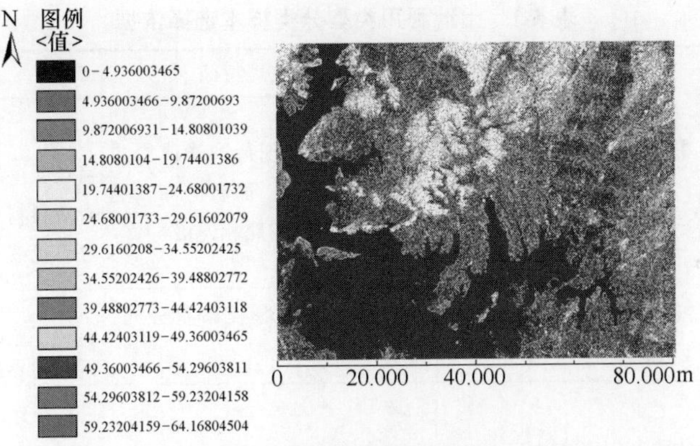

图 5-4　研究区坡度分布图

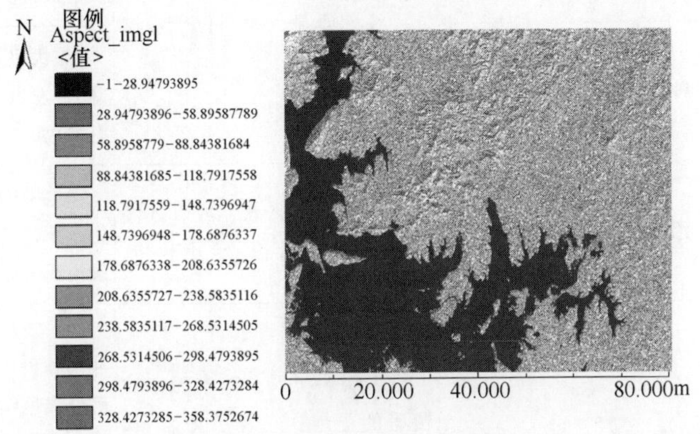

图 5-5　研究区坡向分布图

5.3　地物分类及提取

由于社会经济因子对洪灾经济损失评估的影响是由城乡人口、工矿及企业产值、人均收入、农产品产值等因素共同决定。而这些因素又与区域的地物有关，因此本节探讨地物光谱特征、地物分类及提取方法等。

5.3.1　地物光谱特征

本书结合野外实地调查与遥感影像目视解译来确定地物。其中野外调查时采用 GPS 定点定位，同时拍摄所在观测点位现状景观，记录并总结现状调查资料。由于不同覆被类型在影像上的色调、形状、纹理、结构特征各异，因此可利用其特征来解译。其中解译标志主要有：（1）图像标志，指土地覆盖类型的色调、影纹、形状、大小和阴影；（2）地貌形态标志，指各种反映特定湿地景观的微地貌。表 5-1 列出了土地利用类型分类样本选择依据，包括分类类型、含义、形状纹理特征、光谱特征等。

表 5-1 土地利用类型分类样本选择依据

分类类型		含 义	形状纹理特征	光谱特征
建筑用地		主要指居民聚集地的房屋、城市的道路交通网，以及待建的裸露地表	房屋主要呈现行列式或周边式排列较整齐，面状分布，见有蓝白色条状道路相连接	房屋、道路等大都采用具有很强反射能力的水泥、沥青等材料，假彩色图像上呈亮青色或灰色
林 地		包括树林、灌木丛和城市绿化地	湖区内沿大堤长条状分布，面状分布	山区林地呈现绿色，黄绿色，平原以棕色为主。个别区域边界模糊
农田	水田	种植水稻的区域	农田主要呈整齐的田块状分布，纹理明显，大都位于房屋和水体周围	紫色块状分布，同时附近有水系分布。光谱带有水体及植被特征
	旱田	种植棉花、油菜花等区域		块状蓝绿色分布（苎麻），粉红色块状分布，间有绿色的（棉花）
滩 地		沼 泽	沿水体呈条带状，或者环湖水体，或江心片状，大小不一	沙地中的植被和绿洲呈青色、紫色的点状或斑状，一般沿河分布
裸 地		未利用土地	指表层为土质、基本无植被覆盖的土地；或表层为岩石、石砾，其覆盖面积≥70%的土地	白、浅灰色，主要分布于冲沟和黄土区。未利用土石砾地浅色调，夹杂着一些稀疏的蒿草所形成的黑色斑点，居民地很少，地表比平坦，裸岩为深色调，图形尖棱，轮廓明显，阴影显著

5.3.2 地物提取

作者对鄱阳湖区影像进行了 LBV、HSV、HSL 变换，并将三种变换后的影像与原始影像进行波段合成；并通过典型地物的采样分析，绘制变换合成影像上典型地物 *DN* 值变化曲线，分析建立地物识别的判别条件，在此基础上进行研究区承载体信息的提取，其提取流程如图 5-6 所示。

通过选取研究区典型地物的样本点，拟合其 *DN* 值变化曲线可以发现，原始影像中各典型地物类型的 *DN* 变化曲线，其区分度并不明显，如果基于此光谱特征应用指数法、差值法、阈值法必然会造成很大程度的混分，很难保证研究区地物提取的精度，因此需要对影像进行 LBV 变换、HSV 变换、HSL 变换，变换合成后效果如图 5-7 所示。

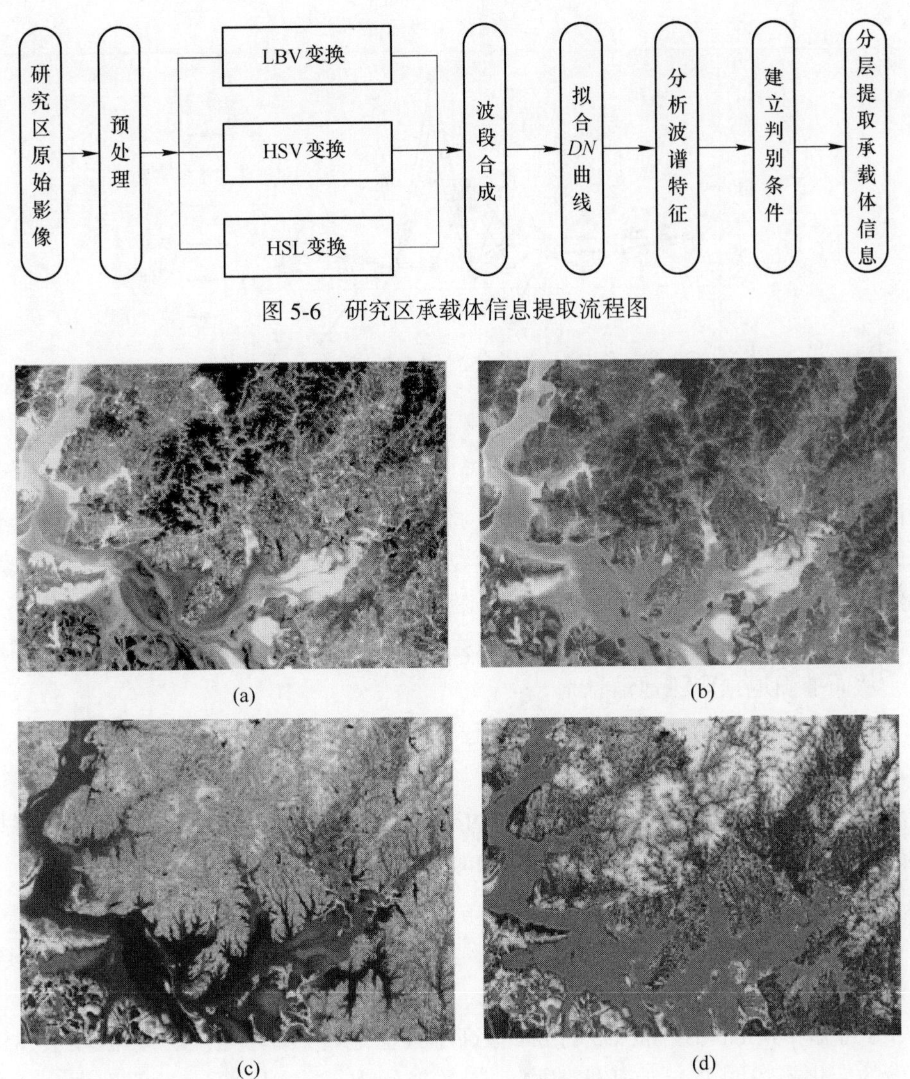

图 5-6 研究区承载体信息提取流程图

图 5-7 影像三种变换的效果图

（a）原始影像；（b）LBV 变换；（c）HSL 变换；（d）HSV 变换

将原始影像的波段（RGB 为 432）组合进行 HSV 及 HSL 变换之后，根据上文选取的典型地物的样本，建立波段与典型地物 *DN* 值的变化曲线，如图 5-8 所示。

5.3.2.1 滩地的提取

滩地和林地在影像上光谱相似。应用 LBV 变换之后，L 可以使滩地和背景地物的 *DN* 值曲线产生明显的差异。从 L~B 波段，只有滩地、裸地的 *DN* 值曲线呈下降趋势，其他地物的 *DN* 值曲线均呈上升趋势。而滩地的下降趋势大于裸地。

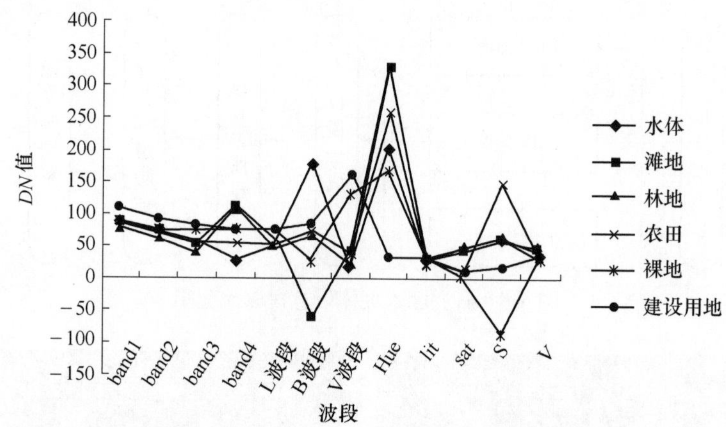

图 5-8　影像中典型地物类型 *DN* 值变化曲线

原因主要是因为 L 波段表示总辐射水平，B 波段表示可见光近红外辐射平衡，滩地的总辐射水平在影像上要高于其他地物，为了达到辐射平衡，从 L 到 B 波段，必然要呈现下降趋势，相反其他地物必然要呈现上升趋势，以达到所有地物辐射平衡的条件。根据这一规律可以很好地去除水田、林地及其他背景地物信息的影响，从而准确地提取滩地信息。

5.3.2.2　林地的提取

利用 *L* 分量与近红外波段的比值，再经过反复试验确定阈值，林地提取 *L/b* 4 的阈值大约在 1.65~2.4 之间。由于提取出的林地包括少量的滩地，将提取好的滩地信息与林地信息叠加，剔除滩地信息，从而得到林地信息。

5.3.2.3　建设用地的提取

对于研究区的 HJ1-A/B CCD 影像，居民地大多为混合像元，实际上是各类建筑物及周围的道路、房屋前后的田地、池塘和林地等物的综合信息的反应。由图 5-8 可知，从 band1~band2 的 *DN* 值高于其他地物，而 V 波段~lit 波段上建设用地的变化趋势明显异于其他地物，在 V 波段上建设用地的 *DN* 值最大，而在 Hue 波段上的 *DN* 值最小，则可以按以下步骤操作：

（1）$band1+band2>t$；

（2）利用居民地平均 $NDVI<0$ 而旱地平均 $NDVI>0$ 的特性作为另一判别条件；

（3）$V/Hue<0$。

5.3.2.4　裸地的提取

从图 5-8 上可以看出，在 sat~V 三个波段，裸地的 *DN* 值变化情况与其他地物不同，其他地物的 *DN* 值都处于正值，而裸地的 *DN* 值在 sat~S 波段是从正值降低到负值，S~V 波段从负值上升到正值。在 sat~V 三个波段裸地的 *DN* 值大多处于负值，从这些特点可知，在sat~V三个波段为负值，即可判断其为裸地。

5.3.3 地物提取精度评定及试验结果分析

精度评价通常是通过研究区样本像元的分类数据与参考数据的比较而实现的，参考数据一般有两种获取方法，一是实地调查，二是使用已有的分类图或更高精度的遥感图像等其他资料。作者采用经过实地调查而得到的训练区样本作为参照，考虑到某些地类面积较小，采用分层随机抽样的方法，对各地物进行分类误差统计分析，最终分类图样本点误差矩阵见表5-2。

表5-2 最终分类图样本点误差矩阵

分 类	验 证					合计	使用者准确度/%
	滩地	林地	建设用地	农田	裸地		
滩地	93			3		96	96.875
林地		81				81	100
建设用地			67		14	81	82.72
农田	4		8	86		98	87.776
裸地					53	53	100
合计	97	81	75	89	67	409	92.9095
制图精度/%	95.88	100	89.3	96.63	0.791		

从表5-2中可以看到，裸地、林地分层提取效果显著，而农田与建设用地、滩地、裸地之间混合比较严重。对于耕地与建设用地，它们交错分布造成混合像元的存在导致精度降低且难于分离。而农田与滩地之间，一是由于选用的遥感图像为5月份，植被生长时节，差异较大；二是由于日照与阴影的影响，存在着较为显著的异物同谱现象。为了对比研究，作者先前采用了神经网络、最大或然常规监督分类方法，结果表明采用分级分层分类方法，对各类别的分类精度都大有改善，可以达到满意的结果，各方法所分类别的用户精度详见表5-3。

表5-3 地物分类用户精度综合表 （%）

地物分类	神经网络	最大或然值法	分层分类
滩地	73.685	68.09	85.13
林地	68.95	72.76	94.93
建设用地	75.14	84.21	87.54
农田	83.61	64.10	90.63
裸地	80.15	76.83	81.63

将分层提取的信息在 ARCGIS 中读入经过粗分类的影像，将研究区不同湿地类型的信息作为一个 coverage 层分层进行提取，将取得的不同湿地类型 coverage 层加入 arcmap 中，用聚类方法统计。通过对各地物专题信息层叠加，分类结果图像中每个分类图斑面积的计算和记录相邻区域中最大图斑面积分类值等操作，产生一个聚类统计类组，输出图像，这个图像是一个中间文件，用于进行去除分析处理；然后用筛选工具删除聚类图像中小的类组，将小图斑合并到相邻的最大组类当中；最后采用众化滤波算法进行滤波平滑处理，完成分类后处理。并依据实地考察经验，将山地阴影类根据地域的不同，归并到林地大类中。经过分层处理，最后产生的分类结果是一系列的掩膜文件，每一文件能够代表一个或者几个类别，通过定义比例尺，加以适当的地图整饰，即可输出地物不同类型面积值，并形成最终的土地利用分类图，如图 5-9 所示。

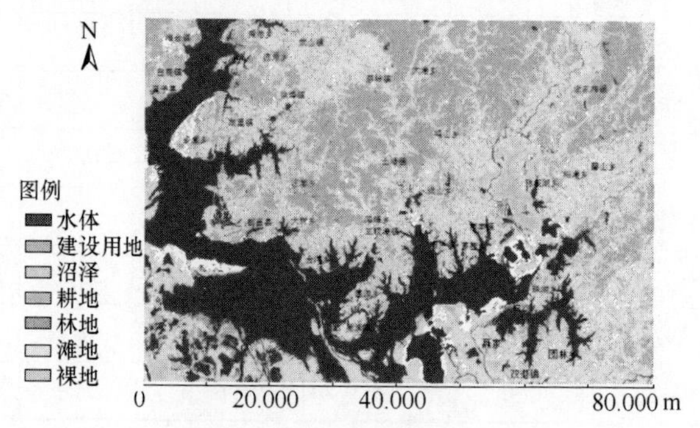

图 5-9　研究区土地利用分类

最后对图 5-9 中的分类结果进行了面积统计，包括序号、地物类型、像元数、研究区面积的百分比，见表 5-4。

表 5-4　研究区分层分类结果统计

序　号	地物类型	像元数	占研究区总面积/%
1	滩地	841，148	16.117
2	林地	1，186，753	22.740
3	建设用地	391，875	7.509
4	农田	1，117，531	21.413
5	裸地	368，289	7.057
6	水体	1313，302	25.164

统计研究区土地利用图中各类型的面积，将分层分类方法的结果与之进行相应的比较，表 5-5 为研究区面积统计对比。

表 5-5　研究区面积统计对比

分层分类方法结果			土地利用图		
类　别	像元数	占研究区总面积/%	类　别	像元数	占研究区总面积/%
滩地	841,148	16.117	滩地	855,135	16.385
林地	1,186,753	22.740	林地	1,214,203	23.265
建设用地	391,875	7.509	建设用地	376,499	7.214
农田	1,117,531	21.413	农田	1,089,521	20.876
裸地	368,289	7.057	裸地	374,412	7.174
水体	1,313,302	25.164	水体	139,241	25.086

统计各承载体的面积，应用承载体的经济损失公式，即可求出洪灾后各承载体的经济损失。

5.4　社会经济因子的获取

由于社会经济因子涉及的范围较广，收集资料的难度较大，因此作者主要对研究区土地面积以及人均 GDP（国民生产总值）、人口密度进行了分析研究。针对社会经济因子数据可从统计部门编写的统计年鉴中获取，然后根据统计学方法进行分类统计分析，获取研究区的社会经济因子数据，某县社会经济统计数据见表 5-6。

表 5-6　某县社会经济统计数据

年　份	人口数/万人	GDP/万元	行政区域面积/km^2	耕地面积/hm^2
2009	79.6	360460	1988	43803
2010	81.6693	449963	1988	41409.74
2011	81.649	540654	1988	41563.87
2012	80.8365	645843	1988	41689.32
2013	79.9616	747924	1988	41696.48

5.5　防洪能力因子的提取

针对洪灾区的圩堤及水库蓄洪量、防洪堤坝高度、堤坝材质、防洪工程数量和非防洪工程设施等水利工程设施的防洪能力因子数据，可以到水文等有关部门去采集，然后通过对原始数据的整理、统计和分类等处理过程，最终获取防洪能力因子数据。而对于防洪工程规模、堤坝蓄洪范围以及水库蓄洪面积等因子数据可利用 RS 技术从遥感影像数据中提取出来。下面主要讨论分析水库防洪能力、圩堤防洪能力计算。

5.5.1　水库防洪能力计算

单一水库的防洪能力，可以由水库入库、出库洪峰流量，通过计算洪峰削减率反映；然而对于联合调度、共同担负防洪错峰的几个水库，通过计算单个水库的洪峰削减率，难以确定整个水库群优化调度后发挥的防洪效果。水库群联合调度发挥的防洪效果，主要是对受水库群影响的下游某一水文站的洪峰流量进行还原，即对某水文站受水库影响年份的资料通过各种方法还原到建库前的天然情况，比较天然洪峰和实际洪峰，从而反映水库联合调度的防洪效果。

由于在河道上修筑了水库，水库较大程度上改变了天然流量，实测的流量为经水库调节的组合流量，需要将实测年径流系列还原成天然年径流系列。采用 FPQ 法进行区间来水流量增加的计算。其基本思想是：将需要还原的水库前一站作为还原基准点，以该站的洪峰流量与集水面积和最大 3 日降雨的关系作为下游各站的洪峰流量还原的依据。FPQ 法用公式表示如下：

$$a = \frac{Q_0}{F_0 \times P_0} \tag{5-3}$$

$$\Delta Q_i = aF_iP_i \tag{5-4}$$

$$Q_i = Q_{i-1} + \Delta Q_i \tag{5-5}$$

式中　a——还原系数，即水文站在单位集水面积内单位降雨量产流，s^{-1}；

Q_0——基准水文站点的实测洪峰流量值，即需还原水库的前一水文站的实测洪峰流量值，m^3/s；

Q_i——第 i 个水文站点的洪峰流量还原值，m^3/s；

F_i——第 i 个水文站点的集水面积，当 $i=0$ 时，是指基准水文站点的集水面积；

P_i——第 i 个水文站点的年最大 3 日降雨量，当 $i=0$ 时，是指基准水文站点的年最大 3 日降雨量，mm；

ΔQ_i——第 i 个水文站与前一水文站之间的区间来水所产生的流量值，m^3/s。

A　最大 3 日降雨量频率分析

根据第 3 章收集的 1961~2013 年鄱阳湖流域降水资料，对最大 3 日降雨进行分析，采用皮尔逊Ⅲ型密度分布函数做频率曲线（图 5-10）和频率表（表 5-7）。

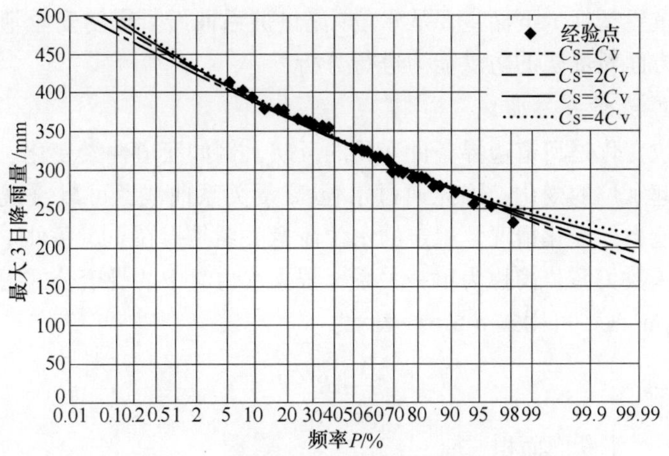

图 5-10 研究区最大 3 日降雨量频率曲线

表 5-7 最大 3 日降雨频率

频率/%	0.1	0.2	0.5	1	2	5	10	20
重现期	1000	500	200	100	50	20	10	5
最大 3 日降雨/mm	494.32	481.05	462.73	447.81	431.98	409.32	389.92	367.83

B 最大 3 日降雨–洪峰流量关系

研究区某县历史上有过五次特大洪水，分别是 1954 年、1955 年、1995 年、1998 年、2010 年，其洪峰流量分别为 27635m^3/s、2880m^3/s、2643m^3/s、31900m^3/s、21600m^3/s，1954 年、1955 年、1995 年、1998 年及 2010 年 2~3 日最大降雨量分别为 390.6mm、402.3mm、388.1mm、426.5mm、365.4mm，见表 5-8。

表 5-8 研究区降雨–洪峰流量

年 份	最大 3 日降雨		洪峰流量/m^3 · s^{-1}
	雨量/mm	频率/%	
1954	390.6	10	22400
1955	402.3	4.53	28800
1995	388.1	11.8	24000
1998	426.5	2.35	31900
2010	365.4	21.352	21600

当知道研究区暴雨中心最大 3 日降雨量时，通过水利工程洪峰流量的计算方法[8]，可以求得研究区的天然洪峰流量，从而反应水库的防洪能力。

5.5.2 圩堤防洪能力计算

堤防防洪标准的高低、实际过流能力的大小以及堤防断面的大小，都是衡量堤防质量的重要指标。下面主要从水位-流量关系曲线、堤防安全泄量、设计洪水频率三个方面对堤防的防洪能力进行分析。

A 水位-流量关系曲线

流量水位变化是河道边界条件变化的反映，例如河道冲淤变化、河床植被变化等均能引起水位的变化。因此通过水位-流量关系曲线，可以直观反应不同年代河道过流能力的变化情况。稳定的水位流量关系是指在一定条件下水位和流量之间呈单值函数关系，简称为单一关系。根据水力学中的曼宁公式可知，天然河道的流量 $Q(\mathrm{m^3/s})$ 可用式（5-6）表示：

$$Q = \frac{1}{n} A R^{2/3} I^{1/2} \tag{5-6}$$

式中 A——过水断面面积，$\mathrm{m^2}$；

R——水力半径，m；

n——糙率；

I——水面比降。

欲使水位流量关系稳定，必须具备的条件是：同一水位下，A、R、I、n 维持不变；或同一水位下，A、R、I、n 虽有变化，但其影响可以相互补偿。

水文测站测流时，由于施测条件限制或其他种种原因，致使最高水位或最低水位的流量缺测或者漏测。为了取得全年完整的流量过程，必须进行高低水位流量关系曲线的延长。高水部分的延长幅度一般不超过当年实测水位变幅的30%，低水部分不超过10%。常采用水力学中的计算公式，如曼宁公式、谢才公式等对水位进行延长。

B 安全泄量（过流能力）

河道安全泄量是河道在保证水位时能安全宣泄的最大流量，它受多种因素影响，如断面形状和大小、河道比降、河床糙率、干支流相互顶托、河道冲淤变化等。河道安全泄量是拟定防洪工程措施和防汛工作的主要指标，可根据研究区的保证水位用实测的水位-流量关系推算拟定。

C 设计洪水频率

设计洪水频率是指为了合理选择设计流量而制定的一个设计标准。河流段的各主要水文站都有设计洪水频率。由安全泄量可查找相对应的设计洪水频率，从而可获得该堤防的实际防洪能力。

参考文献

[1] Polcyn F C, Sattinger I J. Water depth determination using remote sensing techniques [C]. Proceedings of the Sixth International Symposium on Remote Sensing of Environment. Ann Arbor:

MI, 1969: 13~16.

[2] Walker C, Kalcic M. Gram-Schmidt Orthogonalization Technique for Atmospheric and Sunglint Correction of Landsat Imagery [A].

[3] 黄家柱, 尤玉明. 长江南通河段卫星遥感水深探测试验 [J]. 水科学进展, 2002, 13 (2): 235~238.

[4] 陈鸣, 李士鸿, 孔庆芬. 卫星遥感长江口水域水深 [J]. 水利水运工程学报, 2003 (2): 61~64.

[5] 党福星, 丁谦. 利用多波段卫星数据进行浅海水深反演方法研究 [J]. 海洋通报, 2003, 22 (3): 55~59.

[6] 王艳姣, 董文杰, 张培群, 等. 水深可见光遥感方法研究进展 [J]. 海洋通报, 2007, 26 (5): 92~101.

[7] 刘志平, 张素华, 杜启胜, 等. 基于 ArcGIS 的 DEM 生成方法及应用 [J]. 地理空间信息, 2009, 10: 69~71.

[8] 蔡剑波, 林宁, 谢振安, 等. 洪峰流量与雨水流量常用计算方法的对比选用 [J]. 中国给水排水, 2011, 27 (18): 25~28.

6 BP 神经网络的改进及神经网络模型集成

人工神经网络技术的思想最初是由 William James 在 1890 年撰写的名为《心理学》书中提出的，在经历了一个多世纪的不断发展，人工神经网络技术已经在电力、化工、水利、医疗、教育、模式识别、图像处理、资源与环境以及自然灾害等众多领域都得到广泛的应用。人工神经网络实质上是人们在对人体大脑神经元细胞的结构和工作原理的理解基础上对其模拟、抽象和简化而成的一种能够进行分布式并行处理数据信息的数学算法模型。图 6-1 所示为生物神经元。

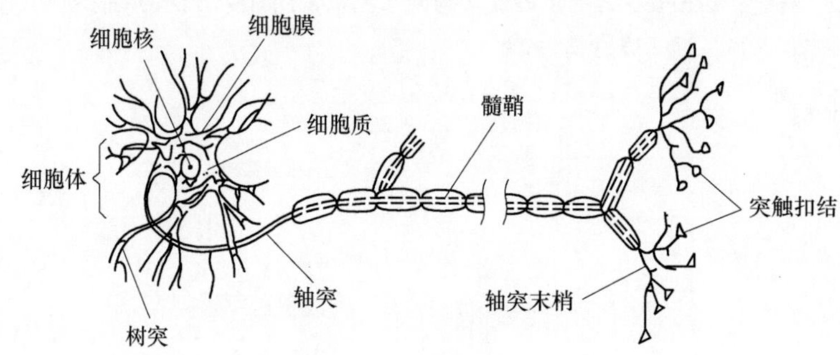

图 6-1　生物神经元

人工神经元模型结构是由输入层、隐含层（又称“中间层”）以及输出层等三个部分共同组成，图 6-2 所示为人工神经元。

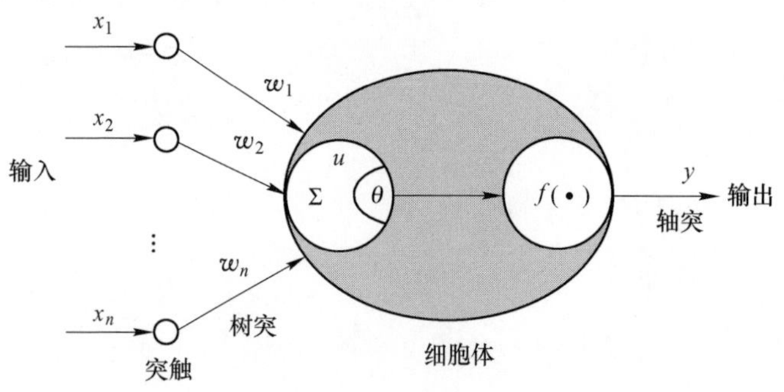

图 6-2　人工神经元

人工神经网络工作原理是：首先由输入层神经元对输入的各个信息进行处理，确定其权值；然后由隐含层神经元根据函数关系进行加权计算；最后由输出层神经元输出最后的结果。人工神经网络具有自组织、知识表达、自学习、模式检索和自适应等能力。其中自学习的能力是实现网络自适应性功能的关键。

随着神经学、人工智能、数学、计算机科学等学科理论的深入研究，人工神经网络已经发展形成了 40 多个较为成熟的网络模型，而 BP 神经网络就是其中较为常用的一种网络模型。BP 神经网络跳出了传统神经网络对非线性问题和“异或”运算的局限，它是多层前馈网络模型，能够对数据信息进行分布式并行处理，因而 BP 神经网络能够对非线性问题进行很好的解决。

神经网络集成是近年来迅速发展起来的一种新的算法，1972 年由 Cooper 等人最先给神经网络集成下了一个定义，即神经网络集成是多个独立的神经网络进行学习并共同决定其输出结果，而在 1996 年由 Hansen 和 Salamon 等也同样为神经网络集成下了一个定义，即神经网络集成（neural network ensemble）指的是用有限个神经网络对同一个问题进行学习集成在某输入示例下的输出由构成集成的各神经网络在该示例下的输出共同来决定。

6.1 BP 神经网络简介

6.1.1 BP 神经网络的由来

BP（即反传训练算法，back propagation training algorithm 的缩写）神经网络算法最早是由 Rumelhart 和 McClelland 的工作小组 PDP 于 1985 年在研究并行分布式数据处理问题的时候提出的，该算法的提出有效地解决了“异或”逻辑运算等一些传统前馈网络学习算法无法解决的问题。由于 BP 算法网络结构简单、具有较好的泛化能力和容错能力[1]，并且具有很强的非线性映射能力，因此它在文字图像识别、教学质量评估、机器故障诊断和灾害损失评估等多个领域都有较广泛的应用。

6.1.2 BP 神经网络的基本概念

BP 神经网络算法（简称 BP 算法）采用的是梯度下降法的原理对神经进行训练，它是一类有导师指导学习的训练算法[2]。BP 算法的训练过程实质上包含了对工作信号的正向传播和对误差信号的反向传播两个过程，其基本原理是[3]：当 BP 算法在对工作信息进行正向传播时，样本数据通过输入层神经元进入到训练的网络中，然后经过逐个隐含层函数的计算，将结果送入到输出层神经元，在输出层中将计算结果与期望值进行比较，如果实际输出与期望输出间有一定的差异，那么就将所存在的误差值在输出层中计算出来，然后网络训练便转向到对误差信号的反向传播过程；在反向传播的过程中，误差值由输出层开始以与正向传播相反的方向逐层对连接权值和阈值进行调整，以此来减小输出层的计算误差，最后误差信息返回到输入层[4]。在整个算法对样本数据的训练过程中，无论是正向传播还是反向传播，每个神经元的状态只受其上一层神经元的影响，因此，BP 算法在对输出误差进行调整时，是先调整输出层与隐含层间的连接权值与阈值，而后再调整隐含层之间以及隐含层与输入层的连接权值与阈值，它是逐层进行反向误差调整的，这就是 BP 算法训练的特点。BP 算法的训练过程需要进行多次迭代运算，直到误差达到允许的误差范围之内为止。图 6-3 所示为 BP 神经网络的基本结构以及算法的训练过程。

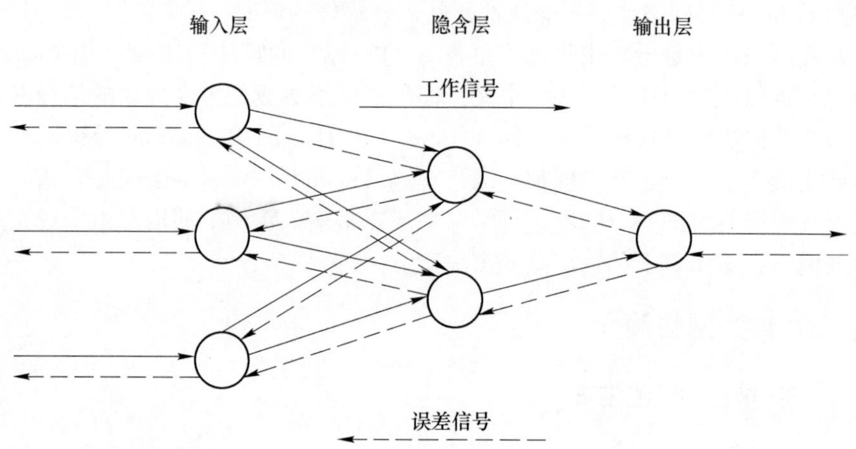

图 6-3　BP 神经网络基本结构以及算法的训练过程

6.2　BP 神经网络模型的构建

6.2.1　样本数据

6.2.1.1　数据的收集和整理分组

采用 BP 神经网络方法建模首要和前提条件是有足够多典型性和精度高的样本[5]。而且，为监控训练（学习）过程使之不发生“过拟合”和评价建立的网络模型的性能和泛化能力，必须将收集到的数据随机分成训练样本、检验样本（10%以上）和测试样本（10%以上）3 部分。此外，数据分组时还应尽可能考虑样本模式间的平衡。

6.2.1.2　输入/输出变量的确定及其数据的预处理

一般地，BP 网络的输入变量即为待分析系统的内生变量（影响因子或自变量），一般根据专业知识确定。若输入变量较多，一般可通过主成分分析方法压减输入变量，也可根据剔除某一变量引起的系统误差与原系统误差的比值的大小来压减输入变量。输出变量即为系统待分析的外生变量（系统性能指标或因变量），它可以是一个，也可以是多个。一般将一个具有多个输出的网络模型转化为多个具有一个输出的网络模型效果会更好，训练也更方便。

由于 BP 神经网络的隐含层一般采用 Sigmoid 转换函数，为提高训练速度和灵敏性以及有效避开 Sigmoid 函数的饱和区，一般要求输入数据的值在 0~1 之间。因此，要对输入数据进行预处理。一般要求对不同变量分别进行预处理，也可以对类似性质的变量进行统一的预处理。如果输出层节点也采用 Sigmoid 转换函数，输出变量也必须作相应的预处理。

预处理的方法有多种多样，各文献采用的公式也不尽相同。但必须注意的是，预处理的数据训练完成后，网络输出的结果要进行反变换才能得到实际值。再者，为保证建立的模型具有一定的外推能力，最好使数据预处理后的值在 0.2~0.8 之间。

6.2.2 BP 神经网络拓扑结构的确定

6.2.2.1 隐含层数

一般认为，增加隐含层数可以降低网络误差[6]，提高精度，但也使网络复杂化，从而增加了网络的训练时间和出现“过拟合”的倾向。Hornik 等早已证明：若输入层和输出层采用线性转换函数，隐含层采用 Sigmoid 转换函数，则含一个隐含层的 MLP 网络能够以任意精度逼近任何有理函数。显然，这是一个存在性结论。在设计 BP 网络时可参考这一点，应优先考虑 3 层 BP 网络（即有 1 个隐含层）。一般地，靠增加隐含层节点数来获得较低的误差，其训练效果要比增加隐含层数更容易实现。对于没有隐含层的神经网络模型，实际上就是一个线性或非线性（取决于输出层采用线性或非线性转换函数形式）回归模型。因此，一般认为，应将不含隐含层的网络模型归入回归分析中，没有必要在神经网络理论中再进行讨论。

6.2.2.2 隐含层节点数

在 BP 网络中，隐含层节点数的选择非常重要，它不仅对建立的神经网络模型的性能影响很大，选择不好是训练时出现“过拟合”的直接原因，但是目前理论上还没有一种科学和普遍的确定方法[7]。目前多数文献中提出的确定隐含层节点数的计算公式都是针对训练样本任意多的情况，而且多数是针对最不利的情况，一般工程实践中很难满足，不宜采用。事实上，各种计算公式得到的隐含层节点数有时相差几倍甚至上百倍。为尽可能避免训练时出现“过拟合”现象，保证足够高的网络性能和泛化能力，确定隐含层节点数的最基本原则是：在满足精度要求的前提下取尽可能紧凑的结构，即取尽可能少的隐含层节点数。研究表明，隐含层节点数不仅与输入/输出层的节点数有关，更与需解决的问题的复杂程度和转换函数的形式以及样本数据的特性等因素有关。

在确定隐含层节点数时必须满足下列条件：

(1) 节点数必须小于 $N-1$（其中 N 为训练样本数），否则，网络模型的系统误差与训练样本的特性无关而趋于零，即建立的网络模型没有泛化能力，也没有任何实用价值。同理可推得：输入层的节点数（变量数）必须小于 $N-1$。

（2）训练样本数必须多于网络模型的连接权数，一般为 2～10 倍，否则，样本必须分成几部分并采用“轮流训练”的方法才可能得到可靠的神经网络模型。

总之，若隐含层节点数太少，网络可能根本不能训练或网络性能很差；若隐含层节点数太多，虽然可使网络的系统误差减小，但它一方面使网络训练时间延长，另一方面，训练容易陷入局部极小点而得不到最优点，这也是训练时出现“过拟合”的内在原因。因此，合理隐含层节点数应在综合考虑网络结构复杂程度和误差大小的情况下用节点删除法和扩张法来确定。

6.2.3　BP 神经网络的训练

6.2.3.1　训练[8]

BP 神经网络的训练就是通过应用误差反传原理不断调整网络权值使网络模型输出值与已知的训练样本输出值之间的误差平方和达到最小或小于某一期望值。虽然理论上早已证明：具有 1 个隐含层（采用 Sigmoid 转换函数）的 BP 网络可实现对任意函数的任意逼近。但遗憾的是，迄今为止还没有构造性结论，即在给定有限（训练）样本的情况下，设计一个合理的 BP 网络模型，并通过向所给的有限个样本的学习（训练）来满意地逼近样本所蕴含的规律（函数关系，不仅仅是使训练样本的误差达到很小），目前在很大程度上还需要依靠经验知识和设计者的经验。因此，通过训练样本的学习（训练）建立合理的 BP 神经网络模型的过程，在国外被称为“艺术创造的过程”，它是一个复杂而又十分烦琐和困难的过程。

6.2.3.2　学习率和冲量系数

学习率可影响系统学习过程的稳定性。大的学习率可能使网络的权值每一次的修正量过大，甚至会导致权值在修正过程中超出某个误差的极小值呈不规则跳跃而不收敛；但过小的学习率会导致学习时间过长，不过能保证收敛于某个极小值。所以，一般倾向选取较小的学习率以保证学习过程的收敛性（稳定性），通常在 0.01～0.8 之间。增加冲量项的目的是为了避免网络训练陷于较浅的局部极小点。理论上其值大小应与权值修正量的大小有关，但实际应用中一般取常量，通常在 0～1 之间，而且一般比学习率要大。

6.2.4　BP 神经网络的初始连接权值

BP 算法决定了误差函数一般存在多个局部极小点，不同的网络初始的权值直接决定了 BP 算法收敛于哪个局部极小点或是全局极小点[9]。因此，要求计算程序（建议采用标准通用软件，如 StatSoft 公司出品的 Stati Stica Neural Networks

软件和 Matlab 软件）必须能够自由改变网络初始连接权值。由于 Sigmoid 转换函数的特性，一般要求网络的初始权值分布在-0.5~0.5 之间。

6.2.5 BP 神经网络模型的性能和泛化能力

训练神经网络的首要和根本任务是确保训练好的网络模型对非训练样本具有好的泛化能力（推广性），即有效逼近样本蕴含的内在规律，而不是看网络模型对训练样本的拟合能力。从存在性结论可知，即使每个训练样本的误差都很小（可以为零），但并不意味着建立的模型已逼近训练样本所蕴含的规律[10]。因此，仅给出训练样本误差（通常是指均方根误差 RSME 或均方误差、AAE 或 MAPE 等）的大小而不给出非训练样本误差的大小是没有任何意义的。

要分析建立的网络模型对样本所蕴含的规律的逼近情况（能力），即泛化能力，应该也必须用非训练样本（本书称为检验样本和测试样本）误差的大小来表示和评价，这也是之所以必须将总样本分成训练样本和非训练样本而绝不能将全部样本用于网络训练的主要原因之一。判断建立的模型是否已有效逼近样本所蕴含的规律，最直接和客观的指标是从总样本中随机抽取的非训练样本（检验样本和测试样本）误差是否和训练样本的误差一样小或稍大。非训练样本误差很接近训练样本误差或比其小，一般可认为建立的网络模型已有效逼近训练样本所蕴含的规律，否则，若相差很多（如几倍、几十倍甚至上千倍）就说明建立的网络模型并没有有效逼近训练样本所蕴含的规律，而只是在这些训练样本点上逼近而已，而建立的网络模型是对训练样本所蕴含规律的错误反映。

因为训练样本的误差可以达到很小，因此，用从总样本中随机抽取的一部分测试样本的误差表示网络模型计算和预测所具有的精度（网络性能）是合理的和可靠的。

值得注意的是，判断网络模型泛化能力的好坏，主要不是看测试样本误差大小的本身，而是要看测试样本的误差是否接近于训练样本和检验样本的误差。

6.2.6 BP 神经网络的合理性确定

对同一结构的网络，由于 BP 算法存在多个局部极小点，因此，必须通过多次（通常是几十次）改变网络初始连接权值求得相应的极小点，才能通过比较这些极小点的网络误差的大小，确定全局极小点，从而得到该网络结构的最佳网络连接权值。必须注意的是，神经网络的训练过程本质上是求非线性函数的极小点问题，因此，在全局极小点邻域内（即使网络误差相同），各个网络连接权值也可能有较大的差异，这有时也会使各个输入变量的重要性发生变化，但这与具有多个零极小点（一般称为多模式现象，如训练样本数少于连接权数时）的情况是截然不同的。此外，在不满足隐含层节点条件时，总也可以求得训练样本误差很小或为零的极小点，但此时检验样本和测试样本的误差可能要大得多；若改变网络连接权初始值，检验样本和测试样本的网络计算结果会产生很大变化，即多模式现象[11]。

BP 神经网络的输入和输出关系可以看成是一种映射关系，即每一组输入对应一组输出。由于网络中神经元作用函数的非线性，网络实现是复杂的非线性映射。关于这类网络对非线性的逼近能力，Hornikl 等分别利用不同的方法证明了如下一个事实：仅含有一个隐含层的前向网络能以任意精度逼近定义在 $\mathbf{R}^n$ 的一个紧集上的任意非线性函数。BP 误差反向算法是最著名的多层前向网络训练算法，尽管存在收敛速度慢、局部极值等缺点，但可通过各种改进措施来提高它的收敛速度、克服局部极值现象，而且具有简单、易行、计算量小、并行性强等特点，目前它是多层前向网络的首选算法。

6.3　BP 神经网络算法

6.3.1　BP 神经网络算法公式

根据上一节所叙述的 BP 神经网络模型的构建过程，可以构建出如图 6-4 所示的 BP 神经网络模型。

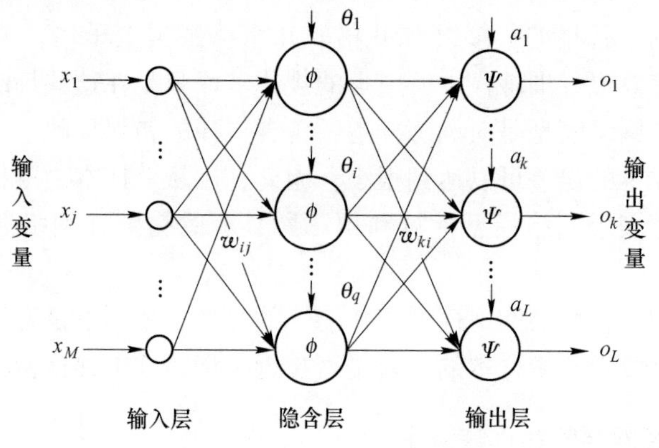

图 6-4　BP 神经网络模型

基本的 BP 算法包括两个方面：信号的前向传播和误差的反向传播。即计算实际输出时按从输入到输出的方向进行，而权值和阈值的修正从输出到输入的方向进行。

根据图 6-4 所示：x_j 表示输入层第 j 个节点的输入，$j=1$，…，M；w_{ij}表示隐含层第 i 个节点到输入层第 j 个节点之间的权值；θ_i 表示隐含层第 i 个节点的阈值；$\phi(x)$ 表示隐含层的激励函数；w_{ki}表示输出层第 k 个节点到隐含层第 i 个节点之间的权值，$i=1$，…，q；a_k 表示输出层第 k 个节点的阈值，$k=1$，…，L；

$\Psi(x)$ 表示输出层的激励函数；o_k 表示输出层第 k 个节点的输出。

6.3.1.1 信号的前向传播过程

隐含层第 i 个节点的输入 net_i：

$$net_i = \sum_{j=1}^{M} w_{ij}x_j + \theta_i \tag{6-1}$$

在隐含层中一般使用的激活函数是单极性 Sigmoid 函数，其公式如下：

$$\phi(net_i) = \frac{1}{1 + \mathrm{e}^{net_i}} \tag{6-2}$$

Sigmoid 函数 $f(x)$ 是具有连续性且可导的函数，因此符合 BP 神经网络对隐含层的要求，$f(x)$ 的求导公式如下：

$$\phi(net_i) = \phi(net_i)[1 - \phi(net_i)] \tag{6-3}$$

单极性 Sigmoid 函数的曲线图如图 6-5 所示。

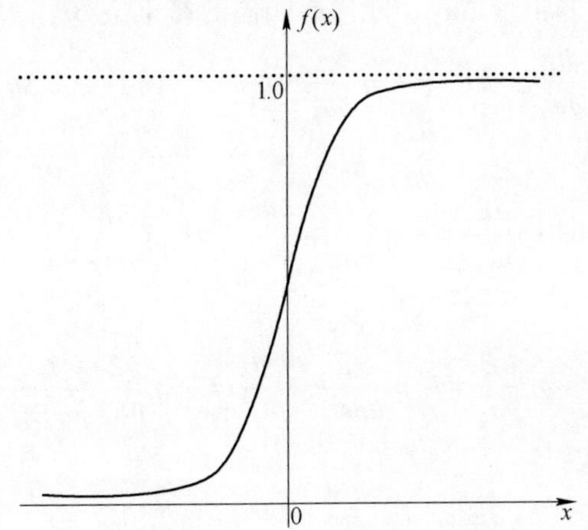

图 6-5 单极性 Sigmoid 函数的曲线图

根据隐含层激活函数可以利用输入值和输入层与隐含层的连接权值计算出隐含层第 i 个节点的输出 y_i 以及 k 个节点的输入 net_k，其公式如下

$$y_i = \phi(net_i) = \phi\left(\sum_{j=1}^{M} w_{ij}x_j + \theta_i\right) \tag{6-4}$$

输出层第 k 个节点的输入 net_k：

$$net_k = \sum_{i=1}^{q} w_{ki}y_i + a_k = \sum_{i=1}^{q} w_{ki}\phi\left(\sum_{j=1}^{M} w_{ij}x_j + \theta_i\right) + a_k \tag{6-5}$$

输出层第 k 个节点的输出 o_k：

$$o_k = \Psi(net_k) = \Psi\left(\sum_{i=1}^{q} w_{ki}y_i + a_k\right) = \Psi\left[\sum_{i=1}^{q} w_{ki}\phi\left(\sum_{j=1}^{M} w_{ij}x_j + \theta_i\right) + a_k\right] \tag{6-6}$$

6.3.1.2　误差的反向传播过程

误差的反向传播，即首先由输出层开始逐层计算各层神经元的输出误差，然后根据误差梯度下降法来调节各层的权值和阈值，使修改后网络的最终输出能接近期望值。

对于每一个样本 p 的二次型误差准则函数为 E_p：

$$E_p = \frac{1}{2}\sum_{k=1}^{L}(T_k - o_k)^2 \tag{6-7}$$

系统对 P 个训练样本的总误差准则函数为：

$$E = \frac{1}{2}\sum_{P=1}^{P}\sum_{k=1}^{L}(T_k^p - o_k^p)^2 \tag{6-8}$$

根据误差梯度下降法依次修正输出层权值的修正量 Δw_{ki}，输出层阈值的修正量 Δa_k，隐含层权值的修正量 Δw_{ij}，隐含层阈值的修正量 $\Delta\theta_i$。

$$\Delta w_{ki} = -\eta\frac{\partial E}{\partial w_{ki}};\ \Delta a_k = -\eta\frac{\partial E}{\partial a_k};\ \Delta w_{ij} = -\eta\frac{\partial E}{\partial w_{ij}};\ \Delta\theta_i = -\eta\frac{\partial E}{\partial\theta_i} \tag{6-9}$$

输出层权值调整公式：

$$\Delta w_{ki} = -\eta\frac{\partial E}{\partial w_{ki}} = -\eta\frac{\partial E}{\partial net_k}\frac{\partial net_k}{\partial w_{ki}} = -\eta\frac{\partial E}{\partial o_k}\frac{\partial o_k}{\partial net_k}\frac{\partial net_k}{\partial w_{ki}} \tag{6-10}$$

输出层阈值调整公式：

$$\Delta a_k = -\eta\frac{\partial E}{\partial a_k} = -\eta\frac{\partial E}{\partial net_k}\frac{\partial net_k}{\partial a_k} = -\eta\frac{\partial E}{\partial o_k}\frac{\partial o_k}{\partial net_k}\frac{\partial net_k}{\partial a_k} \tag{6-11}$$

隐含层权值调整公式：

$$\Delta w_{ij} = -\eta\frac{\partial E}{\partial w_{ij}} = -\eta\frac{\partial E}{\partial net_i}\frac{\partial net_i}{\partial w_{ij}} = -\eta\frac{\partial E}{\partial y_i}\frac{\partial y_i}{\partial net_i}\frac{\partial net_i}{\partial w_{ij}} \tag{6-12}$$

隐含层阈值调整公式：

$$\Delta\theta_i = -\eta\frac{\partial E}{\partial\theta_i} = -\eta\frac{\partial E}{\partial net_i}\frac{\partial net_i}{\partial\theta_i} = -\eta\frac{\partial E}{\partial y_i}\frac{\partial y_i}{\partial net_i}\frac{\partial net_i}{\partial\theta_i} \tag{6-13}$$

又因为：

$$\frac{\partial E}{\partial o_k} = -\sum_{p=1}^{P}\sum_{k=1}^{L}(T_k^p - o_k^p) \tag{6-14}$$

$$\frac{\partial net_k}{\partial w_{ki}} = y_i,\ \frac{\partial net_k}{\partial a_k} = 1,\ \frac{\partial net_i}{\partial w_{ij}} = x_j,\ \frac{\partial net_i}{\partial\theta_i} = 1 \tag{6-15}$$

$$\frac{\partial E}{\partial y_i} = -\sum_{p=1}^{P}\sum_{k=1}^{L}(T_k^p - o_k^p)\cdot\Psi'(net_k)\cdot w_{ki} \tag{6-16}$$

$$\frac{\partial y_i}{\partial net_i} = \phi'(net_i) \tag{6-17}$$

$$\frac{\partial o_k}{\partial net_k} = \Psi'(net_k) \tag{6-18}$$

所以最后得到以下公式：

$$\Delta w_{ki} = \eta \sum_{p=1}^{P} \sum_{k=1}^{L} (T_k^p - o_k^p) \cdot \Psi'(net_k) \cdot y_i \tag{6-19}$$

$$\Delta a_k = \eta \sum_{p=1}^{P} \sum_{k=1}^{L} (T_k^p - o_k^p) \cdot \Psi'(net_k) \tag{6-20}$$

$$\Delta w_{ij} = \eta \sum_{p=1}^{P} \sum_{k=1}^{L} (T_k^p - o_k^p) \cdot \Psi'(net_k) \cdot w_{ki} \cdot \phi'(net_i) \cdot x_j \tag{6-21}$$

$$\Delta \theta_i = \eta \sum_{p=1}^{P} \sum_{k=1}^{L} (T_k^p - o_k^p) \cdot \Psi'(net_k) \cdot w_{ki} \cdot \phi'(net_i) \tag{6-22}$$

6.3.2 基本 BP 算法的缺陷

尽管 BP 算法具有网络结构简单、自学习能力强以及具有较好的泛化能力和容错能力等众多优点，且在多个领域有较广泛的应用，但是它自身也存在一定的缺陷与不足，主要包括以下几点：

(1) 对初始权重非常敏感，极易收敛于局部极小。BP 算法本身就是一个优秀的局部搜索算法，加上它对初始网络权重非常敏感，以不同的权重初始化网络，BP 算法会收敛于不同的局部极小。另外，由于 BP 算法采用的是梯度下降法，训练是从某一起始点沿误差函数的斜面逐渐达到误差的最小值，而网络误差曲面是高维的凹凸不平的复杂曲面，所以在训练过程中容易陷入局部极小值，这是很多初学者每次训练得到不同结果的根本原因。

(2) 在平坦区域连接权值调整缓慢，训练时间长。网络的误差曲面往往存在一些平坦区域，由于此时激活函数的导数 f' (net) 趋于零，导致等效误差与连接权的修正量 Δw 均趋于零，因此当训练进入这些平坦区域时，即使绝对误差很大，但由于转移函数具有饱和的特点，因此误差梯度较小从而使得权值调整量小，此时 BP 算法对网络连接权的调整几乎处于停顿状态，网络收敛非常缓慢，即出现了所谓的“网络的麻痹现象”，网络需要经过长时间的训练之后才可以跳出平坦区域，然后朝着全局最小值点靠近。

(3) 存在多个极值点。由于误差函数的复杂程度使得 BP 算法可能存在多个极值点，即使全局极小往往也不是唯一的。在这种情况下，极小值的误差梯度均为 0，这使得以误差梯度下降为权值调整依据的 BP 算法无法判断极小值。

(4) 网络隐含节点数难确定。尽管数学上已证明具有 Sigmoidal 激励函数的单隐层可以实现从 m 维到 n 维的非线性映射，但是隐含节点数的确定至今没有任何理论上指导，尽管有一些经验公式，但仅供参考而已，具体问题还是要具体分析解决。

6.4　BP 神经网络算法的改进

针对上一节中 BP 算法所存在的问题，国内外已经提出来许多针对 BP 算法的改进方法，下面首先介绍几种常用 BP 算法的改进方法，在此基础上研究了 BP 算法的综合改进方法。

6.4.1　基于自适应学习率调整的改进

BP 神经网络训练的学习率在一定程度上对 BP 算法训练的收敛性和有效性具有较大影响。在 BP 网络训练的初级阶段，希望增大学习率以达到加快训练速度的效果；而在训练快要达到最小值点的时候又希望减小学习率以避免产生震荡现象造成网络收敛困难。使用自适应学习率调整方法来改进 BP 算法能够有效地解决 BP 算法收敛慢的缺陷。该方法对 BP 算法改进的原理是：在进行 BP 网络迭代训练时，若前后两次迭代所产生的误差之差 $\Delta E>0$ 时，则将学习率 η 乘上一个大于 1 的系数 α；若前后两次迭代所产生的误差之差 $\Delta E<0$ 时，则将学习率 η 乘上一个小于 1 的系数 β；若前后两次迭代所产生的误差之差 $\Delta E=0$ 时，则学习率 η 保持不变[12]，该改进方法的数学模型表达式如下：

$$\eta(n)=\begin{cases}\alpha\eta(n-1) & \Delta E<0\\ \beta\eta(n-1) & \Delta E>0\\ \eta(n-1) & \Delta E=0\end{cases} \tag{6-23}$$

式中，$\Delta E=E(n)-E(n-1)$，而参数 α 和 β 均为常数，一般 $\alpha=1.05$，$\beta=0.7$。

尽管该改进方法极大地提高了 BP 算法的收敛速度，但是它仍然存在不足之处，因为要选取合适的调整参数对网络学习率进行调整并不是容易实现的，而且对学习率的一些不好的调整还会导致 BP 算法错过逼近局部极小值点或全局最小值点的机会。

6.4.2　基于附加冲量项的改进

附加冲量项是 1986 年由 Rumelnart 和 Hinton 等人研究人员为了提高 BP 网络的训练效率而提出的一种改进方法，它同时也为网络训练的稳定性提供了保障。该方法对 BP 算法改进的具体过程是：在网络进行反向误差传播时，除了要对各层的连接权值进行修正之外，还要对其加上一项正比例于前一次迭代的动量项，当 BP 网络前后迭代的误差变化量梯度方向一致时，所加入的动量项会使网络的各层连接权值的调整量增大，从而提高网络训练的效率；若是 BP 网络前后迭代的误差变化量梯度方向相反，则动量项将会减小连接权值的调整量，从而使 BP 网络避免了出现震荡的现象，加快了算法的收敛速度。该改进方法的数学表达式如下：

$$w_{ij}(n+1)=w_{ij}(n)+\Delta w_{ij}(n+1) \tag{6-24}$$

$$\Delta w_{ij}(n+1)=\eta\sum_{p=1}^{n}\delta_{pi}y_{pj}+\varphi[w_{ij}(n)-w_{ij}(n-1)] \tag{6-25}$$

式（6-24）中的 $\Delta w_{ij}(n+1)$ 为附加的动量项，而式（6-25）中 φ 为动量因子，是一常量，通常可取区间（0.1，0.9）范围的值。该改进方法能够提高 BP 网络连接权值调整的效率，使 BP 算法能够较快地从误差曲面的平坦区域逃离出来，以便较快地收敛于全局极小值点。但该改进方法也存在一些缺陷，如当冲量项对连接权值进行一些错误的调整时会误导后面网络训练的权值调整，而且动量因子 φ 的选取也不容易，若选取不当则会使网络产生震荡和发散等现象。

6.4.3 基于模拟退火算法的改进

早在 1953 年模拟退火算法（simulated annealing algorithm，SA）的基本思想就被 Metropolis 等人研究者阐述出来了，而在 1983 年它被 Kirkpatrick 等人研究人员应用到解决最优化问题和 NP[13] 问题中。模拟退火算法是一种应用比较广泛的全局寻优算法，且具有简单通用、实现容易、算法质量高和初值鲁棒性强等优点[14]。将模拟退火算法应用于对 BP 算法进行改进中，能够有效地解决 BP 算法易陷入局部极小值的问题。模拟退火算法对 BP 算法改进的具体思路是：在 BP 算法训练进入到误差曲面的平坦区域时，算法的收敛速度会变得十分缓慢，此时使用模拟退火算法给 BP 算法的连接权值添加一个“噪声”，以实现对当前网络训练所处的平衡状态产生扰动的作用，经过“噪声”的扰动作用可以使 BP 算法较快地跳出误差曲面的平坦区域，从而避免了陷入局部极小值的情况，使算法最终可以收敛到全局最小值。模拟退火算法对 BP 算法进行改进的具体步骤是：

（1）准备网络训练的样本数据：输入值向量 $X=\{x_1, x_2, \cdots, x_{N1}\}$ 和期望值向量 $T=\{T_1, T_2, \cdots, T_{N3}\}$；初始化 BP 神经网络各层的连接权值为在区间（-1，1）范围的随机数，然后调用 BP 算法对样本数据进行训练，当网络训练进入到一个稳定的状态时，将此状态计算出来的输出值 Z 和全局误差 $E(n)$ 保存下来。

（2）初始化模拟退火算法的最初温度 t，并设置算法迭代所允许的最大次数 N 和容许误差 e，然后调用模拟退火算法。

（3）利用扰动函数产生“噪声”对 BP 网络当前的稳定状态进行扰动，当网络进入到新状态时，计算新状态下的全局误差 $E(n+1)$。

（4）计算前后两次网络训练的误差之差 $\Delta E=E(n+1)-E(n)$，若 $\Delta E<0$，则接受模拟退火算法对 BP 算法扰动后产生的新状态，并转到步骤（5）；否则，返回到步骤（3），重新对 BP 算法进行“噪声”的随机扰动。

（5）如果 $E(n+1)<e$，那么就结束网络的迭代运算，否则就降低温度 t，并返回到步骤（3），在新的温度状态下，继续对 BP 网络的当前状态进行随机扰动，直到其接受新的状态。

尽管基于模拟退火算法的 BP 改进方法能够使网络最终收敛到全局最小值，但是其收敛的速度比较慢。

6.4.4　BP 神经网络算法的综合改进

经过对上述几种常用的 BP 改进方法的分析研究，可以看出这些改进方法只是侧重于对 BP 算法的某一个缺陷进行改进，而没有对其进行更全面的综合改进，因此经这些方法改进后的 BP 算法的训练效果仍然是不理想的。为了对 BP 算法进行更全面、更完整的改进，作者提出了 BP 算法的综合改进方法。

该综合改进方法汲取了自适应学习率调整、附加冲量项和模拟退火算法对 BP 算法改进的优点，并将这些常用的 BP 改进方法有机结合起来，实现了它们之间的相互融合与优缺互补。BP 算法的综合改进方法的基本思想是：在 BP 算法进行样本数据训练的最初阶段，先调用自适应学习率调整算法和附加冲量项的改进方法对标准的 BP 算法进行改进，这样既保证了算法的稳定性又加快了算法收敛的速度；当网络训练进入到误差曲面的平坦区域时，调用模拟退火算法对网络训练的连接权值进行加“噪声”扰动，当“噪声”的扰动作用致使网络训练进入到新的状态时，再次使用自适应学习率调整算法和附加冲量项算法对新状态下的 BP 算法进行优化改进，如此进行迭代运算下去，直到满足 BP 算法的要求为止。

6.4.5　BP 神经网络算法综合改进的实现

综合改进方法具体实现的步骤为：

（1）按照标准 BP 算法的要求构建神经网络，准备网络训练所需的样本数据及对应的期望，输入样本数据到网络的输入层，然后就开始网络训练的正向传播。

（2）在网络训练的最初阶段，调用自适应学习率调整算法和附加冲量项算法分别对标准 BP 算法训练的学习率和连接权值进行集中调整，相关的调整公式如下。

计算所有样本训练一次的总误差公式：

$$E=\sum_{k=1}^{m}E_k,\ \Delta E=E(n)-E(n-1) \tag{6-26}$$

修正连接权值的公式为：

$$\Delta w_{ij}(n+1)=\eta\delta_j\sigma_i+\alpha\Delta w_{ij}(t)\quad \alpha\in(0.1,\ 0.9) \tag{6-27}$$

调整网络训练学习率的公式为：

$$\eta(n)=\begin{cases}\eta(n-1)\varphi & \text{当 } \Delta E<0 \text{ 时}\\ \eta(n-1)\beta & \text{当 } \Delta E>0 \text{ 时}\\ \eta(n-1) & \text{当 } \Delta E=0 \text{ 时}\end{cases} \tag{6-28}$$

其中参数 α 和 β 均为常数，一般取 $\alpha = 1.05$，$\beta = 0.7$。

（3）当网络训练进入到误差曲面的平衡状态 A 时，调用模拟退火算法给 BP 网络训练的各层连接权值加一个“噪声”扰动，从而获得了一组添加了“噪声”的训练连接权值，然后初始化温度 $T = E_1$；再利用新获得的连接权值计算全局总误差 E_2，将其与未加“噪声”前计算出来的全局误差 E_1 进行求差计算得到 ΔE，然后对 ΔE 进行判断，如果 $\Delta E \leqslant 0$，那么就接受经模拟退火算法的“噪声”扰动作用产生的新权值，并转达步骤（4）；否则就进行玻耳兹曼准则的判断，如果 $\mathrm{Exp}(-\Delta E/T) > \mathrm{random}(0, 1)$，那么就接受新权值的调整，并转到步骤（4），否则就继续调用模拟退火算法对 BP 算法再进行一次“噪声”扰动。

（4）经过模拟退火算法对 BP 算法网络训练的扰动作用使其进入到新的状态后，再使用 BP 算法的误差反向传播中的权值修正函数继续对各层神经元的连接权值进行修正，并再次调用自适应学习率调整和附加冲量项的方法分别对训练的学习率和权值进行集中调整。

（5）当网络训练再次进入到误差全面新的平衡状态时，再次调用模拟退火算法进行网络连接权值的扰动，如此进行迭代运算下去，直到训练总误差 E 小于容许误差 e 或达到最大迭代次数 N 为止。其综合改进方法的算法流程如图 6-6 所示。

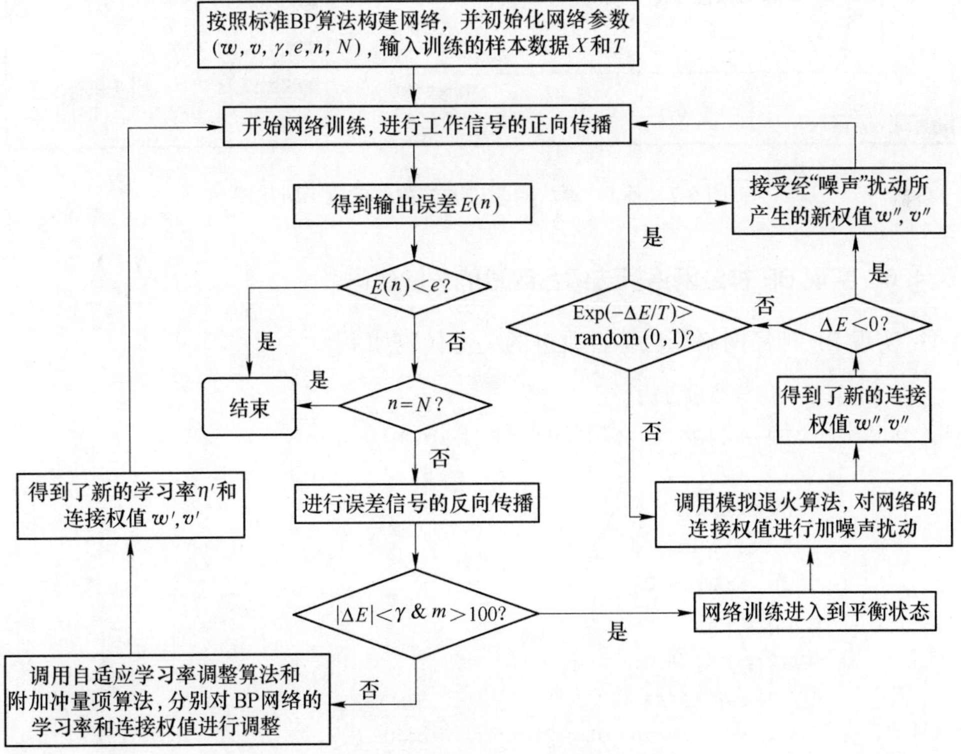

图 6-6 BP 神经网络算法的综合改进流程图

经实验测试结果表明，BP 算法的综合改进方法无论是在收敛速度还是在输出值的精度上都要优于基于自适应学习率调整、附加冲量项和模拟退火算法等三种 BP 改进方法，它汲取了这三种常用改进方法的优点，避免了它们的缺陷，真正实现了对 BP 算法更完整、更全面的改进。图 6-7 所示为几种改进方法的改进效果图。

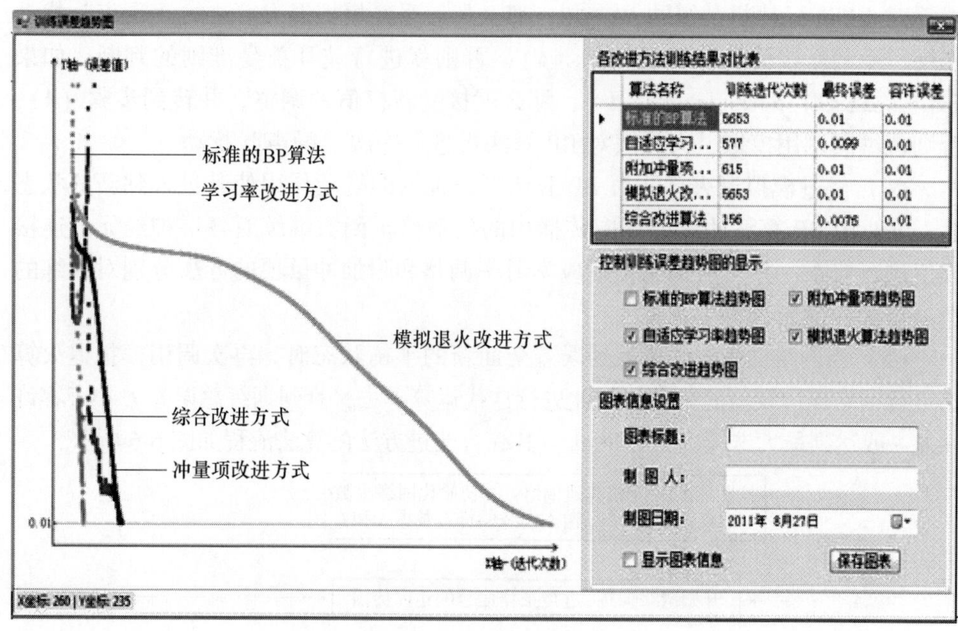

图 6-7　各 BP 算法的改进方法测试的效果对比图

6.4.6　实现 BP 神经网络算法综合改进的关键代码

实现 BP 神经网络算法综合改进的关键代码如下。

```
//BP 算法的综合改进方法
public void bpAlgorithmComprehensiveImproveFunc ()
{
        bool pCheck = true;
        int testNum = 0;
        double pE1 = 0;
        double pE2 = 0;
        double pE3 = 0;
        double pSErr = 0;
        ArrayList pArrList = new ArrayList ();
        double [] pLSWeight = new double [hiddenlayerNeuronNum];
```

```
        double [] pMidWeight = new double [hiddenlayerNeuronNum];
        double [] pInputHiddenLSWeight = new double [inputNeuronNum *
hiddenlayerNeuronNum];
        double [ ] pMidInputHiddenWeight = new double [ inputNeuronNum
* hiddenlayerNeuronNum];
        Random pRandom = new Random ();
        int stateNum = 1;
        while (pCheck == true)
        {
            double pSumError = 0;
            int sampleTrainTime = testNum + 1;
            double [] testSampleDate=null;
            for (int i = 0; i <sampleDataNum; i++)
            {
                testSampleDate = new double [inputNeuronNum];
                for (int j = 0; j < inputNeuronNum; j++)
                {
                    testSampleDate [j] = inputLayerVector [i, j];
                }
                if (checkSigmoidType == true)
                {
                    //*********正向传播************
                    //输入层到隐含层的计算
getOutputVectorDoubleS ( hiddenlayerThresholdValue, pInputHiddenWeight-
Valut, testSampleDate, hiddenInputLayerVector, hiddenOutputLayerVector);
                    //隐含层到输出层的计算
getOutputVectorDoubleS (outputlayerThresholdValue, pHiddenOutWeightVal-
ue, hiddenOutputLayerVector, outputLayerInputVector, outputLayerOut-
putVector);
                    //**********反向传播***********
                    if (improveAlgType == 0 || improveAlgType == 1
||improveAlgType==3)
                    {
                        adjustingWeightValueDoubleS (i, pHiddenOut-
WeightValue, pInputHiddenWeightValut, testSampleDate);
                    }
                    else if (improveAlgType==2 ||improveAlgType==
4)
                    {
```

```
                    //调用附加冲量项方法
additionImpulsAdjustWeightDoubleS ( sampleTrainTime, i, pHiddenOut-
WeightValue, pInputHiddenWeightValut, testSampleDate, pLSWeight, pMid-
Weight, pInputHiddenLSWeight, pMidInputHiddenWeight);
                    }
                  }
                  //计算网络训练输出总误差
                  for (int m = 0; m <outputNeuronNum; m++)
                  {
                     pSumError += 0.5 *
Math.Pow (expectedOutputVector [i] - outputLayerOutputVector [m], 2); //
误差函数
                  }
                }
                if (improveAlgType == 1 || improveAlgType ==4)
                {
                   if (sampleTrainTime >= 2)
                   {
                      pE2 =pSumError;
                      //调用自适应学习率方法
                      learningRate = selfAdaptionAdjustLRate(pE1,
pE2, learningRate);
                      pE1 = pE2;
                   }
                   else
                   {
                      pE1 =pSumError;
                   }
                }
                if (improveAlgType == 3 || improveAlgType==4)
                {
                   if (sampleTrainTime >= 2)
                   {
                     pE2 =pSumError;
                   if (pE1 - pE2 <allowableError /(double) 1000)
                   {
                      if (stateNum == 1)
                      {
                         pE3 = pE2;
```

```
                        simulateAnnImprovedWay (pE1, pE2,
pRandom, pInputHiddenWeightValut, pHiddenOutWeightValue, inputLayerVec-
tor);
                    stateNum = stateNum + 1;
                }
                else
                {
                    if (pE2 < pE3)
                    {
                        if (pE2 <allowableError)
                        {
                            pCheck = false;
                        }
                        else
                        {
                            //调用模拟退火算法
                        simulateAnnImprovedWay (pE1, pE2,
pRandom, pInputHiddenWeightValut, pHiddenOutWeightValue, inputLayerVec-
tor);
                        }
                    }
                    else
                    {
                        stateNum = 1;
                    }
                }
            }
            pE1 = pE2;
        }
        else
        {
            pE1 =pSumError;
        }
    }           pArrList.Add (Math.Round (pSumError, 4));
        testNum++;
        pToolStripProgressBar.PerformStep ();
        if (pSumError<=allowableError | | testNum= =Iterations)
        {
            pCheck = false;
```

```
                        pToolStripProgressBar.Value =
pToolStripProgressBar.Maximum;
                    }
                    Ttime.Text = testNum.ToString () + " 次 | ";
                    ErrorNumber.Text = Math.Round(pSumError, 6).ToString
() + " |";
                    realValue.Text = Math.Round (outputLayerOutputVec-
tor [0], 6) .ToString ();
                    pSErr = Math.Round (pSumError, 4);
                }
                double [] pMidTrainError = new double [pArrList.Count];
                pArrList.CopyTo (pMidTrainError);
                normalizingTrainError (pMidTrainError);
                bool pCheckDouble = false;
                int l = 0;
                for (; l <pList.Count;)
                {
                   if ( (int) pList [l] = = improveAlgType)
                   {
                      pCheckDouble = true;
                      break;
                   }
                   l = l + 3;
                }
                if (pCheckDouble = = true)
                {
                     pList [l + 1] = pMidTrainError;
                     pList [l + 2] = pSErr;
                }
                else
                {
                   if (improveAlgType = = 0)
                   {
                        pTrainBPError = new double [pArrList.Count];
                        pMidTrainError.CopyTo (pTrainBPError, 0);
                        pList.Add (improveAlgType);
                        pList.Add (pTrainBPError);
                        pList.Add (pSErr);
                        }
```

```
                    else if (improveAlgType == 1)
                    {
                     pTrainSelfAdLRateError=new double [pArrList.Count];
                     pMidTrainError.CopyTo (pTrainSelfAdLRateError, 0);
                     pList.Add (improveAlgType);
                     pList.Add (pTrainSelfAdLRateError);
                     pList.Add (pSErr);
                    }
                    else if (improveAlgType == 2)
                    {
                     pTrainAddImpulseError=new double [pArrList.Count];
                     pMidTrainError.CopyTo (pTrainAddImpulseError, 0);
                     pList.Add (improveAlgType);
                     pList.Add (pTrainAddImpulseError);
                     pList.Add (pSErr);
                    }
                    else if (improveAlgType == 3)
                    {
                     pTrainSimulateAnnError = new double [ pArrList.
Count];
                     pMidTrainError.CopyTo ( pTrainSimulateAnnError,
0);
                     pList.Add (improveAlgType);
                     pList.Add (pTrainSimulateAnnError);
                     pList.Add (pSErr);
                    }
                    else if (improveAlgType == 4)
                    {
                     pTrainComprehensiveError = new double [ pArrList.
Count];
                     pMidTrainError.CopyTo
(pTrainComprehensiveError, 0);
                     pList.Add (improveAlgType);
                     pList.Add (pTrainComprehensiveError);
                     pList.Add (pSErr);
                    }
                }
        MessageBox.Show (" BP 算法的综合改进方法训练结束!!!", " 成功" );
    }
```

6.5　神经网络集成简介

6.5.1　神经网络集成的由来

在机器学习领域里存在的一个重要目标即要尽可能地对新测试样本做出最准确的估计，而关于 Probably Approximately Correct Learning（PAC 学习）的研究是该领域的一个热点，PAC 学习模型的核心思想就是通过使用一些未知概念的样本去对已知概念进行学习，在该模型中通常定义了强学习和弱学习两个概念[15]。

其中强学习指的是存在一个包含了 (x_1, y_1)，…，(x_n, y_n)，…，(x_N, y_N)，共 N 个数据点的样本数据集 S，同时按照某种固定但未知的分布 $D(x)$ 来独立地随机抽取产生 x_n，且有 $y_n = f(x_n)$，$f \in F$，其中 F 是某个已知的布尔函数集。强学习算法是指如果对于任意的 D，任意的 $f \in F$，任意的 $0 \leqslant \varepsilon$，$\delta \geqslant 1/2$，该学习算法都可以生成一个满足公式

$$P_r[h(x) \neq h(y)] \leqslant \varepsilon \tag{6-29}$$

估计 h 的概率大于 $1-\delta$，并且 该学习算法的运行时间与 $1/\varepsilon$、$1/\delta$ 成为多项式关系。而弱学习的定义与它相类似，但是只要在弱学习算法中有 ε 和 δ 符合上述条件即可，即在该学习模型中若存在一个多项式学习算法来辨别一组概念，且辨别率很高，则称为强可学习的；而如果辨别率仅仅是略好于随机猜测的，那么则称为弱可学习的。学者 Valiant 和 Kearns 提出了关于能否将弱学习算法提升成为强学习算法，即强学习算法和弱学习算法两者间的等价性问题，该问题同时也被看作是神经网络集成思想的出发点[16]。1990 年学者 Schapire 用构造性方法对强算法和弱算法的等价性问题进行了证明，他认为只要有足够多的样本数据，学习算法就可以通过集成的方式来生成高精度的估计，该构造过程被称为 Boosting 算法。虽然在最开始的时候这种最初的 Boosting 算法并不是为了神经网络专门设计的，但是在神经网络发展的过程中，它与其有着相当密切的联系[17]。

6.5.2　神经网络集成的基本概念与结构

神经网络集成是近年来迅速发展起来的一种新的算法，1972 年由 Cooper 等人最先给神经网络集成下了一个定义，即神经网络集成是指多个独立的神经网络进行学习并共同决定其输出结果[18,19]，而在 1996 年由 Hansen 和 Salamon 等人也同样地为神经网络集成下了一个定义，即神经网络集成（neural network ensemble），指用有限个神经网络对同一个问题进行学习集成，它在某输入示例下的输出由构成集成的各神经网络在该示例下的输出共同来决定。这两个定义的相同点在于它们都是指利用多个神经网络对问题进行学习，而不同点在于是否需要对同一个问题进行学习。但目前被人们广泛接受的是 Hansen 和 Salamon 给出的

定义，即通过对有限的神经网络进行简单的训练，然后对各个神经网络输出的结果进行适当的综合，以期得到较为全面和可靠的判断。因为现在公认的关于神经网络集成的研究源于他们在1990年的工作，即利用多个神经网络对问题来学习，然后将学习的结果进行集成起来，共同证明了“可通过简单训练若干个个体神经网络并将它们的结果进行合成，能显著地提高神经网络系统的泛化能力”[20]。并且由于神经网络集成简单易用且效果突出，即便是缺少使用神经网络方面相关经验的普通工程技术人员也可以轻易地掌握并运用，对它的研究不仅会促进神经网络计算以及统计理论方面的研究，而且还能促进神经网络计算在工程中的应用[21,22]。神经网络集成基本结构示意如图6-8所示。

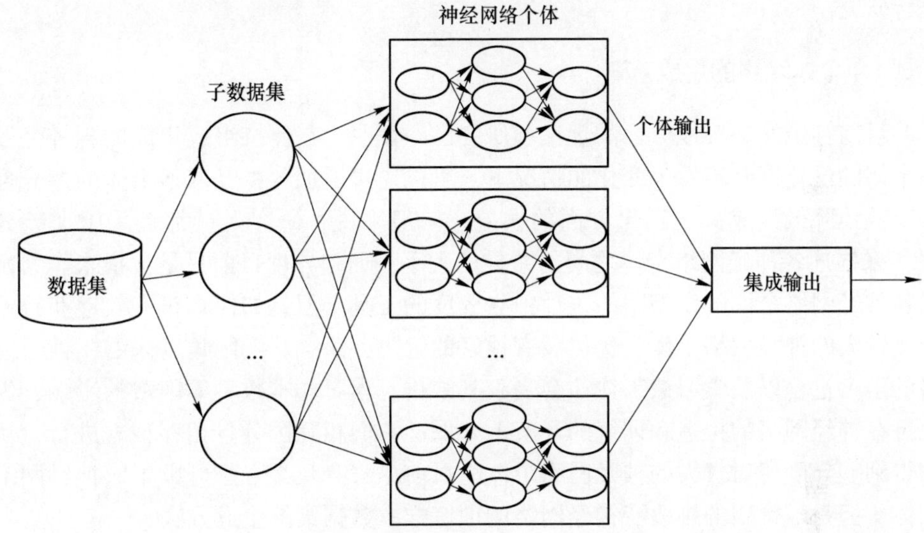

图6-8 神经网络集成结构示意图

6.6 神经网络集成模型的构建

目前总体来说，神经网络集成模型学习和研究的关键问题，是在构造集成中的神经网络个体时采用何种方法，和将神经网络个体的输出结论进行结合采用的是何种策略，另外伴随着复杂度越来越高的实际问题，如何使神经网络可以更加有效地利用有限的训练样本数据集，从而能够更为有效与充分地学习并准确地提取出信息也是相当重要的。假设一个神经网络集成是由 M 个独立的神经网络分类器组成，每个神经网络分类器进行分类的正确率为 $1-p$，并且各个神经网络分类器之间的错误是不相关的，则该集成的学习错误率如下。

$$Perr = \sum_{k>N/2}^{N} \binom{N}{k} p^k (1-p)^{N-k} \tag{6-30}$$

由该公式可推知：

（1）集成学习的精度随着神经网络个体的数目增多而变高。

（2）集成学习的分类错误率随着神经网络个体数目无限增加而无限地降低。

因为它不仅具备不需要专家的经验而只利用收集的数据集就能在神经网络的训练过程中抽取、逼近输入和输出二者之间隐藏的非线性关系，从而可以任意地逼近该非线性函数，即具有很强的处理非线性问题的能力，并且可以显著地提高人工神经网络系统的泛化性能，因此它被视为一种非常有效的工程化神经计算方法。目前研究人员对神经网络集成实现方法的研究主要集中在神经网络集成的神经网络个体的生成和神经网络集成的输出结论的集成这两个方面[23]，下面分别进行研究。

6.6.1　个体网络的生成方法

目前神经网络集成方面的理论和研究已经证明，在保持组成集成的各神经网络个体的泛化误差不发生变化的情况下，可以通过增加各神经网络个体的差异性来有效地降低集成关于泛化方面的误差。一般来说，研究人员都是采用“差异度”来描述各神经网络个体之间的差异的大小，而差异度目前只是被拿来作为衡量各神经网络个体的误差间的统计独立程度的工具。但是如何真正有效地获得差异度较大的神经网络个体，仍然没有很好的解决办法。从实际角度来看，神经网络的学习过程以及学习效果往往会受到其结构、学习样本数量等因素的影响，为此可在神经网络的构造和训练的环节上来保证它们相互区分且相互独立进行，从而得到差异度相对较大的神经网络个体，目前尽管有几类方法可以生成神经网络个体，但是最常用的是改变神经网络的训练样本数据集的生成方法。

该方法是指为了得到差异度相对较大的神经网络个体或者具有较强互补性的神经网络个体，它按照从不同角度对同一份训练样本数据集中挑选出不同的子训练样本集来对神经网络进行训练，它是最直接又常用的方法。目前基于改变训练样本数据集的方法中最有代表性的技术是 Boosting 和 Bagging[24]算法。

6.6.1.1　Boosting 算法

Boosting 不是一个算法的简称，而是对一大类算法的总称。它是由 Schapireti 最早提出，随后由 Freund 又对其进行了进一步的改进，通过该方法可以产生一系列的神经网络个体，各个体神经网络的训练样本数据集的产生依赖于集成中之前已经产生的个体网络在训练过程中对训练样本数据集进行判断的表现，其中被已有的个体网络正确判断的训练样本数据将会以较小的概率再次出现，而被错误判断的训练样本数据将会以较大的概率再次出现在新的个体网络的训练样本集中。这样的重复过程就能让新的个体网络能够很好地处理那些对已有的个体网络来说很难正确判断的训练样本数据。但从另一方面来讲，虽然该方法可以有效地增强神经网络集成的泛化能力，但它也有可能会让神经网络集成过分地偏向于原先出现的几个特别困难的训练样本数据，所以该方法有时能起到很好的效果，有时却也不起作用，导致其应用效果不太稳定。除此以外，将该算法应用到解决实际问题的时候，往往都需要提前了解弱学习算法能进行正确判断概率的最低值，而这个最低值在实际问题中是很难得到的，因此在 1995 年由 Schapireti 和 Freund 共同提出的改进的 Boosting 算法，即 Adaboost 算法，该算法的运行效率非常接近原始的 Boosting 算法，但是它却可以很容易地得到弱学习算法的正确学习概率的下限，因此它是目前最流行的 Boosting 算法[25]。Boosting 算法描述如下：

（1）首先选择一个弱学习算法，然后 Boosting 算法利用该弱学习算法来生成单个预测器即弱规则集。

（2）随后由 Boosting 算法来反复调用该弱学习算法，每次调用完成以后，弱学习算法根据表现来更新原来的弱规则集，从而产生新的弱规则集。

（3）Boosting 算法根据规则对经过若干次循环产生的对应的若干个弱规则集进行合并，从而得到准确的最终预测规则集。Boosting 算法流程如图 6-9 所示。

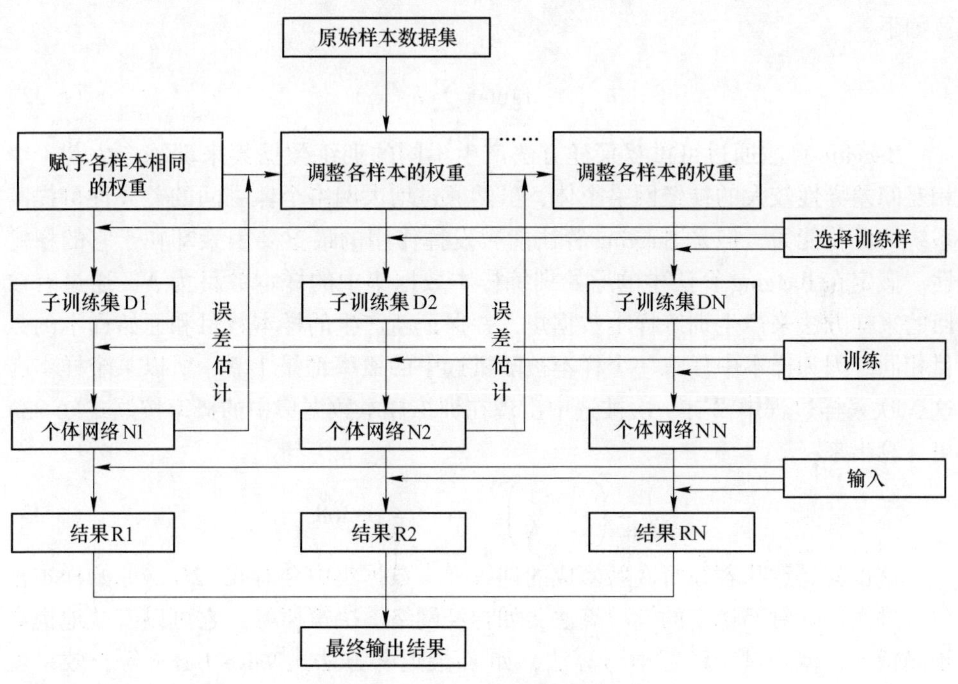

图 6-9 Boosting 算法流程

6.6.1.2 Bagging 算法

Bagging 算法与 Boosting 算法的基础都是可重复采样，它们的区别在于其训练数据集中的训练数据是否独立随机抽取，即与已产生的个体网络的表现是否相关。但这样的训练数据每次被抽中的概率都是一样的，部分训练数据可能会多次重复参加训练，也可能一次都不会参加训练，这就可能会导致极端分布出现。Bagging 算法描述如下：

（1）训练阶段。首先设定原始训练集为 $D=\{(x_1,y_1),(x_2,y_2),\cdots,(x_n,y_n)\}$，包含 n 组相互独立的数据，神经网络集成的初始输出为 E，集成由 T 个神经网络个体组成；其次按照 Bootstrapping 方式从训练数据中随机抽取出与原始数据集数目相当的 n 个训练样本组成新的训练集 D_X，利用 D_X 来训练产生神经网络个体 h_t；然后将 h_t 加入到神经网络集成中，返回神经网络集成的输出 $E=(h_t)$，$t=1,2,\cdots,T$。

（2）预测阶段。对于回归问题，本章以简单平均的方法为例来说明神经网络集成的输出，计算如下：

$$h_{\mathrm{gyy}}=\frac{1}{T}\sum_{t=1}^{T}h_t(x_t) \tag{6-31}$$

针对分类问题，本章以简单多数投票法为例来说明神经网络集成的输出，计算如下：

$$h_{\mathrm{gyy}}=\mathrm{argmax}\sum_{t=1}^{T}h_t(x_t) \tag{6-32}$$

Bagging 算法通过可重复采样方法产生不同的训练数据集来训练产生若干个相互间差异性较大的神经网络个体，虽然通过增大网络个体之间的差异性可提高系统的泛化能力，但是 Bagging 算法能否发挥作用的最重要因素却在于它的稳定性。假定在 Bagging 算法中的原始训练样本数据集中的样本数目为 N，通过有放回的采样方法来产生训练样本数据集，并保证新产生的样本数目和原始样本的数目相同。因为样本中任意一个样本被随机选中的概率都是 $1/N$，所以某个样本在这 N 次采样过程中没有一次被选中出现在训练样本数据集中的概率按照式(6-33)可计算出来：

$$\bar{p}=\left(1-\frac{1}{N}\right)^{N}=\mathrm{e}^{-1}=0.368 \tag{6-33}$$

这也就是意味着在每次新生成的训练样本数据集中会有 63.2%的原始样本被包含进去。针对不稳定的学习算法，如神经网络、决策树等，它可以有效地提高预测精度，但是对于稳定学习算法，如 K 最近邻方法、Naive Bayes 等，效果就不是很明显，甚至有时可能出现系统泛化能力减弱的情况。因此目前对于 Bagging 算法稳定性的提高已经成为一个新的研究热点。另外由于 Bagging 算法的自身优点决定了它非常适合应用于多个基学习器的并行训练，对于像神经网络这种在训练过程中极为耗时的学习方法，通过该算法来生成的神经网络个体可以节省大量的训练时间，从而提高系统的实用性和实时性。由于作者所建立的洪灾损失评估模型属于回归问题，故本书采用 Bagging 算法来训练出若干个神经网络个体[26]，然后通过优化方法来选择参与集成的各神经网络个体。Bagging 算法的流程如图 6-10 所示。

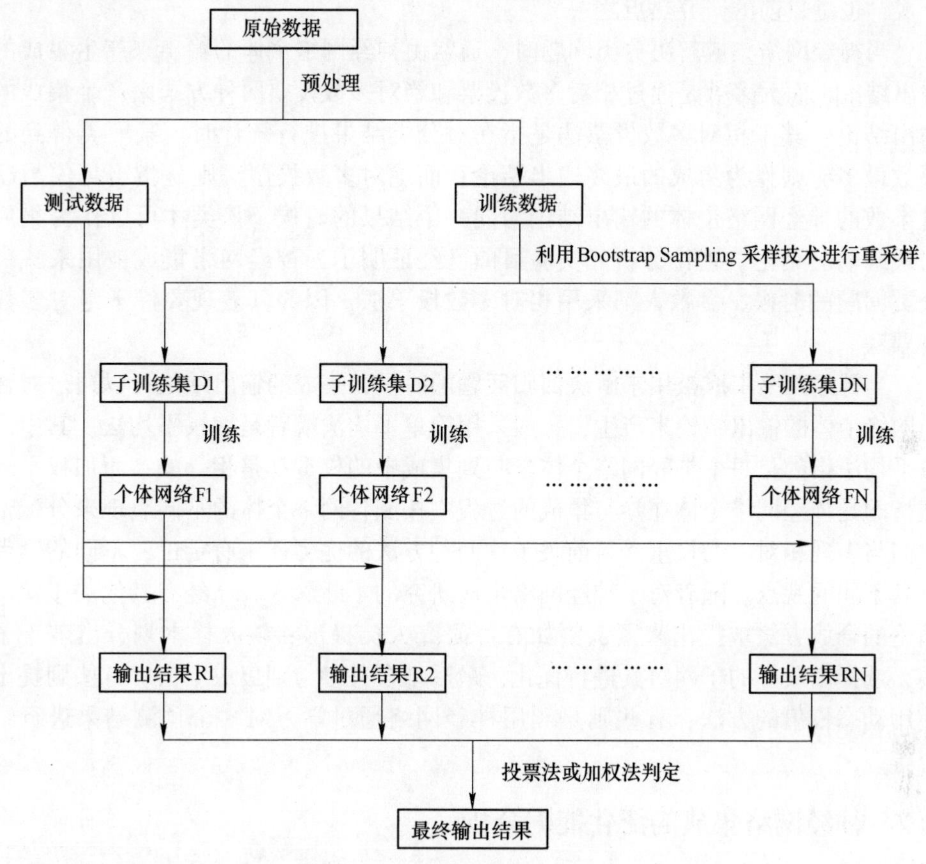

图 6-10 Bagging 算法流程图

综上所述，Boosting 和 Bagging 算法二者的主要区别如下：

（1）前者在选择训练数据集时不是相互独立的，每轮选择训练样本数据集都与前面各轮判断结果密切相关；后者在选择训练数据集则是随机的，每轮选择的训练样本数据集之间都是互不影响，相互独立的。

（2）前者的各预测函数都是带有权重的；后者的各预测函数都没有权重，对于回归和分类问题分别是通过简单平均和投票方法来解决。

（3）前者的各预测函数只能够按顺序依次产生，当它过分地关注某些特别困难的样本时，系统的学习性能不但不会提高反而可能恶化；后者的训练集是随机产生，各预测函数可以并行地产生，即可以通过并行训练来节省大量时间，且一般情况下都可以改善系统的性能。

6.6.2 集成结论的生成方法

在组成神经网络集成的神经网络个体生成以后，如何对它们的输出结论进行合成，也是目前的研究热点之一[27]。

当神经网络集成解决分类问题时，通常由神经网络个体的输出来产生集成的输出结论，而大多数是通过相对多数投票和绝对多数投票两种方式来产生集成的输出结论。其中相对多数投票法是指在对分类结果进行统计时，某一类得到的票数最多，则作为集成的最终输出结论；而绝对多数投票法则是指当且仅当超过半数的神经网络个体的输出结论为同一个结果的时候，该类才可以作为集成的最终输出结论。理论分析和实验目前已经证明了当神经网络集成被用来解决分类问题的时候，多数人都采用相对多数投票法，因为其表现要优于绝对多数投票法。

当神经网络集成被用来解决回归问题的时候，集成的输出结论可以通过对神经网络个体的输出结论来产生，一般采用简单平均法或者是加权平均法。其中简单平均法指的是每个神经网络个体参与到集成中的权重都是相等的；而加权平均法指的是神经网络个体在参与集成的过程中按照各网络个体的不同表现来分配给它们与表现相对应的权重。目前关于这两种方法的优劣还未有定论，不同的学者有其不同的观点。随着对于神经网络集成研究的不断深入，已经有其他关于输出结论的合成方法被提出来了，例如有些研究人员提出将输入样本划分出若干子网，选择出较好的子网对其进行优化，最后结合并参与到集成中去；有些则提出使用动态权值的方法；有些则是利用神经网络通过学习对多个预测结果进行结合等。

6.7 神经网络集成的泛化能力分析

学者 Cooper 和 Perrone 认为神经网络个体之间如果互不相关则它们在学习过程中陷入不同的局部极小的相关性也就会相对变弱，而神经网络个体之间相关性也越小，于是导致参与集成的神经网络个体之间的差异度也相对增大，导致集成的泛化误差进一步降低，该特性对于提高神经网络集成的泛化能力有重要意义。

学者 Vedelsby 和 Krogh 于 1995 年提出了计算神经网络集成泛化误差公式的推导过程[28]，即设当前有由 N 个神经网络个体组成的神经网络集成，这 N 个神经网络个体选用加权平均法来对任务 $f: \mathbf{R}^n \to \mathbf{R}$ 进行学习，每个神经网络个体的初始权重值都为 $w_a(w_a > 0)$，并且满足下式：

$$\sum_a w_a = 1 \tag{6-34}$$

而输入向量 X 在神经网络个体 a 中的输出为 $V^a(X)$，那么神经网络集成的输出为：

$$\overline{V}(X) = \sum_{a} waV^{a}(X) \tag{6-35}$$

设神经网络个体的训练样本数据集的分布函数为 $p(x)$，则神经网络集成和神经网络个体的泛化误差分别按照式（6-36）和式（6-37）来计算：

$$E^{a} = \int \mathrm{d}xp(x)[f(x) - V^{a}(x)]^{2} \tag{6-36}$$

$$E = \int \mathrm{d}xp(x)[f(x) - V(x)]^{2} \tag{6-37}$$

各神经网络个体的泛化误差的加权平均值，神经网络集成和神经网络个体 a 的差异度分别按照式（6-38）、式（6-39）和式（6-40）来计算：

$$\overline{E} = \sum w_{a}E^{a} \tag{6-38}$$

$$\overline{A} = \sum_{a} w_{a}A^{a} \tag{6-39}$$

$$A^{a} = \int \mathrm{d}xp(x)[V(x) - \overline{V}(x)]^{2} \tag{6-40}$$

综上可推导出计算集成的泛化误差：

$$E = \overline{E} - \overline{A} \tag{6-41}$$

它表明对于相同的训练样本数据输入到神经网络集成中，如果神经网络个体间存在较大差异且相互独立的话，那么集成的泛化误差将会小于或等于各神经网络个体的泛化误差的加权平均值。因此为了降低集成的泛化误差，提高集成的预测精度，就应当增加神经网络个体间的差异性和误差的不相关性。

6.8 神经网络集成程序的开发

在前面提到的神经网络集成的生成方法基础之上，作者借助美国微软公司 .NET 平台下的 C#编程语言和一个开源框架 AForge. NET，搭建了一个能快速构建神经网络集成功能的程序[29]。该程序能简单且快速地实现神经网络集成模型的构建、训练，并输出直观的图形结果，使用人员不需要掌握复杂的 Matlab 等专业软件也能够进行使用和分析[30]，大大降低普通用户使用神经网络集成模型的难度。

6.8.1 AForge. NET 开源框架简介

AForge. NET 是一个用 C#语言实现的面向神经网络、机器学习、遗传算法、图像处理、人工智能和机器人等领域的开源框架，并且仍在不断地发展和完善中。该框架由一系列的类库和例子组成，目前最新版本为 2.2.4。通常在解决神经网络相关问题中主要用到的是该框架下的 Neuro 类库，该类库中主要的命名空间有：

（1）AForge. Controls 命名空间：包含不同用途的用户图形界面，可以配合其他类来使用。

(2) AForge. Neuro 命名空间：包含神经网络计算的类和接口，且该命名空间及其子命名空间提供能产生各种流行个体神经网络结构的类。

(3) AForge. Neuro. Learning 命名空间：包含提供给神经元和神经网络进行学习训练的算法类及接口，这些类和接口又分为监督学习和非监督学习两类。

其中在 AForge. Neuro 命名空间中提供了两种神经网络体系，即 Activation Network 神经网络和 Distance Network 神经网络。在 AForge. Neuro. Learning 命名空间中提供了 5 种神经网络学习算法，包括 Back Propagation Learning 算法、Delta Rule Learning 算法、Perceptron Learning 算法、SOM Learning 算法及 Elastic Network Learning 算法等，分别用以构造不同类型的个体神经网络和训练算法，以解决不同的实际问题。

6. 8. 2　程序构建的具体步骤

程序构建的具体步骤如下。

(1) 按照神经网络集成的定义，要实现神经网络集成，首先就要利用训练集训练产生一批个体神经网络，通常有 Bagging 和 Boosting 两种算法可供选用来产生训练数据集。对于个体神经网络模型的生成步骤如下。

1) 产生训练数据集。由于在 AForge. NET 开源框架中并没有提供 Bagging 算法和 Boosting 算法，因此要利用 C#语言重写这两种算法，以便调用来产生训练集，以 Bagging 算法为例，其实现的部分代码如下：

```
//实现的 Bagging 算法（部分）
private double [] [] Bagging (double [] [] array2d, int N)
  {
  int length = array2d.Length;
  int column = array2d [0] .Length;
  double [] [] array2dNew = new double [N] [];
  Random rd = new Random ();
  int randomNumber = 0;
  //产生可重复随机数
  List<int> list = new List<int> ();
  while (list.Count<=N)
  {
      randomNumber = rd.Next (0, length-1);
      list.Add (randomNumber);
  }
  for (int i = 0; i < N; i++)
```

```
    {
        array2dNew [i] = new double [column];
        for (int j = 0; j < column; j++)
        {
            array2dNew [i] [j] = array2d [list [i] ] [j];
        }
    }
    return array2dNew;
}
```

2）构建、训练个体神经网络模型。打开 VisualStudio2008 软件，通过在它的解决方案管理器的引用中添加 AForge. Controls. dll、AForge. dll 和 AForge. Neuro. dll 这三个文件，从而使用 AForge. Neuro 中类与接口构建、训练个体神经网络模型。首先，按照实际需要来使用 Activation Network 或者 Distance Network 类来实例化若干个个体神经网络模型；其次，从 BP Learning、Delta Rule Learning、Perceptron Learning、SOM Learning 或 Elastic Network Learning 学习算法类中为每个模型选择一个合适的学习算法，并设置好相应的学习率、冲量等参数；最后，利用由 Bagging 或 Boosting 算法产生的训练数据集，对每个个体神经网络模型进行训练，同时将训练过程中的误差曲线绘制到 AForge. NET 框架提供的 Chart 控件上，以便能方便地查看数据。由于训练神经网络可能耗费较长的时间，因此作者在这里采用了多线程技术，即开辟 1 个子线程来专门对神经网络进行训练，当每个个体神经网络的误差小于预先设定的误差或者训练次数后就停止训练。以一个 BP 神经网络为例，其构建和训练的部分代码如下：

```
//1. 构建 BP 神经网络个体模型（部分）
//创建一个多层 Activation 类型神经网络对象，采用 S 形激活函数。
ActivationNetwork Network_ Active = new ActivationNetwork (new Sig-
moidFunction (NI.AlphaValue), count_ inputLayer, NI.neurons);
    if (NI.strTrainFuncName.Equals (strTF2AN [0] ) )
    {
        //构建 BP 学习算法对象
teacher_ BP = new BackPropagationLearning (Network_ Active);
//设置参数（学习率、冲量）
        teacher_ BP.LearningRate = NI.LearningRate;
        teacher_ BP.Momentum = NI.Momentum;
    }
    //2. 建立子线程进行训练
    Thread thr = new Thread (newThreadStart (Func_ Train2AN) );
```

```
thr.Start ();
//3. 训练函数 (部分)
void Func_ Train2AN ()
 {
    for (int iteration = 0; iteration < NI.Iteration; iteration++)
    {
               double error_ Real = 0.0;
               #region 判断当前的训练函数类型
               if (teacher_ BP! =null)
               {
  //训练 BP 神经网络模型
  error_ Real=teacher_ BP.RunEpoch (inputTrainDataAfter,
outputTrainDataAfter);
               }
               #endregion
       if (NI.ExpectError>=error_ Real&&NI.Iteration>iteration)
      {
       MessageBox.Show (" 训练完成!" );
     }
   }
}
```

（2）按照神经网络集成的定义，要生成神经网络集成的结论就首先需要对所有的个体神经网络的结论进行集成。因此对于神经网络集成结论的生成步骤如下。

1）生成个体神经网络结论。当每个个体神经网络模型训练都完成后，首先对它们分别输入对应的测试数据集进行计算，然后输出并记录下每个个体神经网络模型的结论及误差值，同时将结果绘制到 AForge.NET 框架提供的 Chart 控件上以便能直观地查看结果。其实现的部分代码如下：

```
  for (int i = 0; i < N; i++)
    {
            //输出值向量
            if (Network_ Active ! = null && Network_ Distance == null)
            {
                  outputTestDataReal [i] =
Network_ Active.Compute (inputTestDataAfter [i] );
            }
            else if (Network_ Active==null && Network_ Distance ! =null)
            {
```

```
                outputTestDataReal [i] =
Network_ Distance.Compute (inputTestDataAfter [i] );
            }
        }
```

2）生成神经网络集成结论。当得到每个个体神经网络的结论后，首先要判断该神经网络集成的用途，即当用于回归估计问题时，神经网络集成的结论采用的是对各个个体结论进行简单平均法来生成；当用于分类器问题时，神经网络集成的结论采用的是对各个个体结论进行相对多数投票法来生成；最后将集成的结论绘制到 Chart 控件中以便使用人员能够直观地查看结果。以处理回归估计问题为例，使用简单平均法来生成神经网络集成结论的部分代码如下：

```
double [,] GetAVG (ArrayList al)
    {
        //神经网络的数目
        int NetworkCount = al.Count;
        double [,] temp = (double [,] ) al [0];
        int length = temp.GetLength (0);
        double [,] arrayAVG = new double [length, 2];
        for (int j = 0; j < length; j++)
        {
            double d = 0;
            for (int i = 0; i <NetworkCount; i++)
            {
                double [,] array2d = (double [,] ) al [i];
                d += array2d [j, 1];
            }
        //简单平均法得到神经网络集成结论
            d = d /NetworkCount;
            arrayAVG [j, 0] = j;
            arrayAVG [j, 1] = d;
        }
        return arrayAVG;
}
```

(3) 快速实现神经网络集成功能的“傻瓜化”，程序运行截图如图 6-11 ~ 图 6-14 所示。

6.8.3 实验验证及分析

为了验证基于 AFoge. NET 开源框架的快速构建神经网络集成模型程序的可

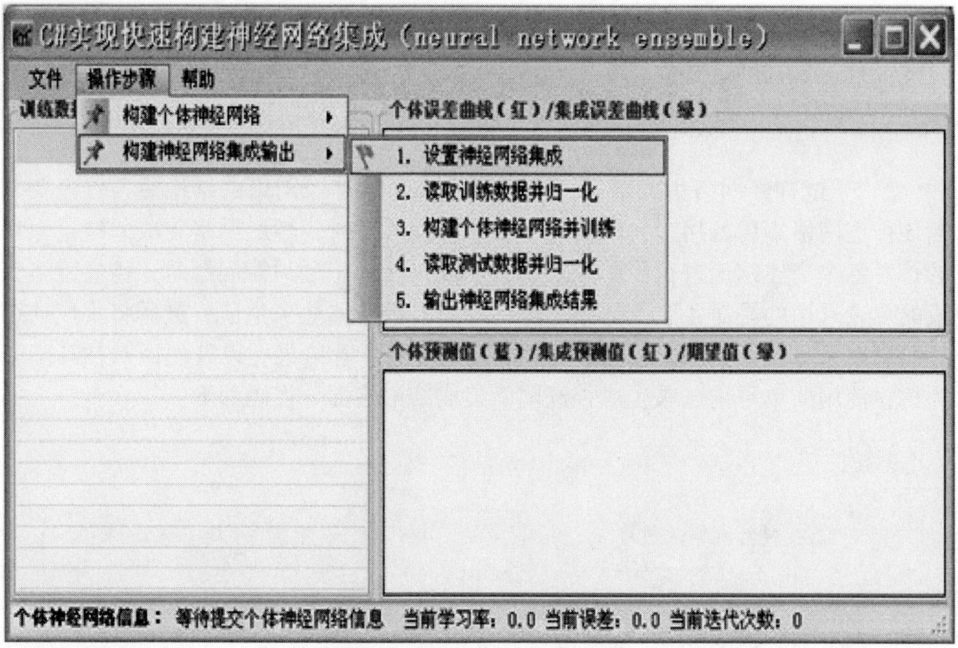

图 6-11　神经网络集成菜单

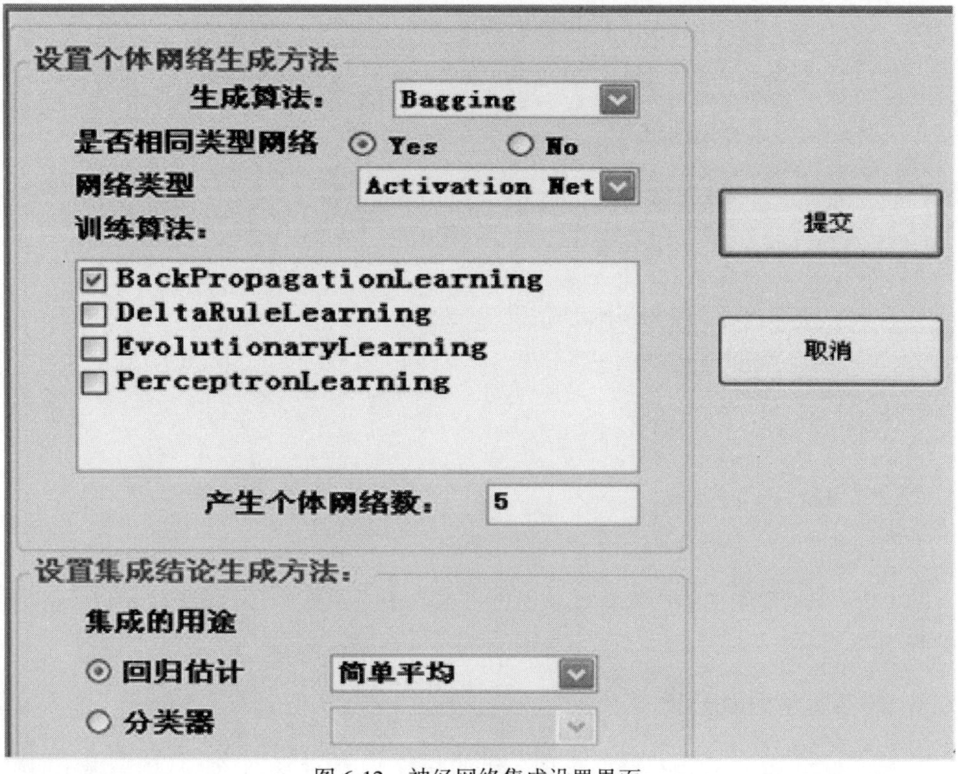

图 6-12　神经网络集成设置界面

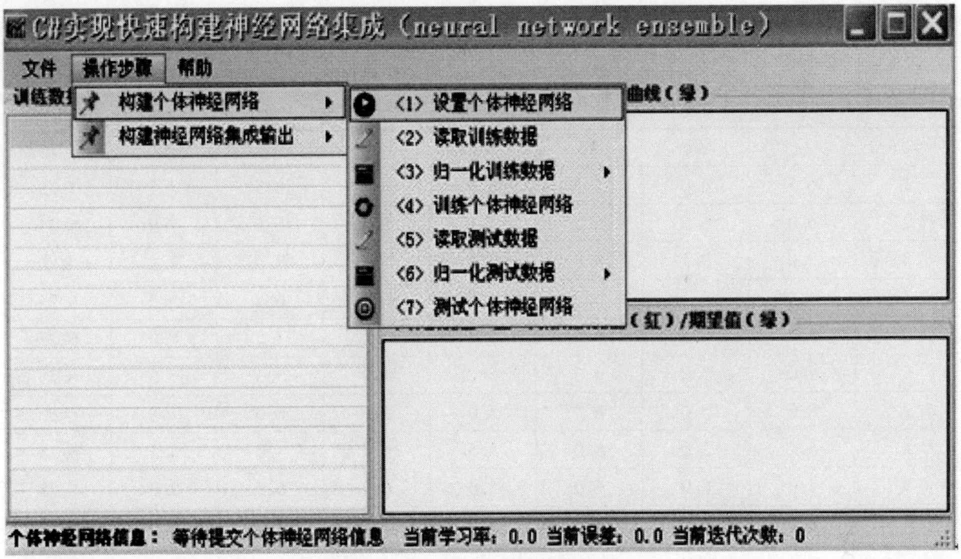

图 6-13 个体神经网络菜单

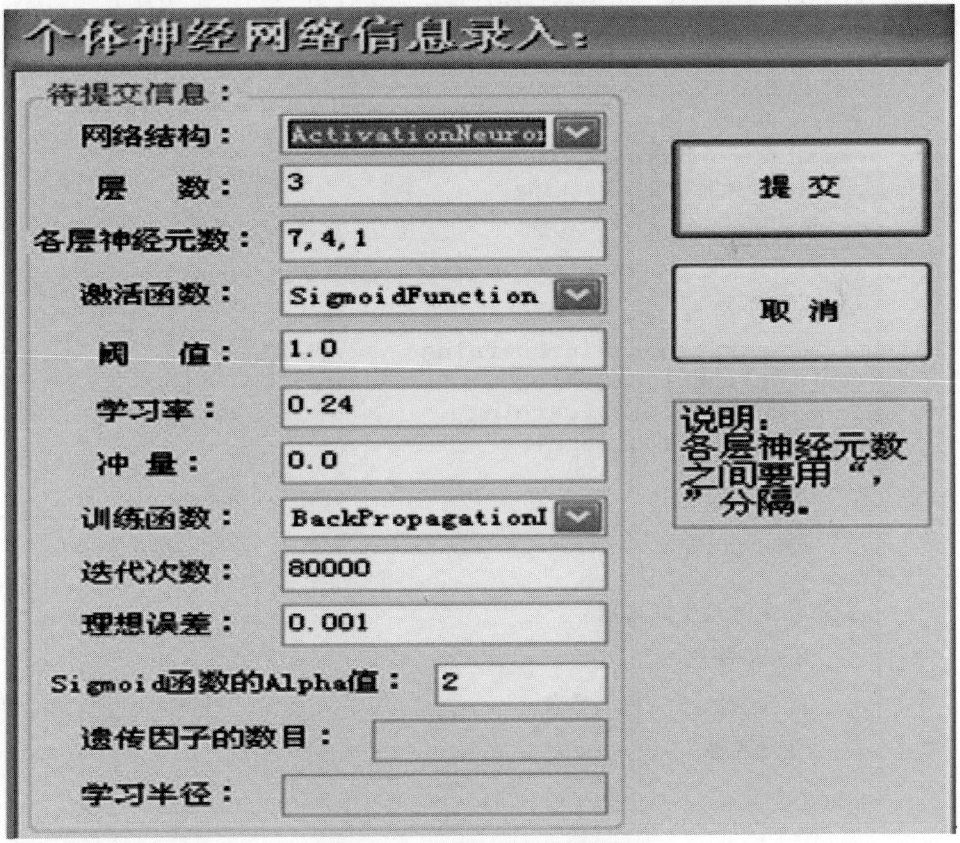

图 6-14 个体神经网络设置界面

靠性以及解决实际问题的能力，作者选用了教学评价数据作为训练和测试的样本数据集，样本数据见表 6-1。

表 6-1　教学评价样本数据

样本序号	X1	X2	X3	X4	X5	X6	X7	目标输出
1	6.5	4.0	5.5	6.0	9.0	8.5	4.5	7.25
2	6.0	6.0	6.0	7.5	5.0	6.5	7.0	6.75
3	7.0	7.5	8.0	7.0	8.5	7.0	7.5	8.5
4	4.0	4.0	3.0	4.5	5.0	6.5	5.5	6.25
5	5.0	5.5	6.5	5.0	4.0	5.5	6.0	6.25
6	7.0	3.0	6.0	5.0	4.0	5.5	6.5	6.75
7	8.0	5.0	6.0	5.0	5.5	6.0	7.0	7.5
8	6.0	5.0	8.0	5.5	4.0	4.0	4.5	6.25
9	4.0	8.0	6.0	5.0	6.0	5.0	7.0	6.75
10	5.5	4.0	4.0	3.0	2.5	4.0	6.0	6.25

首先，通过观察该样本可以发现教学评价属于回归估计问题，因此可利用神经网络集成模型进行解决，设置的具体信息如图 6-15 所示。

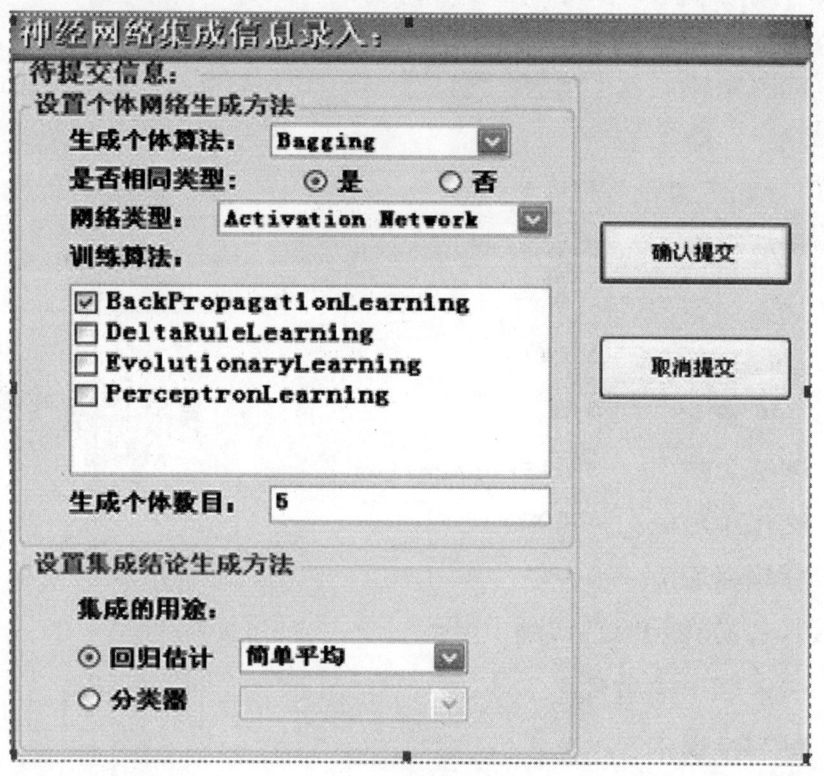

图 6-15　设置神经网络集成参数

其次，将该样本总共为 10 组，按训练样本和测试样本分成不同的子样本，分别输入到一个由 5 个 BP 神经网络组成的神经网络集成模型和一个普通的 BP 神经网络模型训练并计算，得到这两个模型输出的结论，如图 6-16、图 6-17 所示。

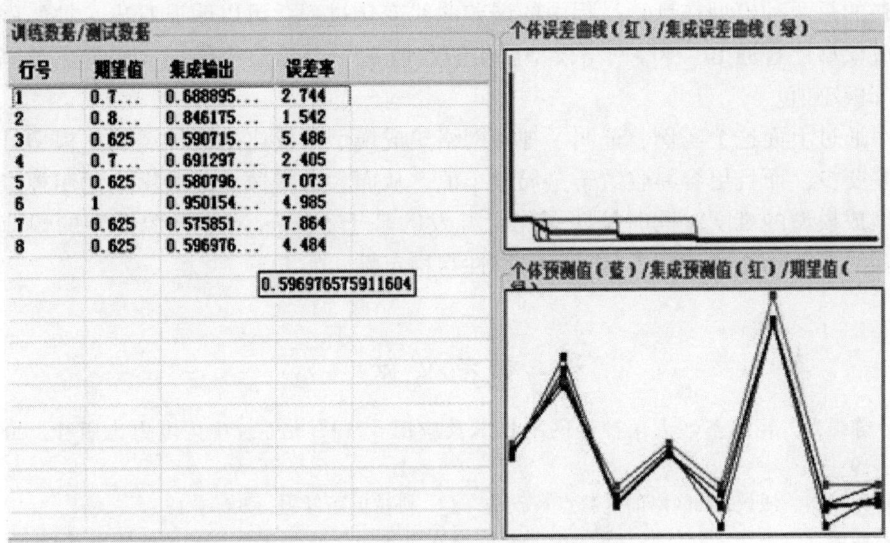

图 6-16 神经网络集成的结论生成图

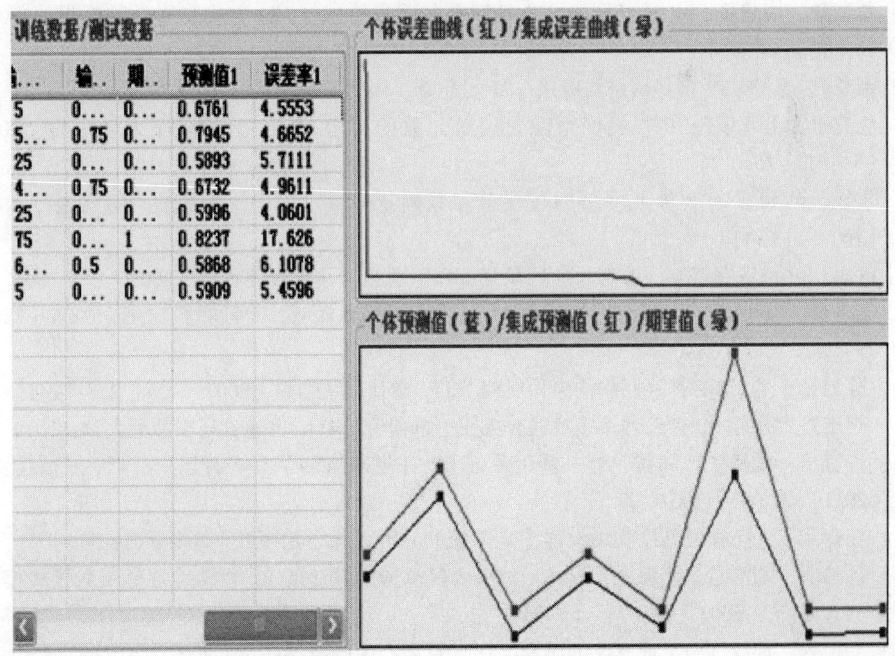

图 6-17 普通 BP 神经网络结论生成图

最后，通过观察图 6-16 和图 6-17 可以发现：(1) 左侧的误差率输出统计表明 8 组测试数据在神经网络集成模型中，计算误差普遍要小于普通 BP 神经网络模型的计算误差；(2) 右侧下方反映的是两种模型的计算结果与真实值的接近程度，明显可以看出，神经网络集成模型的输出值更接近真值；(3) 右侧上方反映的是两种模型在计算过程中的误差曲线变化过程，可以明显看出，神经网络集成模型比普通 BP 神经网络模型要更容易收敛于全局最小值，从而避免了陷入局部极小值。

通过上面这个实例，证明了神经网络集成模型不仅比个体神经网络模型计算误差要少，而且更容易收敛于全局最小值，从而大大降低了普通用户使用神经网络集成模型的难度，同时证明了作者开发的基于 AFoge. NET 开源框架的快速构建神经网络集成模型程序具有高可靠性与稳定性。

参考文献

[1] 陈祥光，裴旭东．人工神经网络技术及应用 [M]. 北京：中国电力出版社，2003：19~31.

[2] 孙一兵．浅议 BP 网络的优缺点及改进 [J]. 科技创新导报，2009：18.

[3] 闻珺，方国华，方正杰，等．BP 神经网络在洪水灾害灾情等级评价中的应用 [J]. 水利科技与经济，2007 (1)：43~45.

[4] 贺清碧，周建丽．BP 神经网络收敛性问题的改进措施 [J]. 重庆交通学院学报，2005，24 (1)：143~145.

[5] 董长虹．MATLAB 神经网络与应用 [M]. 北京：国防工业出版社，2007：1~13.

[6] 沈花玉，王兆霞，BP 神经网络隐含层单元数的确定 [J]. 天津理工大学学报，2008 (5)：13~15.

[7] 焦斌，叶明星．BP 神经网络隐藏层单元数确定方法 [J]. 上海机电学院学报，2013 (16)：113~116.

[8] 黄丽．BP 神经网络算法改进及应用研究 [D]. 重庆：重庆师范大学，2008.

[9] 文冬林，刘小军．一种快速逃离局部极小点的 BP 算法 [J]. 计算机应用，2008 (28)：25~27.

[10] 陈如云．基于 BP 神经网络的应用研究 [J]. 微计算机信息，2007 (23)：258~259.

[11] 李玉丹．并行 BP 神经网络多模式分类模型的研究 [D]. 大连：辽宁师范大学，2014.

[12] 许宜申，顾济华，陶智，等．基于改进 BP 神经网络的手写字符识别 [J]. 通信技术，2011，44 (5)：106~109.

[13] 杨建刚．人工神经网络实用教程 [M]. 杭州：浙江大学出版社，2001：41~50.

[14] 杨景明，刘舒慧，车海军，等．一种结合模拟退火算法的 BP 网络冷连轧参数预报模型 [J]. 钢铁，2008，43 (7)：55~58.

[15] 刘何秀．神经网络集成算法的研究 [D]. 青岛：中国海洋大学，2009.

[16] Kearns M. The Computational Complexity of Machine Learning [M]. Cambridge：MIT Press，1990.

[17] 沈学华，周志华．Boosting 和 Bagging 综述［J］．计算机工程与应用，2000，36（12）：31~32.

[18] 张良杰，李衍达．模糊神经网络技术的新近发展［J］．信息与控制，1995（1）：39~46.

[19] 王正群．并行学习神经网络集成方法［J］．计算机学报，2005（3）：402~408.

[20] 李祚泳，邓新民．灾情的 BP 网络评估新模型［J］．成都气象学院学报，1994（4）：19~24.

[21] 萨马拉辛荷．神经网络在应用科学和工程中的应用［M］．史晓霞，陈一民，李军治，等，译．北京：机械工业出版社，2010.

[22] 赵胜颖，高广春．基于蚁群算法的选择性神经网络集成方法［J］．浙江大学学报，2009（9）：1568~1573.

[23] Liu Y，Zou X F. From design a single neural network to designing neural network ensembles［J］. Wuhan University Journal of Natural Science，2003（18）：155~163.

[24] 关超．稳定的 Boosting 类神经网络集成新算法研究［D］．北京：北京化工大学，2011.

[25] 杨乐婵，邓松，徐建辉．基于 BP 网络的洪灾风险评价算法［J］．计算机技术与发展，2010（4）：232~234.

[26] Michelle L M，Anne M W，Anneke J. Richards. An Index of Regional Sustainability：A GIS-based multiple criteria analysis decision support system for progressing sustainability［J］. Ecological Complexity，2009，6：453~462.

[27] David M，Bart B，Tom F. Editorial survey：swarm intelligence for data mining［J］. Machine Learning，2011，82（1）：1~42.

[28] Krogh A，Vedelsby J. Neural network ensembles，cross validation，and active Learning［J］. Advances in Neural information Processing Systems，1995，12（10）：231~238.

[29] Liu X，Hu X. Fast construction of neural network ensemble based on AFORGE. NET［J］. Lecture Notes in Information Technology，2012，11（3）：110~115.

[30] Kani S A P，Ardehali M M. Very short-term wind speed prediction：a new artificial neural network-Markov chain model［J］. Energy Conversion，2011，52（1）：738~745.

7 灾损样本采集与快速评估

为了快速评估洪水淹没区的洪灾经济损失，需要首先确定洪水淹没区地类受灾损失指标，在此基础上采集灾损样本并进行数据处理，然后构建洪灾经济损失快速评估模型。

7.1 地类受灾损失指标

7.1.1 田地损失指标

（1）农作物类型。不同的农作物在遭遇洪灾后受到的伤害不一样，由此带来的经济损失也不一样，这里采集不同的农作物类型作为样本数据的来源，用来提高洪灾损失评估的精度。

（2）已种植时间。成长期的农作物在遭遇短时间内的洪灾时比幼苗期农作物抵抗能力要强，受到的损失也相对少些，这里采集不同种类农作物的已种植时间，分类统计并存储作为指标数据之一。

（3）水田所占比例。鄱阳湖区沿岸大部分地区种植单季或双季水稻，洪灾后统计出来的农作物损失值中，水稻损失占大比例，另外部分田地种植了其他农作物，所以评价鄱阳湖区农作物的损失值不能单以水稻损失评估作为唯一评估标准。但是可以将评估水稻的经济损失作为粗略估计总损失的一种方法，所以水田所占比例可以作为评价田地损失的重要因子之一。

（4）受灾面积。受灾面积作为一个最为直观的评价指标，受灾面积的大小能直接反映洪灾的影响范围、不同地类的受灾范围、洪灾的粗略持续时间等。

（5）淹没深度。土地被洪水淹没时，淹没区域的水深程度与农作物、林地、建筑物的损害程度有一定的关系，淹没地区的水深越深，植被、道路、房屋以及其他基础设施受到的损害也就越大，反之越小。

（6）淹没时间。土地被洪水淹没的时间越长，对植被造成的不可恢复损伤就越大，对建筑物、道路等基础设施的破坏力度也就越大。

（7）降雨量。降雨量可以直观地表示降雨的多少，降雨的多少直接影响水位的升高，洪水大小与降雨量成正比。

（8）经济损失值。经济损失值为衡量洪灾损失的货币指标，是对洪灾损失的最直观描述，作为样本数据 BP 神经网络训练必要的数据之一。

（9）GDP。此处的 GDP 指的是研究区域某县某年内的生产总值，作为 BP 神经网络训练样本数据的重要组成部分。

7.1.2 林地损失指标

(1) 林地类型。林地类的植被在抵御洪灾时比农作物抗灾能力要强，具体损失程度与植被的类型、植被的生长年龄及植被高度粗壮有关，不同类型的植被受灾损失也不一样，比如针叶林和阔叶林的损失就不一样。

(2) 经济林所占比例。在评估洪灾损失时，林地的亩产量作为一种重要的计量依据，单位面积的林木产量乘以林木受灾面积的值可大致视为林木的损失粗略值，作为一种参考量代入到样本数据中，将神经网络的训练结果逼近真实值。

(3) 平均树高。洪灾爆发时，林地的受灾损失一般相对比较少，比如洪水涨到一定深度，却没有浸没到树干以上的树叶时，对树木造成的经济损失几乎为零，但是洪水浸没了树叶甚至整棵树时，这时林地就有了一定的损失率，具体损失要根据林地类型、树龄、树高、水深、浸泡时间等要素进行评估。

(4) 受灾面积。无论是评估农作物、林地还是居民地，受灾面积都是作为一个最为直观的评价指标，受灾面积的大小在一定程度上反映出受灾程度。

(5) 淹没深度。研究区被洪水淹没时，对农作物、林地、建筑物的损害程度与淹没的水深有一定的关系，淹没水深越深，植被或者房屋收到的损害就越大。

(6) 淹没时间。研究区域被洪水淹没的时间越长，对林地造成的不可恢复损伤就越大，对建筑物的破坏也越大。

(7) 降雨量。降雨量可以直观地表示降雨的多少，降雨的多少直接影响水位的升高，洪水大小与降雨量成正比。

(8) 经济损失值。经济损失值为衡量洪灾损失的货币指标，是对洪灾损失的最直观描述，作为样本数据 BP 神经网络训练必要的数据之一。

(9) GDP。此处的 GDP 指的是研究区域某县某年内的生产总值。作为 BP 神经网络训练样本数据的重要组成部分。

7.1.3 建筑用地损失指标

(1) 用地类型。居民地损失主要考虑建筑用地的损失值，包括房屋的破坏程度、因洪水而耽误的工作、生产等带来的损失值。

(2) 受灾人口。受灾人口是洪灾损失评估当中重要的一个评价指标，人是创造经济价值的载体，受灾人口的多少、甚至人口的死亡等直接影响经济损失的多少。

(3) 房屋所占比例。洪灾时有人居住并生活生产的房屋遭受洪灾后损失巨大，它是建筑用地中主要的损失对象。

（4）受灾面积。无论是评估农作物、林地还是居民地，受灾面积都是作为一个最为直观的评价指标，受灾面积的大小在一定程度上反映了受灾程度。

（5）淹没深度。研究区被洪水淹没时，对农作物、林地、建筑物的损害程度与淹没的水深有一定的关系，淹没水深越深，植被或者房屋受到的损害就越大。

（6）淹没时间。研究区域被洪水淹没的时间越长，对植被造成的不可恢复损伤就越大，对建筑物的破坏也越大。

（7）降雨量。降雨量可以直观地表示降雨的多少，降雨的多少直接影响水位的升高，洪水大小与降雨量成正比。

（8）经济损失值。经济损失值为衡量洪灾损失的货币指标，是对洪灾损失的最直观描述，作为样本数据 BP 神经网络训练必要的数据之一。

（9）GDP。此处的 GDP 指的是研究区域某县某年内的生产总值，作为 BP 神经网络训练样本数据的重要组成部分。

7.1.4　其他损失指标

除了以上几种地类损失外，在实际洪水暴发中，道路、电力设施、牧渔业等都会因洪水的冲刷、浸泡、腐蚀等受到不同程度的损失。比如因洪灾引起的山体滑坡挤压、掩埋、冲垮了道路，此类数据的采集需要经过实地勘察，统计归类，并在相关部门的支持下获取。

7.2　灾损样本采集与数据处理

上文针对地类损失指标进行了划分，从每种地类的不同指标分析其对洪灾损失结果的影响能力，下面将对这些指标数据进行采集和数据处理，为构造样本数据库做准备。

7.2.1　样本测试数据采集

样本测试数据指的是在利用 BP 神经网络对样本数据进行大量学习训练之后，需要针对神经网络进行测试的数据，它是整个洪灾损失评估的关键点之一，把握样本测试数据的现势性和真实性是对整个评估结果准确性的有力保证，使用合理的方法采集样本数据至关重要。

7.2.1.1　洪灾面积遥感影像解译

作者研究区域内的遥感数据主要来自环境与灾害监测预报小卫星星座 A、B 星（HJ-1A/1B 星），此类卫星分辨率地面像元分辨率为 30m，下载好洪灾前影像和洪灾中（峰值）影像，使用遥感方法进行校正、剪裁，并使用特定算法将影像进行分类解译提取出来，得到洪灾前的水域面、洪灾前的地类面、洪灾中的水域面等矢量数据。其洪灾面积快速提取详见第 4 章洪灾面积的多源遥感快速提取。

7.2.1.2 研究区实地数据采集

采集范围：鄱阳湖区某县。

采集数据类型：农作物类型、林地类型、用地类型、水田所占比例、经济林所占比例、农作物种植时间、树高等。

采集方式：实地勘测、发调查表，表 7-1~表 7-4 为部分数据调查表。

表 7-1 田地损失数据调查样表

采集区域编码	水田所占比例/%	种植时间/天	采集面积/亩	受灾面积/亩					
T1									
T2									
T3									
T4									
T5									
T6									
T7									
T8									

表 7-2 林地损失数据调查样表

采集区域编码	经济林所占比例/%	树高/cm	受灾面积/亩						
L1									
L2									
L3									
L4									
L5									
L6									
L7									
L8									

表 7-3　建筑用地损失数据调查样表

采集区域编码	房屋所占比例/%	受灾人口/人							
J1									
J2									
J3									
J4									
J5									
J6									
J7									
J8									

表 7-4　其他损失数据调查样表

采集区域编码	道路/万元	电力设施/万元	牧渔业/万元						
Q1									
Q2									
Q3									
Q4									
Q5									
Q6									
Q7									
Q8									

7.2.2　淹没区域格网图元处理

经过遥感影像分类提取并转化而来的淹没区域以及淹没前区域均为面状要素，这些面状要素还需要进一步的加工处理，比如去除高地的面状要素，也就是实际中不可能被洪水淹没的高海拔区域。最终目的是统计这些面状要素的面积以及这些淹没区域的高程值，这里使用空间信息格网技术来实现。使用空间信息格网能够将淹没区域进行格网划分，在对这些格网区域进行高程赋值后，设定阈值、判定海拔高于阈值都属于高程杂点，应当去掉。

7.2.2.1　淹没区域格网提取高程

A　DEM 校正

这里使用已矫正过的遥感影像对获取的 DEM 数据进行校正。首先把遥感影像和 DEM 使用 ENVI 同时打开，再使用 Image to Image 校正方式对 DEM 进行校正。这里对 DEM 进行校正目的是以 DEM 为模板生成的格网数据大小、范围、坐标系必须和研究区域的数据保持一致。

B 格网图元生成

格网图元指的是用来与淹没区域进行叠加分析并由等大小的网格图元组成的图层，实质上就是一个面状图层。目的在于提取 DEM 数据中的高程数据、淹没面积的统计以及平均海拔数据的计算。这里需要生成两种格网数据，一种是点状的格网数据，用来对 DEM 中的高程数据进行提取；另一种是面状的格网数据，用来与淹没区域进行叠加以及后面淹没面积提取等操作。

C 高程提取

准备好一份研究区域的 DEM 数据以及一副与 DEM 等大小，等坐标系下的矢量格网点数据，这里需要根据 DEM 的数据进行合理的设置生成格网的参数，如格网的大小、格网需要生成的行数和列数、格网参考模板等。如 DEM 的分辨率是 30m×30m，那么生成的格网大小就要满足 30m×30m 的要求。

使用 ArcGIS Engine 开发调用 GP 服务 Extract Values to Points 功能来实现 DEM 中高程数据到点状格网数据的提取，这样就会生成一副带有高程数据的矢量格网点数据，也就是 DEM 中的高程数据被提取到每一个格网里面去。

7.2.2.2 淹没区域格网提取水深

在实际洪水来临后，农田作物、林木、道路设施等在洪水的浸泡中有不同程度的损伤，其中洪水的深度对这些损伤有直接的联系，淹没深度越高，农林作物在水下浸泡的程度就大，叶片在洪水过后黏附的淤泥等杂物就更多，植被得到有氧呼吸的程度就小，经过一定时间的浸泡后，会导致农作物的损坏甚至死亡，从而造成农林作物的损失。

针对淹没深度的提取是本书研究的要点之一，首先对下载好的 DEM 数据进行配准校正、剪裁；其次使用编程实现空间信息格网点对 DEM 的高程提取；然后使用带高程的空间信息格网点与不带高程的空间信息格网面进行空间融合，得到带有高程的空间信息格网面；最后利用已知的水位数据减去高程就能得到每一个格网的水深。具体提取水深步骤如图 7-1 所示。

7.2.2.3 淹没区域格网提取面积

A 淹没前区域提取

发生洪灾后，植被要么被洪水冲垮，要么被洪水长时间浸泡死亡，要么只少掉少数的树叶，枝干受洪水淹没影响较小。这些变化和淹没前是有很大区别的，具体表现在遥感影像上的差别，使用分类处理方法将淹没的区域提取出来。另外洪灾发生前（淹没前）的遥感图像也是本系统的数据来源之一，主要被用来分类提取淹没前的田地、林地、建筑用地等区域，分类提取后，将数据导出为矢量数据，方便设计开发出来的 GIS 平台对这些数据进行空间分析。

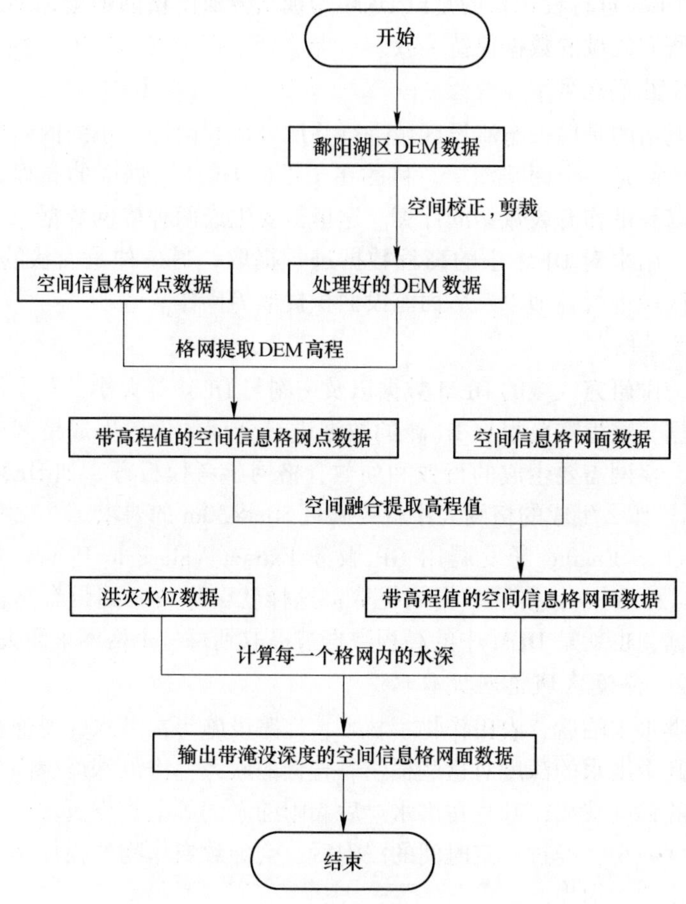

图 7-1　DEM 高程数据提取过程图

B　格网淹没区域生成

不同高度的区域在洪灾发生时浸泡的水压、时间不一样，这里将地形因子考虑进来，在 30m×30m 的规格下提取一个高程值，有助于对洪灾造成的经济损失进行更准确的评估。另外这里的格网图元指的是将淹没区域与带有高程值的格网图层进行叠加分析，将淹没区域划分成等大小的方格，每个格子的面积大小相同，里面的高程值却不尽相同，这样就得到了一副具有高低起伏的格网淹没区域。

C　格网淹没区域面积提取

通常情况下，洪灾淹没的地类区域，有经济价值较高的田地，有损失率不高的林地，也有建筑用地等，这些都是评估洪灾的重要损失指标。这里使用洪灾前的遥感图像提取出洪灾前的真实地类环境，比如提取田地、林地、建筑用地等淹没前区域。

通过使用格网淹没区域与淹没前区域的叠加分析，就能得到不同淹没区域的真实受灾面积，以及它们的高程分布。这样测试数据里的影响因子数据就完全计算好了，并将它们存入数据库中，和其他数据一块，构建样本数据库，以供BP神经网络对其进行训练，对洪灾损失进行评估。

D　高程杂点去除

由于受遥感图像分类精度的限制，生成的矢量数据存在一定的偏差，导致格网受灾区域分析后得到的数据还有大量高程杂点，设计开发一种工具根据实际情况设定高程限定值，对这类格网图元进行高程杂点清除。

7.2.3　统计数据采集与处理

这里的统计数据指的是从研究区域辖区管理部门以及当地统计年鉴中获取的最新的统计数据，包括研究区的历史洪灾信息、水位信息、气象数据、人口数据、社会经济、社会地理数据等，下面介绍这些统计数据的采集和数据处理。

7.2.3.1　水文数据采集

某县历年水文数据是从某县水利局收集得到，某县近十年水文站所记录的水文信息见表7-5。

表7-5　某县近十年水文数据表

年份	年降雨总量/mm	年平均降雨量/mm	年最低水位/m	年最高水位/m	年平均水位/m
2001	1194.2	99.52	10.03	16.89	13.46
2002	1776.2	148.02	8.52	20.6	14.56
2003	1533.1	127.76	8.85	19.16	13.85
2004	1271.8	105.98	8.72	16.48	12.64
2005	1458.2	121.51	9.47	17.34	13.72
2006	1228.8	102.4	9.1	16.67	12.11
2007	992.7	82.7	8.18	18.15	11.47
2008	1408.5	117.38	8.05	17.46	12.63
2009	982.9	81.9	7.99	16.9	12.45
2010	1863	155.25	8.15	20.2	14.18

7.2.3.2　人口数据及GDP数据采集

该数据主要是从《江西统计年鉴》及民政、公安、国土等相关部门中收集得到，2010年某县各乡镇经济统计数据信息见表7-6。

表 7-6　2010 年某县各乡镇经济统计数据

行政区	人口数	人口密度 /人 · km^{-2}	第一产业产值 /亿元	第二产业产值 /亿元	第三产业产值 /亿元	土地面积 /km^2	GD/亿元
第 1 镇	103622	1499. 6	0. 333945	1. 636752	1. 598079	69. 1	5. 70913
第 2 镇	55794	404. 9	0. 665957	0. 881289	0. 860466	137. 8	3. 074011
第 3 镇	47777	418. 0	0. 552386	0. 754657	0. 736826	114. 3	2. 632309
第 1 乡	46580	271. 0	0. 830754	0. 73575	0. 718366	171. 9	2. 566359
第 4 镇	37053	628. 0	0. 285134	0. 585267	0. 571439	59	2. 041462
第 2 乡	34398	624. 3	0. 266286	0. 54333	0. 530493	55. 1	1. 895183
第 5 镇	33779	632. 6	0. 25807	0. 533553	0. 520946	53. 4	1. 861079
第 6 镇	33404	348. 0	0. 463947	0. 52763	0. 515163	96	1. 840418
第 7 镇	33070	633. 5	0. 252271	0. 522354	0. 510012	52. 2	1. 822016
第 8 镇	31315	670. 6	0. 225691	0. 494633	0. 482946	46. 7	1. 725323
第 3 乡	31207	631. 7	0. 238739	0. 492927	0. 48128	49. 4	1. 719373
第 4 乡	29960	881. 2	0. 164314	0. 47323	0. 462049	34	1. 650668
第 5 乡	29695	441. 9	0. 324763	0. 469045	0. 457962	67. 2	1. 636068
第 6 乡	27052	659. 8	0. 198144	0. 427297	0. 417201	41	1. 49045
第 7 乡	26863	399. 2	0. 325246	0. 424312	0. 414286	67. 3	1. 480037
第 9 镇	25304	377. 7	0. 323796	0. 399687	0. 390243	67	1. 394142
第 10 镇	24393	280. 4	0. 420452	0. 385297	0. 376194	87	1. 34395
第 8 乡	24252	354. 0	0. 331045	0. 38307	0. 374019	68. 5	1. 336182
第 9 乡	23886	261. 9	0. 440749	0. 377289	0. 368375	91. 2	1. 316017
第 11 镇	23643	606. 2	0. 188478	0. 373451	0. 364627	39	1. 302628
第 12 镇	23378	461. 1	0. 245022	0. 369265	0. 36054	50. 7	1. 288028
第 10 乡	19509	350. 3	0. 269186	0. 308153	0. 300872	55. 7	1. 074863
第 11 乡	19066	164. 4	0. 560602	0. 301155	0. 29404	116	1. 050455
第 12 乡	16780	344. 6	0. 235356	0. 265047	0. 258784	48. 7	0. 924506
其他	14913	16. 0	4. 500766	0. 235557	0. 229991	931. 3	0. 821643
合计	816693	305. 9	12. 9011	19. 5	12. 5952	2669. 5	44. 99

7. 2. 3. 3　社会经济统计数据处理

社会经济统计数据库主要是对社会经济调查资料、历史洪灾损失资料以及洪灾防御技术档案等数据信息进行存储和管理，由于社会经济统计数据中没有包含空间信息或特征的数据描述，因此社会经济统计数据库实质上是一个属性数据库。社会经济统计数据库具体包含人口数量、农作物产值、人均 GDP 以及个人与集体的固定资产等数据信息，这些数据的存储方式主要有电子文档和纸质文本两种。图 7-2 所示为社会经济统计数据库构建模型图。

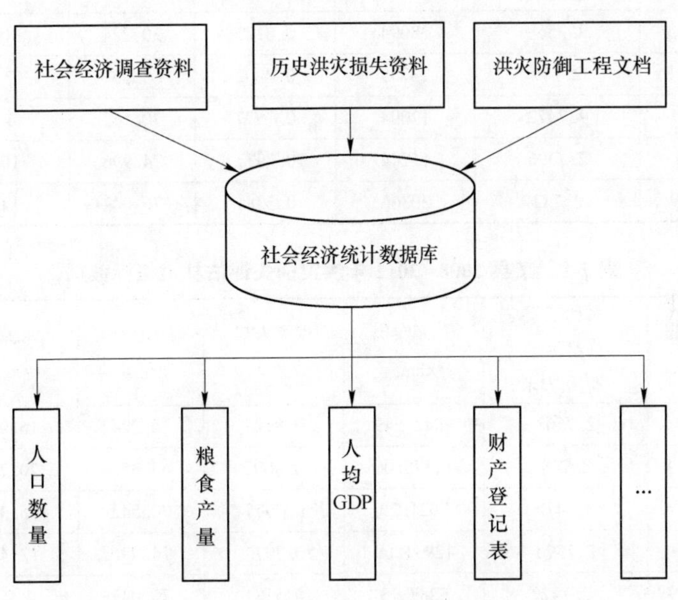

图 7-2 社会经济统计数据库构建模型图

在应用灾损快速评估模型对某县进行洪灾损失评估之前，需要将评估所需的历年水文数据、遥感图像数据、地理空间数据以及社会统计数据收集完整，通过对这些原始数据的分类整理、数据预处理、矢量化和因子提取等处理，最终与之前在鄱阳湖区实地采集的数据一起整理得到用于评估计算的样本数据。

7.2.3.4 水利工程设施现状统计

据统计，某县境内共有圩堤 89 座，其中占地面积在万亩以上的有 6 座，在千亩以上的有 21 座，在百亩以上的有 62 座，所有圩堤总堤长达 93.5km；共有中小型水库 258 座，其中大港水库、长垅水库和张玲水库为中型水库，小（一）型水库有 34 座，小（二）型水库有 221 座；共有塘、堰、坝等小型水利工程 10822 座。某县水利工程设施总蓄水量达 2.742 亿立方米，其中所有水库的总库容量为 2.052 亿立方米。

7.2.3.5 研究区洪灾损失评估指标统计数据

该数据是通过对某县历年洪灾信息的统计分析以及整理得到，作为对某县

2013 年洪灾所造成的损失进行评估计算的数据来源，某县 2008～2012 年洪灾损失评估指标数据见表 7-7～表 7-9。

表 7-7　某县 2008～2012 年洪灾损失评估田地指标数据

年份	降雨量/mm	水利工程总蓄洪量/亿立方米	受灾面积/hm^2	受灾人口/万人	GDP/亿元	水深/m	直接经济损失值/万元
2008	1458. 1	2. 7568	38094	0. 8121	30. 224	10	5714. 1
2009	1228. 8	2. 749	23735	0. 8002	63. 352	7	3560. 25
2010	992. 7	2. 7472	12094	0. 7977	70. 542	5	1814. 1
2011	1863	2. 7396	11244	0. 7977	74. 996	10	1686. 6
2012	982. 9	2. 742	30366	0. 5381	76. 042	14	9054. 9

表 7-8　某县 2008～2012 年洪灾损失评估林地指标数据

年份	降雨量/mm	水利工程总蓄洪量/亿立方米	受灾面积/hm^2	受灾人口/万人	GDP/亿元	水深/m	直接经济损失值/万元
2008	1458. 1	2. 7568	9042. 549	0. 8121	30. 224	16. 9	4913. 89
2009	1228. 8	2. 749	11575. 06	0. 8002	63. 352	20. 2	6600. 09
2010	992. 7	2. 7472	7921. 23	0. 7977	70. 542	15. 3	3097. 73
2011	1863	2. 7396	12931. 09	0. 7977	74. 996	12. 4	6033. 23
2012	982. 9	2. 742	6287. 13	0. 5381	76. 042	4. 2	3298. 45

表 7-9　某县 2008～2012 年洪灾损失评估居民地指标数据

年份	降雨量/mm	水利工程总蓄洪量/亿立方米	受灾面积/hm^2	受灾人口/万人	GDP/亿元	水深/m	直接经济损失值/万元
2008	1458. 1	2. 7568	9042. 549	0. 8121	30. 224	16. 9	4913. 89
2009	1228. 8	2. 749	11575. 06	0. 8002	63. 352	20. 2	6600. 09
2010	992. 7	2. 7472	6980. 67	0. 7977	70. 542	12	4298. 29
2011	1863	2. 7396	1248. 72	0. 7977	74. 996	8	8921. 23
2012	982. 9	2. 742	5870. 32	0. 5381	76. 042	4	3200. 49

7.3　数据处理流程

上文对洪灾损失评估所需的数据进行了采集与整理工作，这些工作目的在于为后面的洪灾损失评估做基础，为构建两大样本数据库提供数据源。图 7-3 所示是本书所涉及的数据处理流程。

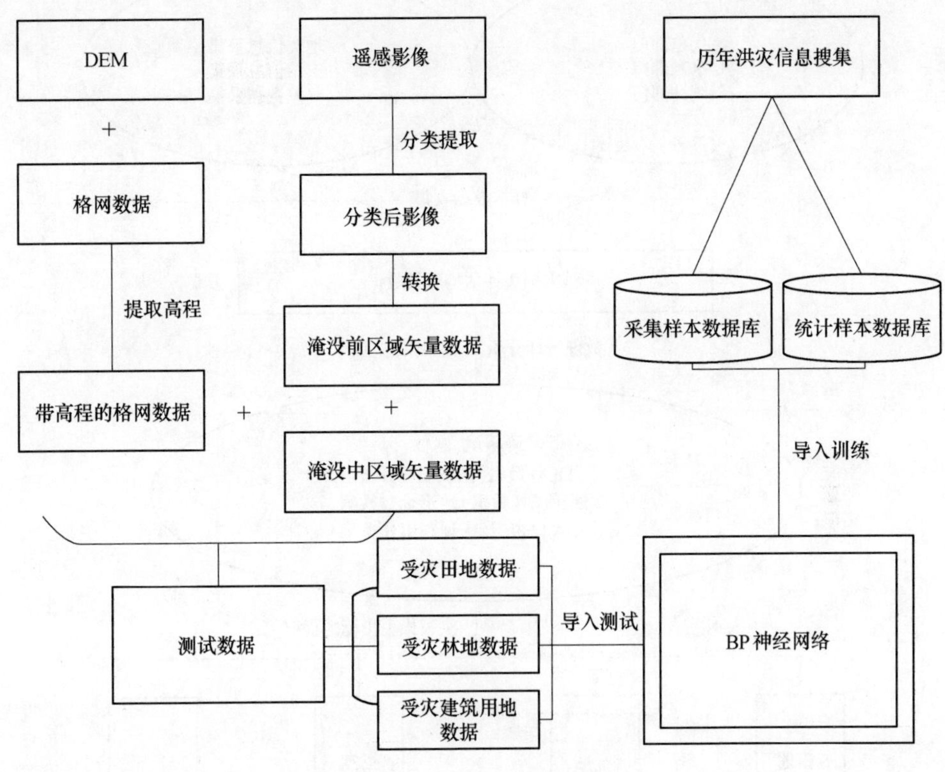

图 7-3 数据处理流程图

7.4 灾损快速评估模型构建

为达到对淹没区域洪灾损失进行快速评估的目的，作者将空间信息格网与改进的 BP 神经网络结合起来应用到洪灾损失快速评估中，实现了原始数据的获取、影响因子的提取、两大样本数据库的构建和改进的 BP 神经网络训练以及洪灾损失的快速评估。图 7-4 所示为洪灾损失快速评估模型结构图，它包括洪灾评估原始数据的收集、评估影响因子的提取、样本数据库的构建以及模型对样本数据进行训练学习等构建过程。

（1）洪灾评估原始数据的收集。洪灾评估的原始数据主要来自三方面：遥感影像数据、实地勘察采集数据、相关部门统计数据。本书使用多源融合技术将不同分辨率，不同来源的遥感影像融合在一起提取了所需要的受灾面。基于对数据真实性的考虑，作者到研究区域进行了实地勘察，并采集了受灾数据，包括田地、林地、建筑用地等，采集它们的受灾面积、受灾程度、农作物类型、淹没深度、时间等信息；另外从气象部门、统计部门和遥感信息中心等部门和单位获取

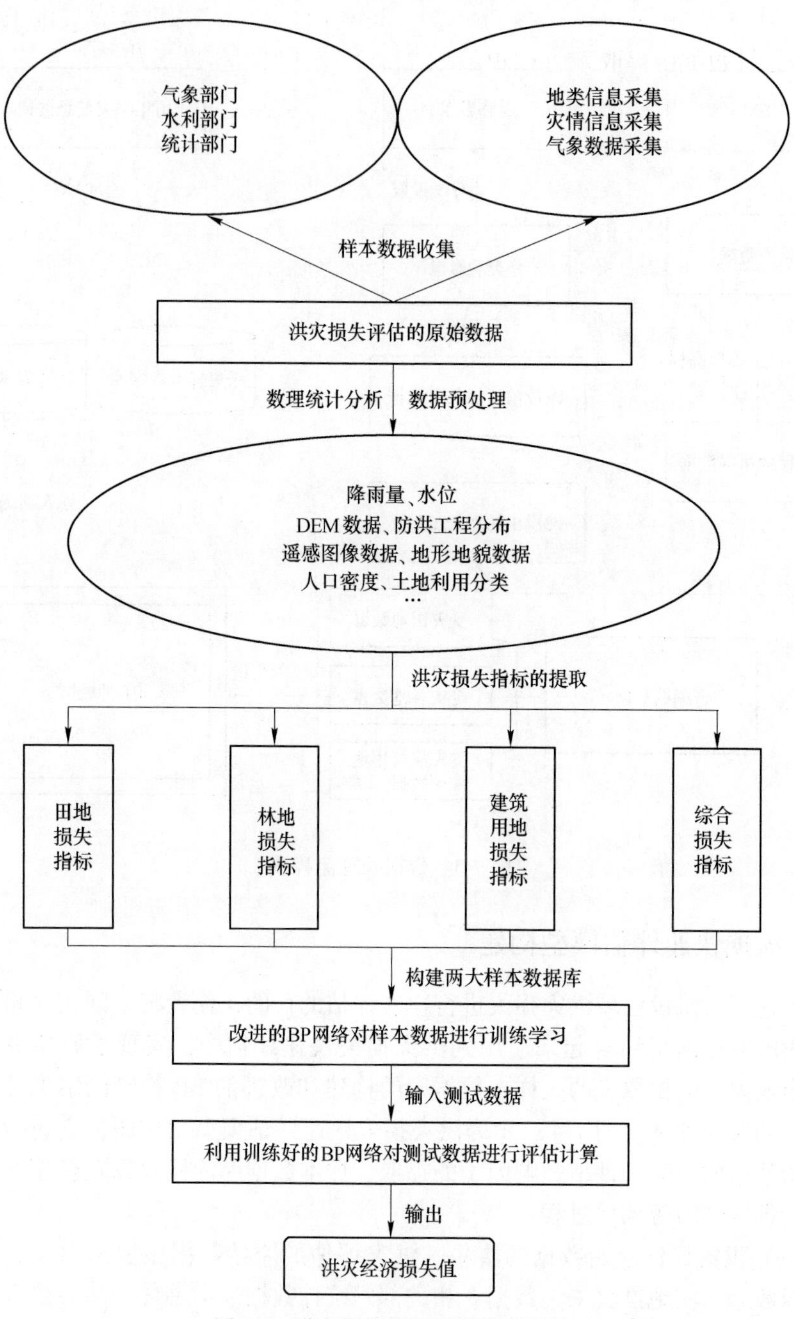

图 7-4　洪灾损失快速评估模型结构

了研究区在洪灾期间的降雨信息、社会经济状况以及防洪状况等洪灾评估的原始数据，并进行了分类整理与数据处理。

（2）洪灾评估影响因子的提取。根据所获取到的原始数据，应用数理统计分析方法从降雨信息中提取出降雨量、降雨历时以及洪水深度等致灾因子；从社会经济统计数据中提取人均 GDP 和农作物产值；然后借助遥感影像数据和 DEM 数据获取了灾区防洪能力因子和地形条件因子。针对不同地类，不同遥感分类提取方法在原始数据中提取了样本数据，如提取灾前/灾中的受灾水区域、灾前各地类区域、损失指标数据，另外还使用空间信息格网提取高程数据等。

(3) 样本数据库的构建。采集样本数据库和统计样本数据库，构建两大样本数据库。两大样本数据库的构建为 BP 神经网络训练提供了更合理的样本数据，通过分别训练两个不同样本数据库中的同一类型样本数据，对比测试并评估各地类损失值以及误差值，选择更准确的样本数据库作为该 BP 神经网络的基准样本数据库，为之后的地类样本数据的训练提供数据参考。

(4) 模型对样本数据进行训练学习过程。将洪灾损失评估的各影响因子作为评估模型的样本输入，当确定模型中各层神经网络的参数后，就可对两大样本数据进行训练学习了。采用了单隐含层 BP 神经网络结构，评估模型具体的评估计算步骤为：

1）以统计样本数据库为例，将洪灾损失评估的主要影响因子数据作为评估模型神经网络输入层的输入数据，该输入可用模型 $U=(u_1, u_2, u_3, u_4, u_5, u_6)$ 来表示，其中 u_1 代表降雨量；u_2 代表水利工程总蓄洪量；u_3 代表受灾面积；u_4 代表受灾人口；u_5 代表研究区国民生产总值 GDP；u_6 代表水深。而输入层与中间层的连接权值用 w_{ij} 表示，而中间层与输出层的连接权值则可以用 ν_{jk} 来表示。

2）将洪灾损失评估各因子权重分配给输入的因子数据，然后对输入的因子数据进行归一化处理，再将归一化后的洪灾影响因子数据作为输入样本数据输入到改进的 BP 神经网络的输入层神经元，然后开始网络模型的训练学习。

3）经过改进的 BP 神经网络对样本数据的训练学习，确定了新的连接权值 w'_{ij} 和 ν'_{jk}，然后利用新的权值对测试数据进行评估计算，并由模型神经网络的输出层输出洪灾损失值。

7.5 评估模型应用并验证

本节首先描述灾损样本数据库的构建，然后利用灾损快速评估模型对两大样本数据进行训练，最后利用评估模型对某县某年的洪灾灾后经济损失进行评估计算并验证精度。

7.5.1 灾损样本数据准备

灾损样本数据准备指的是为 BP 神经网络训练所需的数据准备，针对 BP 神经网络独特的结构对样本数据库进行设计和存储。首先在 SQL Server 数据库中，设计好数据库的结构，建立存储样本数据的数据表；其次针对每张数据表进行字段的设计；最后在数据表中存入相应的样本数据即可。

(1) 在 SQL Server 数据库中设计两大样本数据库，采集样本数据库和统计样本数据库，其中采集样本数据库是实地采集数据中整理出来的，分别以采集受灾田地、采集受灾林地、采集受灾建筑用地三张表格进行存储，并相应地设计好测试数据表，如采集田地受灾测试表、采集林地受灾测试表、采集建筑用地受灾测试表。而统计样本数据库则是由统计相关部门提供的数据整理而来，同样分别以统计受灾田地、统计受灾林地、统计受灾建筑用地进行设计和存储，如同采集样本数据库一样设计好相应的测试数据表。

(2) 设计好各数据表后，对每张表中的字段进行设计，虽然采集样本数据库中的地类数据表和统计样本数据库中的地类数据表都有田地、林地、建筑用地三种地类，但是不同样本数据库中的受灾地类数据表的字段和相应的字段值是不一样的。

(3) 数据表的数据存储包括手动输入和系统计算导入两部分。其中除了测试数据表之外，其他的样本数据都是手动输入，形成一个庞大的样本数据库。而测试数据表中的数据则是最新的数据更新结果，比如提取自遥感图像的地类受灾面积，提取来自 DEM 和水位数据的水深等，这些都是快速评估系统计算导入测试数据表中，作为针对一次洪灾损失实时评估的有力数据支撑。

灾损样本数据指的是直接用于改进的神经网络的数据，以一条一条数据的形式存于数据库中，由于不同受灾地类的损失指标是不一样的，那么对应的灾损样本数据中的数据条也是不一样的，比如评估田地损失要考虑种植时间和水田所占比例，评估林地损失要考虑树高和经济林所占比例，建筑用地考虑的是受灾人口和房屋所占比例。

另外每种地类还要考虑一些综合损失指标，结合这些指标一起存入数据库中，图 7-5 所示为统计样本数据库中统计田地受灾数据表。

	areaSum	heightPer	rainfall	voluminous	population	gdp	loss
▸	38094	10	1458.1	2.7568	0.8121	70.224	5714.1
	23735	7	1228.8	2.749	0.8002	63.352	3560.25
	12094	5	992.7	2.7472	0.7977	50.542	1814.1
	11244	10	1863	2.7396	0.7977	44.996	1686.6
	60366	14	982.9	2.742	0.5381	36.042	9054.9

图 7-5　统计样本数据库中统计田地受灾数据表

7.5.2　灾损样本数据模型训练

本评估方法采用先分样本数据库，再分地类对样本数据进行训练，最终得到洪灾损失评估值。具体样本数据训练流程如图 7-6 所示。

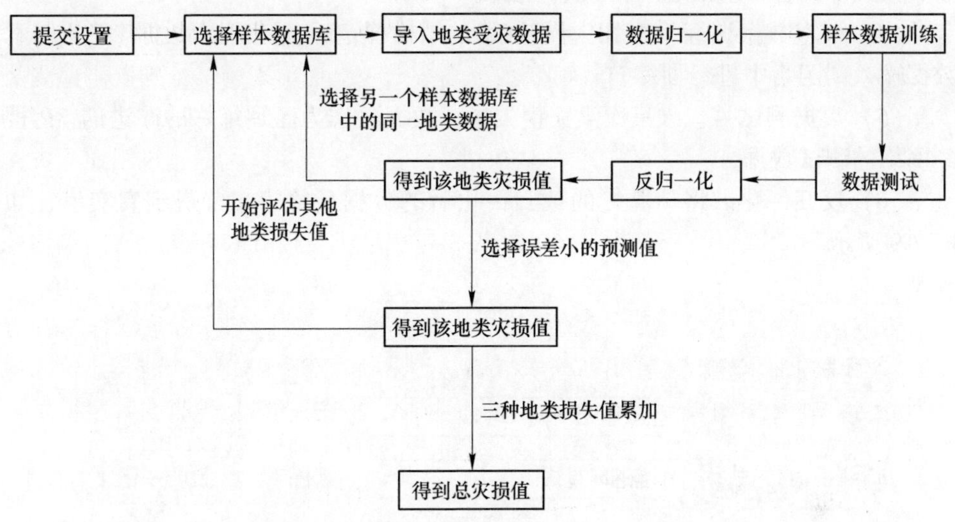

图 7-6 BP 神经网络中样本数据训练流程

(1) 提交设置。在对样本数据进行训练之前，要先设置好 BP 神经网络构建的参数，如图 7-7 所示。

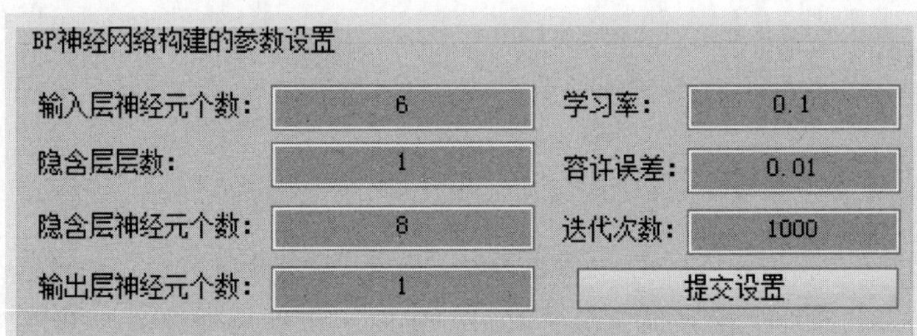

图 7-7 参数设置

(2) 选择样本数据库并导入地类受灾数据，如图 7-8 所示。

图 7-8 样本数据库选择

(3) 数据归一化。在充分认识各因子对洪灾经济损失评估的影响基础上，借助模糊集和粗糙集的理论知识，利用模糊聚类分析法和归一化数据处理方法对洪灾损失评估各影响因子进行权重的分配。

(4) 样本数据训练。当 BP 神经网络的结构确定后，就可以将准备好的样本数据输入到网络中进行训练。

(5) 数据测试。代入一次洪灾损失指标数据，作为已训练好的改进的 BP 神经网络的测试数据。

(6) 反归一化。将计算好的被归一化后的数据反算出来，得到真实值，如图 7-9 所示。

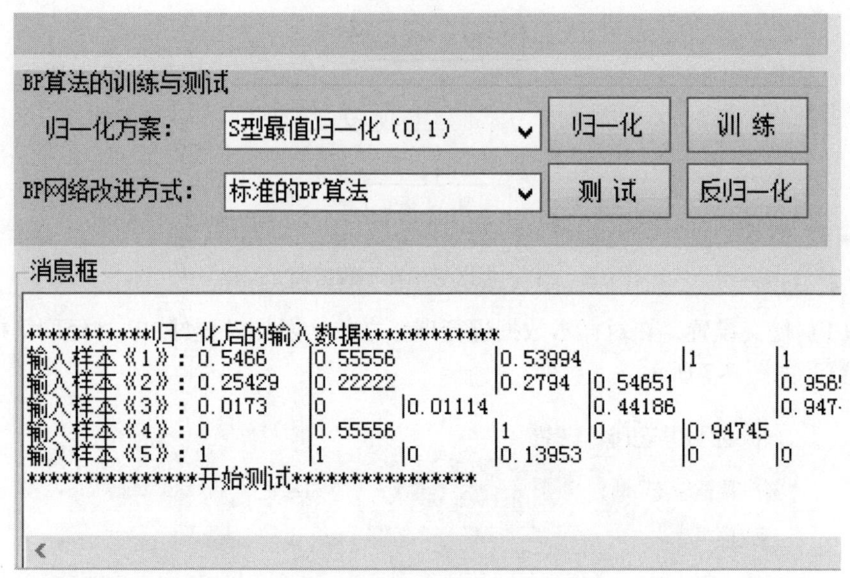

图 7-9　归一化方案和 BP 神经网络改进方式选择

(7) 得到该地类受灾损失值。反归一化后，将各地类的损失值累加得到总的洪灾损失值。

7.5.3 测试并验证精度

测试与验证精度的步骤如下：

(1) 提交设置并导入采集样本数据库中的地类数据（如田地）之后，对归一化后的样本数据进行训练，并经过测试数据的测试以及反归一化得到真实值。这样就得到采集样本数据库中一种地类受灾损失结果及相应的评估误差。

(2) 重复上面的步骤，选用统计样本数据库中的相同的地类数据（如田地）进行归一化、训练、测试及反归一化，最终得到该地类的受灾损失结果及相应的评估误差。

(3) 比较以上两次的评估结果及评估误差。这里比较的不是两次评估结果的大小，而是在不同样本数据的支撑下，改进型的 BP 神经网络的训练结果。主要比较该评估模型的评估误差，评估误差小的那个样本数据库将作为之后评估最终总研究区洪灾损失的样本数据库。

（4）将以上比较得来的样本数据库代入进行训练，再将得到的 BP 神经网络对测试数据进行测试计算得到该测试数据的损失值，反归一化得到真实值。

8 洪灾损失快速评估系统

本章在综合空间信息格网与改进的 BP 神经网络两种技术基础上对洪灾损失进行快速评估，旨在利用空间信息格网在数据提取方面的优势以及改进的 BP 神经网络训练的准确性来提高洪灾损失评估效率及评估精度，从而为快速评估洪灾损失构建平台。即主要开发基于空间信息格网和 BP 神经网络的洪灾损失快速评估系统，包括系统需求分析，系统设计与开发，并以鄱阳湖区某县为例，对洪灾损失评估进行实际应用并完善。

8.1 系统需求分析

8.1.1 系统安全性

系统的安全性是保证系统稳定运行的重要因素，所以作为洪灾损失快速评估系统必须重视系统的安全性，而基于 C/S（客户机/服务器）和 B/S（浏览器/服务器）混合结构开发的系统，安全性显得更加重要。系统的安全性主要体现在可以登录到服务器的用户、用户可以操作的管理任务、用户可以访问的数据库、数据库对象及其他方面的一些管理任务。

(1) 系统访问的安全性。对于系统访问的安全性，洪灾损失快速评估系统具有：对人员密码进行不对称加密；存储 MD5 值；人员不同权限登录不同的系统模块；不同人员具有不同地图和业务访问权限；能够将登录和退出系统等一些动作写入日志记录即日志管理，包括能够对日志信息进行查询和维护，例如设置系统可存放的最大日志数量、设置对旧日志的覆盖方式、设置记录日志的类型以及删除日志记录、输出日志记录；能够监控在线登录人员情况；只有权限的人才能够进行洪灾评估等。

(2) 系统数据的安全性。对于系统数据的安全性，洪灾损失快速评估系统应提供自己的数据库备份与恢复功能，可以进行业务数据备份与恢复、空间数据备份与恢复等。业务数据备份一般要求按照三级备份原则进行备份，即按每月备份一次、按每周备份一次、按每日备份一次；空间数据备份要求可以进行空间数据库备份，也可以按照图层备份，例如：备份地图图层数据时，可以选择要备份的图层及内容，并对备份方式进行设定，恢复地图图层数据时，可以选择要恢复的图层及内容等。

8.1.2 空间数据精度要求

空间数据的精度要符合国家颁布的中华人民共和国国家标准（GB/T 17941.1—2000）《数字测绘产品质量要求——第1部分：数字线划地形图、数字高程模型质量要求》。

（1）描述每个地形要素特征的各种属性数据必须正确无误。

（2）描述每个地形要素特征的属性项类型应完备，应符合相应比例尺地形图要素与代码或技术文件中规定的各自属性码，不得有遗漏。

（3）各要素相关位置应正确，并能正确反映各要素的分布特点及密度特征。线段相交无悬挂或过头现象，面状区域必须封闭，各辅助线应正确，公共边线或同一目标具有两个或两个以上类型特征时只能数字化一次，拷贝到相应数据层中。对有方向性的要素其数字化方向须正确，需连通的地物应保持连通。各层数据间关系处理应正确。

（4）各种要素必须正确、完备，不能有遗漏或重复现象。

（5）所有要素均应根据有关的技术设计书（或有关入库标准）规定进行分层。数据分层应正确，不能有重复或漏层。

（6）各种名称注记、说明注记应正确，指示明确，不能有错误或遗漏。

8.1.3 系统易维护性、灵活性

洪灾损失快速评估系统中涉及的数据是相当重要的信息，系统要提供方便的手段供系统维护人员进行数据的备份、日常的安全管理，系统意外崩溃时要求对数据进行恢复等工作。系统要求系统管理员经过短期培训或按照系统手册说明，可以自己维护系统，从而保证系统的正常运行。

由于洪灾损失快速评估系统是有许多功能模块组成，所以要求系统各个功能模块具有很强的独立性，可以根据需要进行装配；可以自定义系统界面，体现系统的灵活性。

8.1.4 系统美观性

系统的美观性直接体现了系统总体设计的合理性，决定了客户对系统的满意度及系统是否具有生命力，所以对于洪灾损失快速评估系统，系统的美观性应该有较高的要求。

从界面上说，界面一般都是由菜单条、工具栏、工具箱、状态栏、滚动条、右键快捷菜单等组成，所以系统要求：

（1）常用菜单要有命令快捷方式。

（2）完成相同或相近功能的菜单用横线隔开放在同一位置。

(3) 菜单前的图标能直观地代表要完成的操作。

(4) 菜单深度一般要求最多控制在三层以内。

(5) 工具栏要求可以根据用户的要求自己选择定制。

(6) 相同或相近功能的工具栏放在一起。

(7) 工具栏中的每一个按钮要有及时提示信息。

(8) 一条工具栏的长度最长不能超出屏幕宽度。

(9) 工具栏的图标能直观地代表要完成的操作。

(10) 系统常用的工具栏设置默认放置位置。

(11) 工具栏太多时可以考虑使用工具箱。

(12) 工具箱要具有可增减性，由用户自己根据需求定制。

(13) 工具箱的默认总宽度不要超过屏幕宽度的1/5。

(14) 状态条要能显示用户切实需要的信息，常用的有目前的操作、系统状态、用户位置、用户信息、提示信息、错误信息、使用单位信息及软件开发商信息等。

(15) 滚动条的长度要根据显示信息的长度或宽度能及时变换，以利于用户了解显示信息的位置和百分比。

(16) 状态条的高度以放置五号字为宜，滚动条的宽度比状态条略窄。

(17) 菜单和工具条要有清楚的界限；菜单要求凸出显示，这样在移走工具条时仍有立体感。

(18) 菜单和状态条中通常使用5号字体；工具条一般比菜单要宽，但不要宽的太多，否则看起来很不协调。

(19) 右键快捷菜单采用与菜单相同的准则。

而对于按钮来说，它是系统界面的组成部分，但对它有些特殊的要求：

(1) 布局要合理，不宜过于密集，也不能过于空旷，合理地利用空间。

(2) 按钮大小基本相近，忌用太长的名称，免得占用过多的界面位置。

(3) 按钮的大小要与界面的大小和空间相协调。

(4) 避免空旷的界面上放置很大的按钮。

(5) 对于含有按钮的界面一般不应该支持缩放，即右上角只有关闭功能。

8.2 系统功能及业务流程设计

8.2.1 系统的主要功能

(1) 一般地图操作与布局功能：实现对地图图层管理、视图缩放、鹰眼功能和地图编辑，图层、要素的符号化与布局输出等。

(2) 受灾区域面分析，通过灾前与灾后的水域面的空间分析得出实际洪灾中受灾的区域面。

(3) 受灾地类面分析，通过受灾区域面与灾前的地类（田地、林地、建筑用地）的空间分析得出该地类的受灾区域面。

(4) 受灾区域格网划分，根据研究区域的大小以及适当格网大小等生成受灾区域格网图元。

(5) 高程信息提取，通过划分好的格网对一一对应的 DEM 数据进行高程提取。

(6) 受灾区域格网图元生成，将带有高程信息的格网与受灾地类面进行空间分析得到受灾地类格网图元。

(7) 去除高程杂点，将受灾地类格网图元中高程值超过某一限定值得出格网图元去除掉，提高评估精度。

(8) 数据入库，计算地类受灾面积及水深数据并将其存入数据库。

(9) BP 神经网络训练评估受灾损失，导入各地类致灾因子数据，分地类进行改进的 BP 神经网络训练，得出相应的地类损失值。

(10) 各改进的 BP 神经网络对灾损样本进行训练，比较几种损失评估结果的精度，选择最优的搭配方法，得到最终总的洪灾损失值。

8.2.2 系统的业务流程设计

洪灾损失快速评估系统业务流程如图 8-1 所示。

设计实现步骤如下：

(1) 先实地勘察并采集研究区域受灾后的灾情数据，同时收集洪灾区域的水文数据、天气数据、地形数据、防洪工程和社会经济统计数据等洪灾评估数据，作为建立洪灾损失灾前数据样本库的基础数据。

(2) 划分好合适大小的格网对 DEM 进行研究区域水深数据的提取。

(3) 利用自适应学习率调整方法、附加冲量项方法和模拟退火算法对标准的 BP 神经网络算法进行综合改进，得到改进的 BP 神经网络算法。

(4) 将洪灾致灾因子、地形条件因子、防洪能力因子、社会经济条件因子分地类整合起来，建立样本数据库，如田地样本数据库、林地样本数据库、建筑用地样本数据库等。另外为了提高洪灾损失评估的精度，可从相关部门获取关于研究区域的历年统计数据，同样也将这些历史统计数据处理为统计样本数据库。这样就有了两个样本数据库：一个为采集样本数据库，一个为统计样本数据库。这些样本数据库作为改进的 BP 神经网络算法的输入数据，并根据样本数据内的各因子在洪灾评估中所占比重分配好权值。

(5) 应用两个样本数据库分地类对改进的 BP 神经网络算法进行训练，然后以待评估的洪灾数据作为改进的 BP 神经网络算法的输入数据进行测试计算，最终输出洪灾经济损失的计算结果。

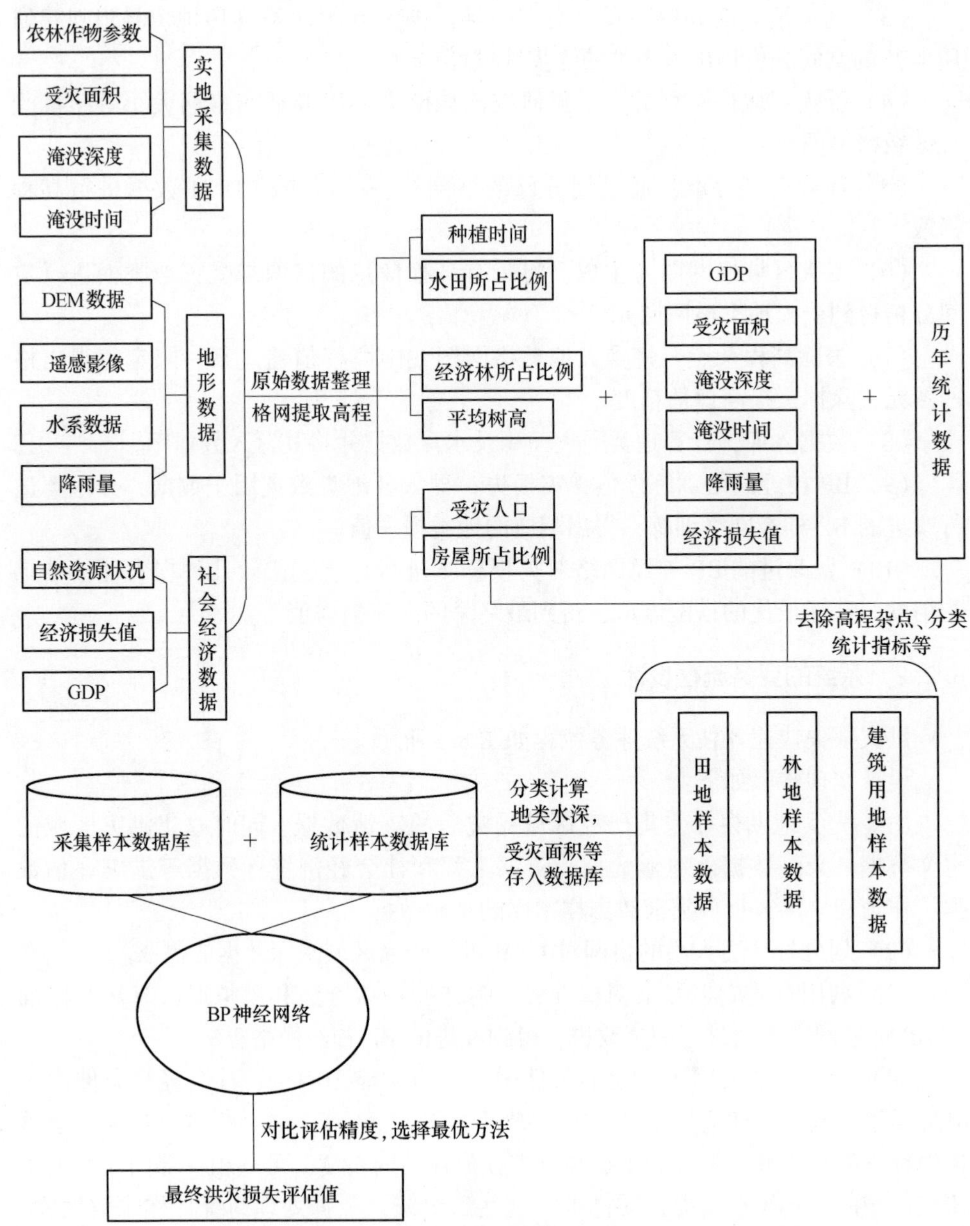

图 8-1　洪灾损失快速评估系统业务流程

8.3　系统总体设计

8.3.1　总体框架设计

基于空间信息格网和 BP 神经网络的洪灾损失评估系统采用 C/S 架构，考虑到传统的二层结构模式在运行效率和功能方面的缺陷，本系统使用功能明确分割且逻辑上相互独立的三层 C/S 架构，包括数据层、逻辑层及应用层。其中作为底层的数据层包括系统的两大样本数据库，即采集样本数据库和统计样本数据库，数据主要来自研究区域的采集数据以及统计数据，另外通过遥感手段获取来的遥感数据，以及分类解析出来的地类数据、水深数据等。逻辑层包括了整个系统的核心技术平台，包括 ArcGIS Desktop、ArcGIS Engine、C# . Net 开发环境、数据库组件以及其他应用组件。应用层分为三大模块：一是受灾区域格网分析模块，它包括了受灾区域分析、生成格网、格网提取高程、格网分析生成受灾图元等功能；二是图元处理及受灾数据入库模块，包括了高程杂点清除、地类受灾求算及入库等功能；三是洪灾损失评估分析模块，它包括各地类受灾因子分析、BP 神经网络训练比较、样本数据库训练比较、地类洪灾损失评估及洪灾损失总评估等功能。系统总体架构设计如图 8-2 所示。

8.3.2 系统采用的关键技术

8.3.2.1 采用插件式应用框架对系统进行设计

首先要做的是框架宿主程序的设计，PluginFramework 项目定义了宿主程序对象的接口 IApplication 和所有插件继承的接口 IPlugin。Plugin 项目则定义了系统的整个框架，包括受灾区域分析 Overlay. cs、受灾区域格网分析 Grid. cs、洪灾损失评估分析 LossEvaluation. cs 及地图显示 Map. cs 等 4 个部分。在项目 FrmManager 中定义了系统所需的工具和命令以及窗体设计；HongZaiPG 项目是整个系统的入口，系统的登录窗口，主窗口载体都设计在其内；而项目 DataManager 中定义了数据接口，实现了系统与数据库直接的友好连接；最后一个 ImprovedBPAlgorithm 项目是整个系统的核心部分，是改进的 BP 神经网络训练的类库，包括对训练主窗口、训练精度对比窗口等设计和编码。应用插件式 GIS 框架可以很有效地提高软件的可重用性，避免不必要的重复编码工作，可增强组件的封装性，提高软件的模块化程度。同时不同功能模块之间能够无缝集成，使软件具有灵活的可扩展性，从而使软件产品的扩展和开发实现标准化，软件产品也就具有面向不同应用层面的适应性和易移植性。

8.3.2.2 采用空间信息格网技术提取高程、计算受灾面积、去除高程杂点

利用空间信息格网技术生成大小相等的规则格网，用来提取已匹配好的研究区域的 DEM 数据中的高程值，具体是用空间融合技术得到一份带高程数据的矢量格网图层数据。另外对研究区域的矢量图层与带高程的矢量格网图层进行叠加，就能得到 30m×30m 大小的带高程值的格网受灾图层，每个格网为 900m^2，每个格网都带有一个唯一的高程值。另外，在进行受灾数据入库之前，需要去除一些高程杂点，比如高程 200m 以上的地区是不可能淹没掉，这里去除的都是由

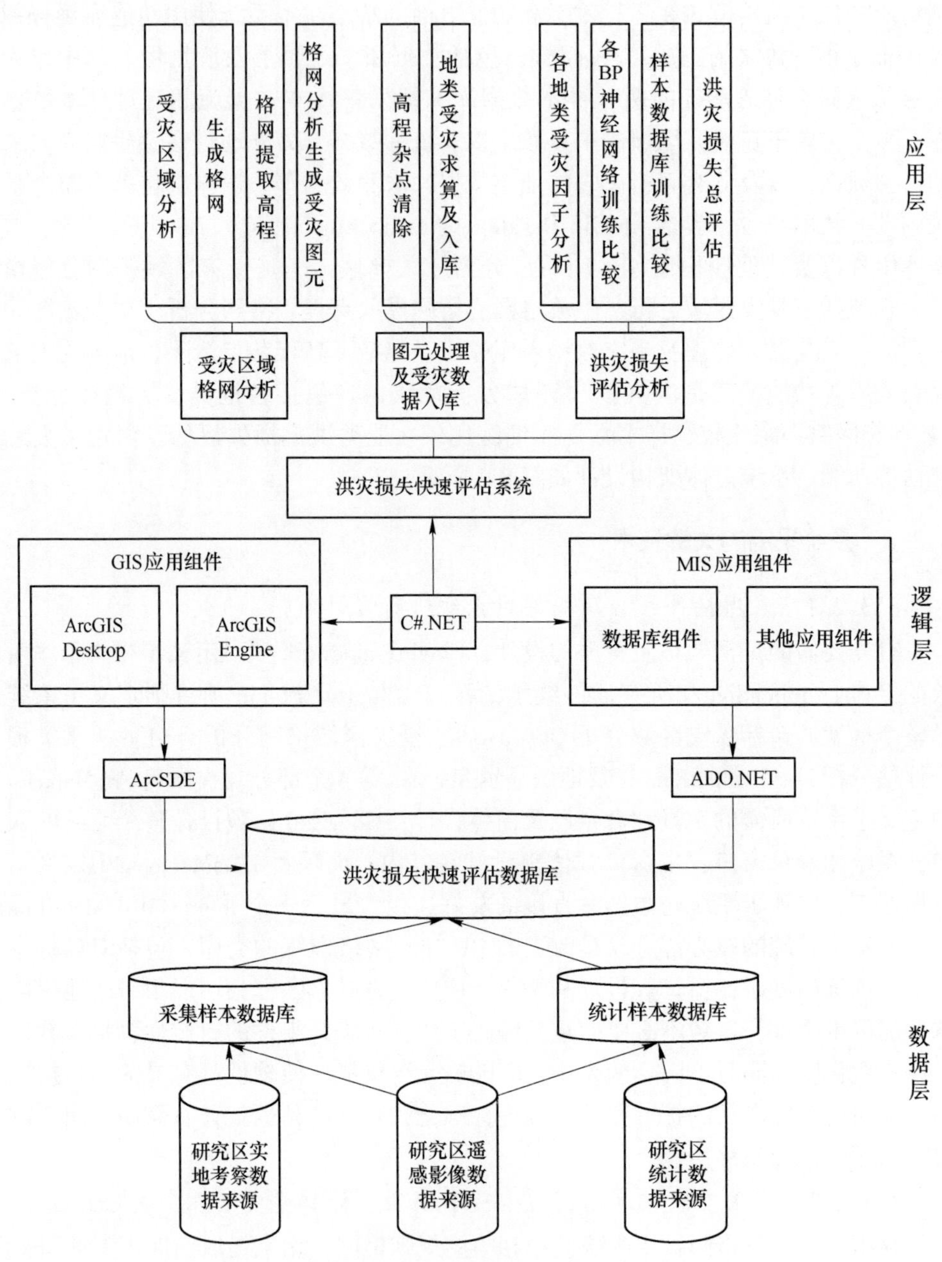

图 8-2　系统总体架构图

遥感解译过来的图像上的误差数据，这样能够大大地提高评估的准确度。

8.3.2.3　采用改进的 BP 神经网络训练两大样本数据库

利用本书第 6 章针对 BP 神经网络的改进研究成果，并将这些成果与洪灾损失评估有机地结合起来，可构建洪灾损失快速评估模型。首先构建 BP 神经网络训练所需要的样本数据库，针对研究区域洪灾数据的特点以及考虑到评估的准确性，本系统将构建两大样本数据库，即采集样本数据库和统计样本数据库；然后使用 BP 神经网络分别使用两大样本数据库中的地类数据进行训练得到评估值，最后选取误差小的样本数据库作为本系统洪灾损失评估的样本数据库。

8.4 系统数据库设计

8.4.1 研究区洪灾损失评估样本数据来源

本系统所需数据主要有三大来源：一是研究区遥感影像数据；二是研究区实地勘测采集数据；三是研究区统计数据。

(1) 研究区遥感影像数据。利用遥感技术可以方便地获取到包含大量洪灾信息在内的遥感影像数据，因此遥感影像数据是用于洪灾经济损失评估的重要数据源。利用遥感影像数据可以提取出洪灾淹没区的房屋、淹没的植被、洪水淹没面积以及农作物受灾范围等洪灾信息。由于洪灾经济损失评估所涉及的洪灾信息比较多，使用某一种遥感平台的遥感信息数据往往不能提取到全部的洪灾信息，因此需要应用多个遥感平台采集遥感影像数据源，然后进行分类提取。为了对多个不同遥感平台的遥感信息源进行有效的管理，构建遥感影像数据库也是必不可少的。遥感影像数据库能够对经过图像处理后的遥感信息数据进行入库和管理，并能根据不同需求，输出所需的遥感信息专题图，图 8-3 所示是遥感影像数据库的构建模型图。

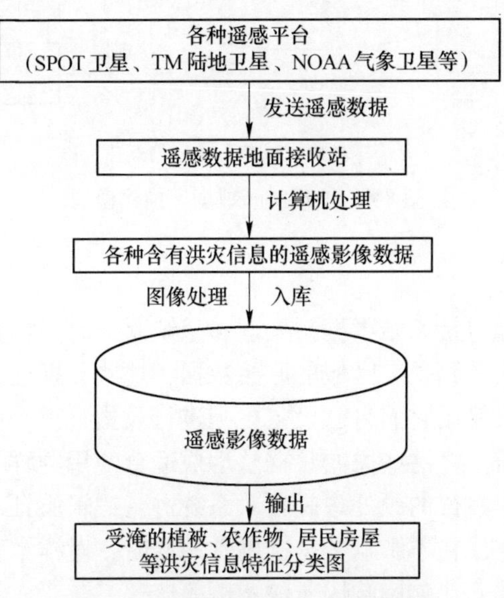

图 8-3 遥感影像数据库构建模型图

(2) 地理空间数据。地理空间数据库是为了对洪灾淹没区的行政区划、交通线路、水系、土地利用现状、DEM、居民房屋等海量的空间数据进行存储、管理和维护而建立的。本系统使用 ArcGIS 个人文件地理数据库对洪灾区的空间数据进行存储和管理，而空间数据库的获取主要是通过遥感影像分类得到的矢量图。利用洪灾区空间数据库中的 DEM 可以叠加洪灾时的水位数据从而得到洪灾地区的受灾水深，而且还可以将洪水淹没区图层与土地利用现状图层进行 GIS 叠加分析，并得到不同用地类型的损失情况，所以洪灾区的地理空间数据同样是洪灾损失评估的重要数据源。图 8-4 所示为地理空间数据库的构建模型图。

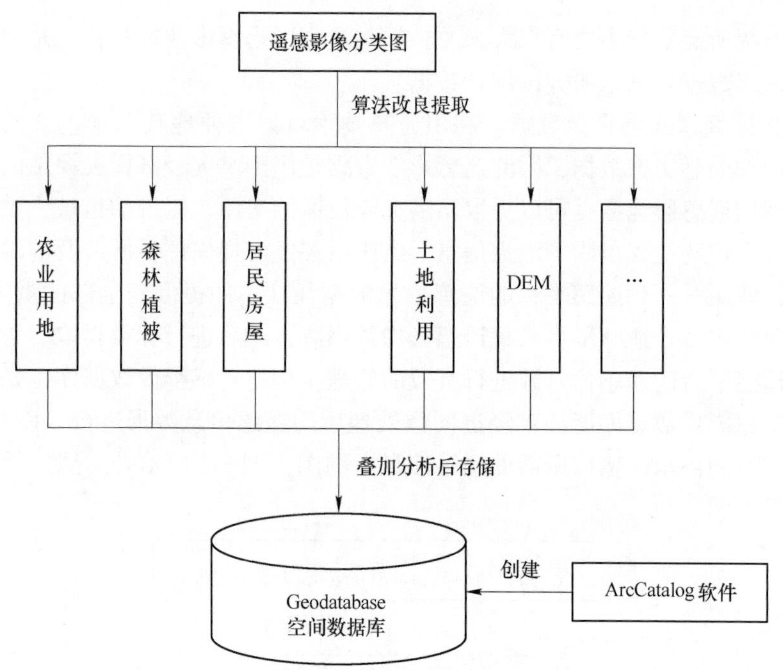

图 8-4　地理空间数据库构建模型

8.4.2　数据预处理

系统数据预处理包括原始数据预处理和系统验证时样本数据预处理，通过不同的样本采集手段获取到受灾区域的原始数据，这些数据在建立之初，根据相关机构、人员、计算机使用它们自己设定规则进行收集整理。由于这些数据没有经过系统整理，因此需要将这些原始数据整理成适合使用的样本数据，这就是原始数据的预处理。样本数据的预处理是在对系统进行逻辑验证、精度验证时，针对数据进行一定的调整，在不影响数据准确性的同时，对样本数据进行预处理，比如样本数据条数增加，比如影响因子的增删等。

8.4.3 SQL Server 数据库详细设计

洪灾损失评估系统中地图数据、空间数据保存在 File Geodatabase 数据库中。这些数据有数据变动小、数据结构稳定、访问高效、压缩量大的特点。而样本数据则保存在 SQL 数据库中。它的特点是数据动态变化，且随时间不断地更新。保存在 SQL 数据库中利于数据的维护和更新。

针对两大样本数据库的特点，在 SQL Server 数据库中设计了样本数据库中的地类数据表，表 8-1~表 8-7 为部分采集样本数据库中的有关地类数据表。

表 8-1 用户登录表

字段名称	数据类型	描　述
Name	文本	登录名
pwd	文本	密码

表 8-2 受灾田地数据表

字段名称	数据类型	描　述
plantTime	数字	种植时间
fieldPercent	数字	水田所占比例
areaSum	文本	受灾面积
heightPer	备注	淹没深度
floodTime	数字	淹没时间
rainfall	备注	降雨量
gdp	数字	GDP
loss	备注	损失结果

表 8-3 受灾林地数据表

字段名称	数据类型	描　述
treeHeightPer	数字	平均树高
valuedTreePercent	数字	经济林所占比例
areaSum	文本	受灾总面积
heightPer	备注	淹没水深
floodTime	数字	淹没时间
rainfall	备注	降雨量
gdp	数字	GDP
loss	备注	损失结果

表 8-4　受灾建筑用地数据表

字段名称	数据类型	描　述
population	文本	受灾人口
housePercent	数字	房屋所占比例
areaSum	文本	受灾总面积
heightPer	备注	淹没水深
floodTime	数字	淹没时间
rainfall	备注	降雨量
gdp	数字	GDP
loss	备注	损失结果

表 8-5　受灾田地测试数据表

字段名称	数据类型	描　述
plantTime	数字	种植时间
fieldPercent	数字	水田所占比例
areaSum	文本	受灾总面积
heightPer	备注	淹没水深
floodTime	数字	淹没时间
rainfall	备注	降雨量
gdp	数字	GDP
loss	备注	损失结果

表 8-6　受灾林地测试数据表

字段名称	数据类型	描　述
treeHeightPer	数字	平均树高
valuedTreePercent	数字	经济林所占比例
areaSum	文本	受灾面积
heightPer	备注	淹没水深
floodTime	数字	淹没时间
rainfall	备注	降雨量
gdp	数字	GDP
loss	备注	损失结果

表 8-7 受灾建筑用地测试数据表

字段名称	数据类型	描 述
population	文本	受灾人口
housePercent	数字	房屋所占比例
areaSum	文本	受灾总面积
heightPer	备注	淹没水深
floodTime	数字	淹没时间
rainfall	备注	降雨量
gdp	数字	GDP
loss	备注	损失结果

8.5 洪灾损失快速评估系统的开发实现及应用

8.5.1 系统开发环境

本系统使用C/S架构，应用C#语言在Visual Studio开发工具上进行开发，针对ArcGIS Engine开发需求，系统使用.NET Framework 3.5运行环境，见表8-8。

表 8-8 系统开发环境

体系结构	C/S 结构
开发平台	Arc Engine
开发工具	Visual Studio 2013
开发语言	C#
运行环境	Windows8.1 +.NET Framework 3.5+ArcGIS Runtime

8.5.2 系统主界面

应用插件式设计的系统主界面如图8-5所示，其中每一个菜单项都是一个小的插件，完全与其他小插件分离开来，它可根据系统实际需求增删插件，从而实现系统的结构性以及合理性需求。

8.5.3 灾情数据处理

本系统采用了两大样本数据库（采集样本数据库、统计样本数据库），三大地类样本数据（田地、林地、建筑用地）作为洪灾损失评估中改进的BP神经网络的训练样本。其中采集样本数据库和统计样本数据库都包含三大地类样本数据，只是采集样本数据库中的地类样本数据和统计样本数据库中的地类样本数据结构和数据源不一样。

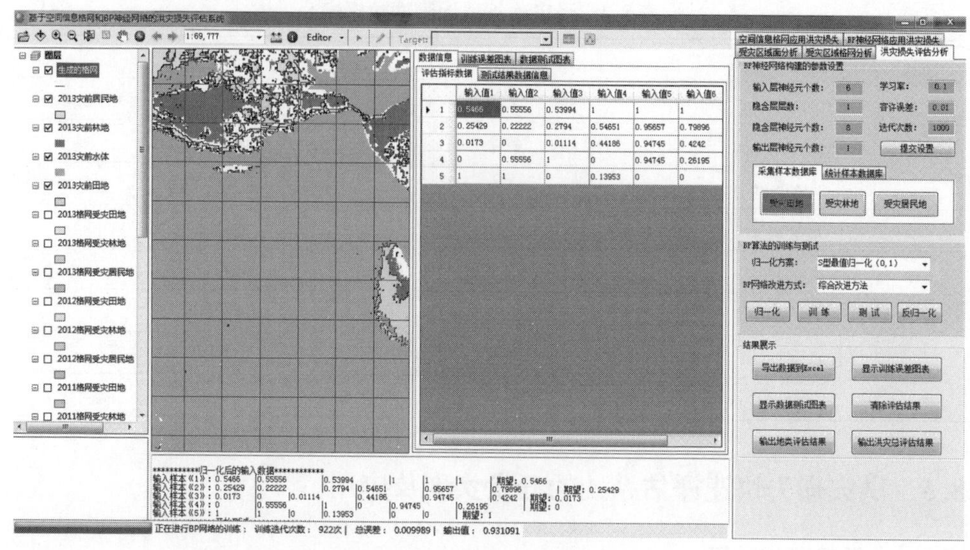

图 8-5　系统主界面

8.5.3.1　遥感数据提取

(1) 遥感图像提取矢量淹没区域。首先使用遥感算法对受灾区域进行处理，分类提取出受灾的田地、林地、水域、滩地等地类面；然后使用遥感处理手段导出为矢量格式，以便系统针对这些矢量数据进行 GIS 分析，提取受灾水面，受灾地类面等。

(2) DEM 提取研究区高程。利用空间信息格网的优势，提取每 30m×30m 内 DEM 上的高程数据，为后面计算受灾水深提供可靠精准数据，具体实现过程详见下文格网提取 DEM 高程。

8.5.3.2　实地采集数据

作者采用实地勘测方式采集了大量的数据，特别是 2013 年洪灾后实地勘测了鄱阳湖区淹没区域，现场记录采集样本数据，采集一定面积内受灾地类的受灾详细信息，重点采集与地类经济损失相关的要素，如水稻已种植时间、水田所占的比例、当时淹没的水深、淹没时间等，最终整理分析这些原始数据，并构建了采集样本数据库。采集样本数据库中的田地信息见表 8-9。

表 8-9　采集的田地信息

地块编号	已种植时间 /天	水田所占比例 /%	采集面积 /亩	淹没深度 /m	淹没时间 /h	降雨量 /mm	经济损失值 /万元
01	90	93.23	53	5	528	1458.1	2.623
02	87	97.56	86	4	644	1228.8	4.345
03	75	91.24	12	3	448	992.7	0.824

续表 8-9

地块编号	已种植时间/天	水田所占比例/%	采集面积/亩	淹没深度/m	淹没时间/h	降雨量/mm	经济损失值/万元
04	89	98.42	34	6	746	1863	2.153
05	78	87.23	45	2	468	982.9	2.351
…	…	…	…	…	…	…	…

8.5.3.3 历史统计数据

根据已有从水利、气象等部门提取的统计数据，分年份统计研究区域洪灾前、灾中、灾后的真实情况信息，并构建了统计样本数据库。统计样本数据库中的田地信息见表 8-10。

表 8-10 统计样本数据库中的田地信息

年份	降雨量/mm	水利工程总蓄洪量/亿立方米	受灾面积/亩	受灾人口/万人	GDP/亿元	淹没深度/m	经济损失值/万元
2008	1458.1	2.7568	38094	0.8121	70.224	10	5714.1
2009	1228.8	2.749	23735	0.8002	63.352	7	3560.25
2010	992.7	2.7472	12094	0.7977	50.542	5	1814.1
2011	1863	2.7448	11244	0.7977	44.996	10	1686.6
2012	982.9	2.7429	60366	0.5381	36.042	14	9054.9
…	…	…	…	…	…	…	…

8.5.4 受灾区域格网分析

8.5.4.1 受灾区域分析

A 受灾水域提取

受灾水域为一次洪灾中水位提高而产生的水域扩大面。本系统研究区域范围为鄱阳湖区某县地区，主要评估鄱阳湖区某县的受灾区域的损失。湖区灾前和灾中水位变化明显，水域面扩大也很明显，因此这里使用改进的遥感水域提取算法分类得出灾前和灾中的矢量水域数据来计算受灾区域面。本系统使用空间分析的擦除功能来计算受灾区域面，其中图 8-6 所示为洪灾前水区域范围，图 8-7 所示为洪灾后水区域范围。

输入灾前和灾后的水体面，设置好容差和受灾区域图层的输出路径后，对数据进行擦除分析，可得到所需要的受灾区域面，如图 8-8、图 8-9 所示。

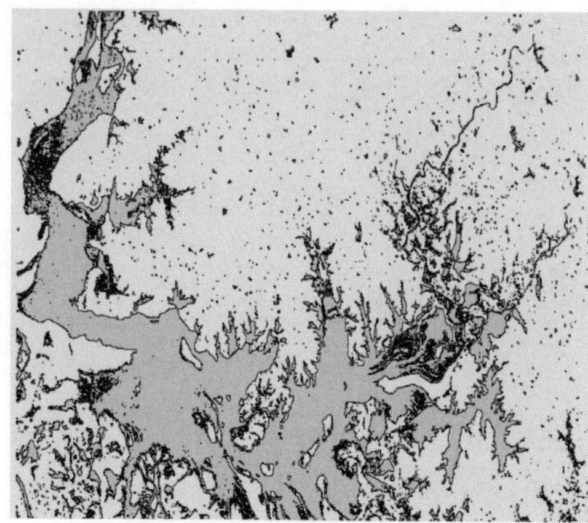

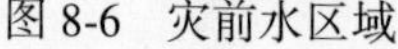

图 8-6　灾前水区域

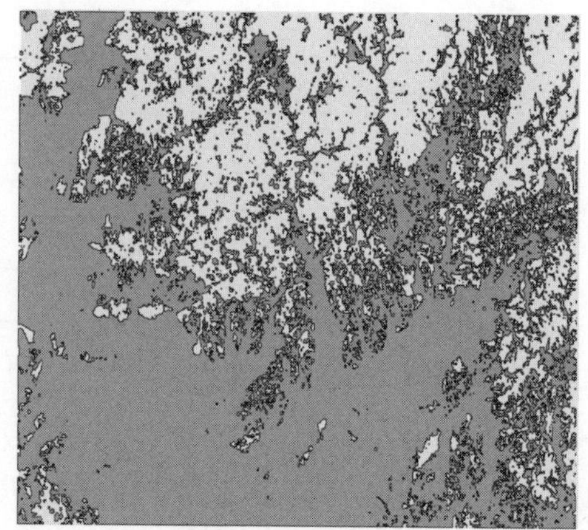

图 8-7　灾后水区域

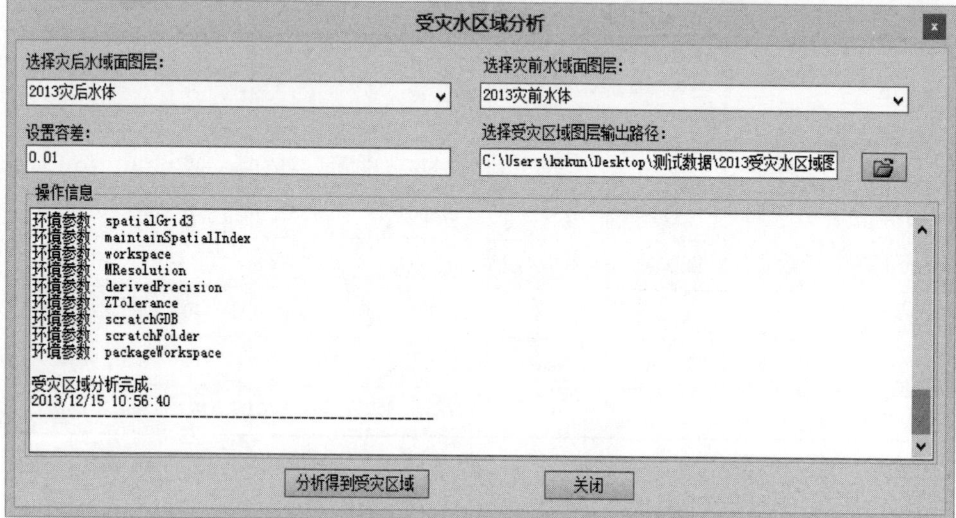

图 8-8　受灾水区域分析

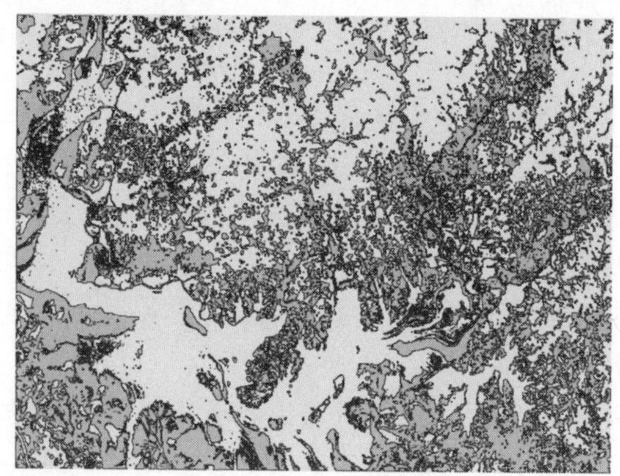

图 8-9　当年受灾区域

B 受灾地类区域提取

受灾地类区域是在一次洪灾中被洪水淹没的地类区域。本系统通过对洪灾损失评估模型的构建，将受灾地类主要分为田地、建筑用地、林地等几类受灾地类。受灾地类区域提取为提取这几种地类的受灾面积，通过叠加分析提取受灾水域与灾前地类两个图层数据可得到共同的叠加区域，即为受灾地类区域，如图 8-10~图 8-12 所示。

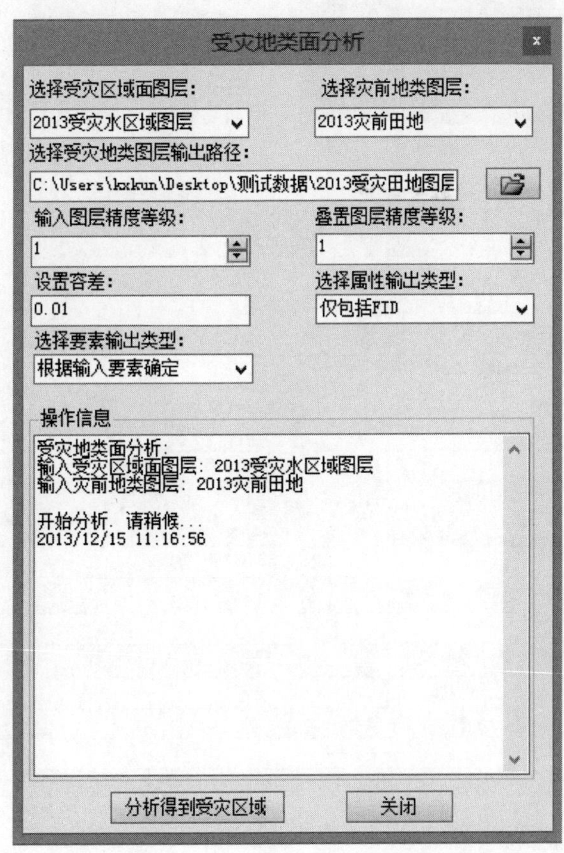

图 8-10 受灾地类面分析

8.5.4.2 生成格网

根据第 3 章研究可将格网大小设定为 30m×30m，研究区域为鄱阳湖区某县辖区范围，但要满足格网区域与受灾区域才能够进行叠加分析，那么它们就必须有完全重叠部分，故格网区域要略大于受灾区域面。图 8-13 所示为格网划分参数设置界面。

图 8-11　灾前田地

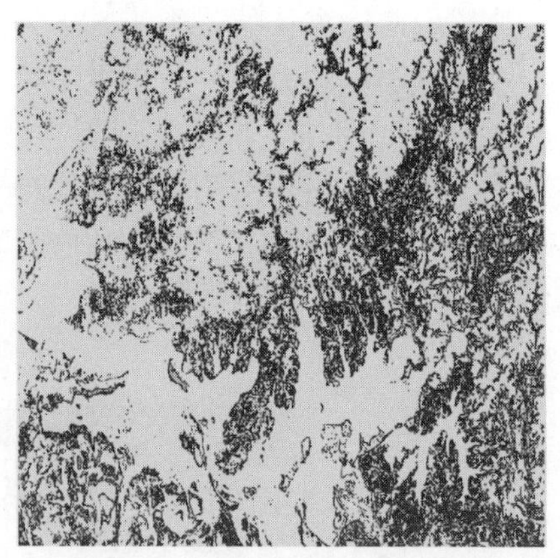

图 8-12　得到田地受灾图层

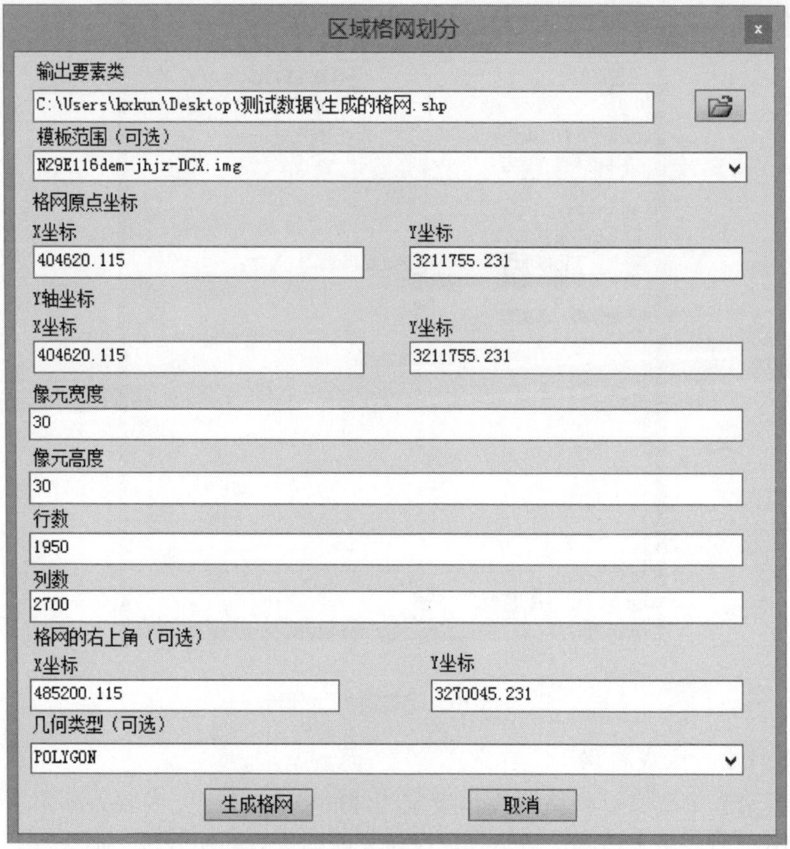

区域格网划分

输出要素类

C:\Users\kxkun\Desktop\测试数据\生成的格网.shp

模板范围（可选）

N29E116dem-jhjz-DCX.img

格网原点坐标

X坐标　404620.115　　Y坐标　3211755.231

Y轴坐标

X坐标　404620.115　　Y坐标　3211755.231

像元宽度

30

像元高度

30

行数

1950

列数

2700

格网的右上角（可选）

X坐标　485200.115　　Y坐标　3270045.231

几何类型（可选）

POLYGON

生成格网　　取消

图 8-13　格网划分参数设置

8.5.4.3　格网提取 DEM 高程

DEM 数据为 30m×30m 的校正后数据，要将其上的高程数据提取出来，需要用到 ArcGIS 的空间分析功能，其操作步骤如下：

（1）生成与 DEM 数据等范围的格网，格网大小为 30m×30m 的格网点图层。

（2）使用 ArcGIS Engine 开发调用 ArcToolBox 中的 Extract Value to Points 空间分析功能，将 DEM 中 30m×30m 的区域内的高程值提取给相对应的格网点。

（3）使用空间融合功能将格网点与格网面属性融合，使得格网面也具备了高程信息，方便生成格网地类图元进行水深、面积数据等统计计算。其中图 8-14 所示为提取高程数据到格网点图，图 8-15 所示为提取前格网点的属性表图，图 8-16 所示为提取后生成了带高程的格网点数据图，图 8-17 所示为将格网点里的高程数据提取到格网面图。

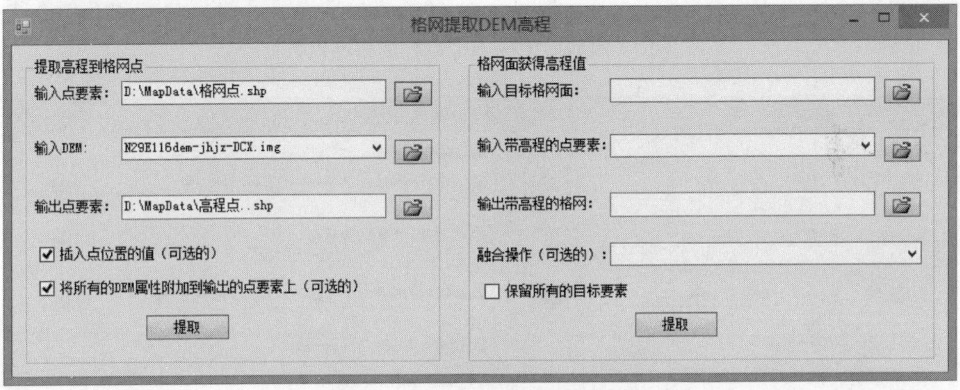

图 8-14　提取高程数据到格网点

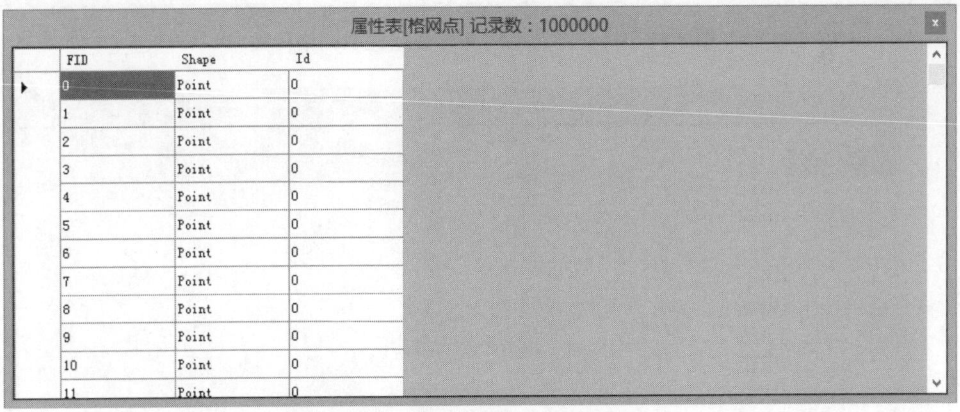

属性表[格网点] 记录数：1000000

FID	Shape	Id
0	Point	0
1	Point	0
2	Point	0
3	Point	0
4	Point	0
5	Point	0
6	Point	0
7	Point	0
8	Point	0
9	Point	0
10	Point	0
11	Point	0

图 8-15　提取前格网点的属性表

图 8-18 所示为高程数据融入后格网面属性表图，其中 RASTEVALU 字段为高程字段，每 900m^2 范围内各有一个高程值，也就是该区域内的平均高程值，即为该格网地块内的平均高程值，该字段内的值将被用来计算不同区域内的平均高程值以及计算一定区域内的洪灾淹没深度。

属性表[高程点] 记录数：1000000

FID	Shape	Id	RASTERVALU
0	Point	0	7
1	Point	0	8
2	Point	0	11
3	Point	0	13
4	Point	0	11
5	Point	0	7
6	Point	0	0
7	Point	0	-3
8	Point	0	9
9	Point	0	12
10	Point	0	12
11	Point	0	12

图 8-16　提取后生成了带高程的格网点数据

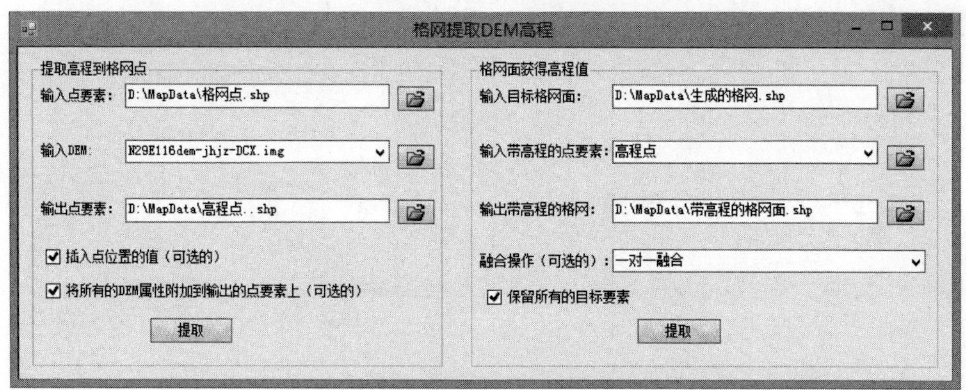

图 8-17　将格网点里的高程数据提取到格网面

属性表[带高程的格网] 记录数：1000000

FID	Shape	area	RASTERVALU
0	Polygon	900	11
1	Polygon	900	12
2	Polygon	900	10
3	Polygon	900	6
4	Polygon	900	-2
5	Polygon	900	-3
6	Polygon	900	0
7	Polygon	900	9
8	Polygon	900	10
9	Polygon	900	10
10	Polygon	900	8
11	Polygon	900	9

图 8-18　高程数据融入后格网面属性表

8.5.4.4　格网分析生成受灾图元

格网分析生成受灾图元就是将带高程的格网与受灾地类图层进行叠加，得到格网图元形式存在的格网受灾地类，如格网受灾田地、格网受灾林地、格网受灾建筑用地等。图 8-19 所示为生成的格网受灾图元。

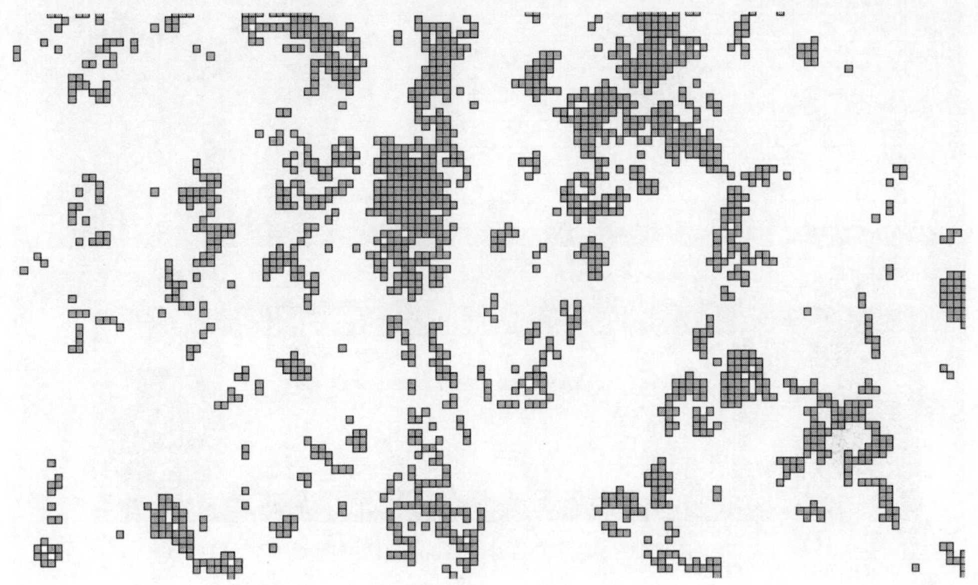

图 8-19 生成的格网受灾图元

8.5.5 图元处理及受灾数据入库

8.5.5.1 高程杂点清除

由于受遥感图像分类精度的限制，生成的矢量数据一般会存在一定的偏差，从而导致格网受灾区域分析后得到的数据还有大量高程杂点。本书将高程杂点定义为受灾区域格网分析后得到的数据中存在高程超过限定值的格网图元。目前鄱阳湖洪水期的警戒水位是海拔 17m 左右，因此围湖造河工程的湖区分洪水位应在海拔 17m 至海拔 20m 之间，即平均分洪水位在海拔 18.5m 左右，而海拔 30m 以上的地域是洪水所淹不到的，这样就能排除那些高程 30m 以上的图元。本书根据实际情况设定高程限定值，并设计开发了一种工具对这类格网图元进行清除。图 8-20 所示为清除高度小于 20m 的格网图元。

8.5.5.2 地类受灾求算及入库

洪灾损失评估中两项重要的影响因子受灾面积及受灾水深数据将从系统中统计计算得到。其中受灾面积 = 格网数×900，而格网数 = 地类图层属性表记录 - 1。由于每一个地类格网的高程值不一样，所以对应的每一个地类格网的水深也不一样。这时可利用洪灾时的平均水位减去各个格网的高程值，从而得到每个格网的真实水深数据。

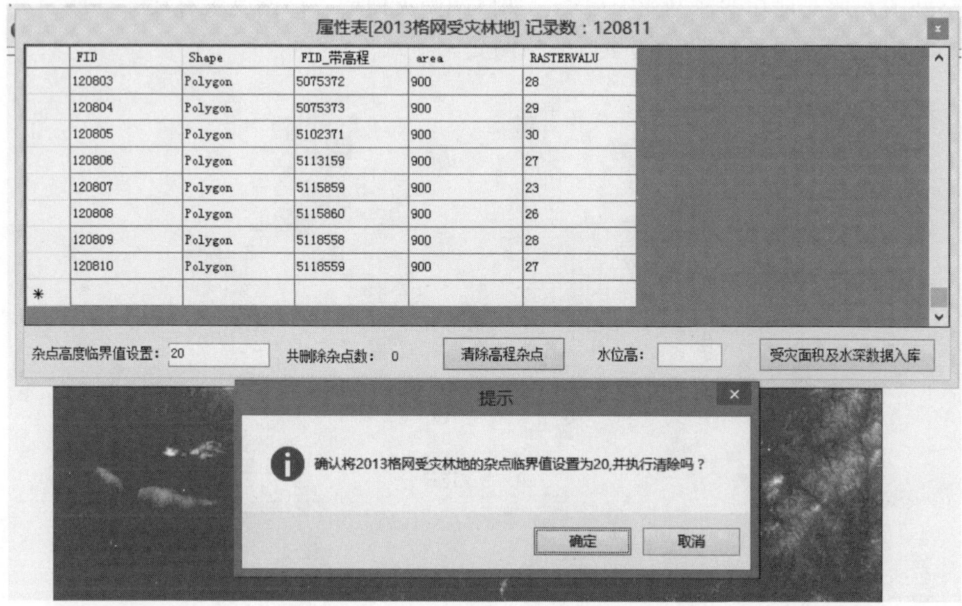

图 8-20　清除高度小于 20m 的格网图元

各地类的受灾面积、水深数据统计好之后，将它作为样本数据与其他影响因子数据一起存放在 SQL Server 数据库中。图 8-21 所示为计算受灾面积及水深数据并保存至数据库中。

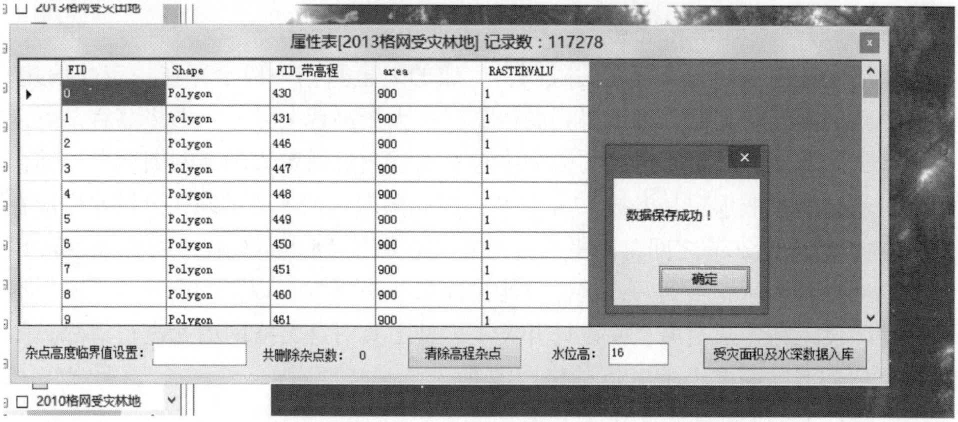

图 8-21　计算受灾面积及水深数据并保存至数据库

8.5.6　洪灾损失评估分析

8.5.6.1　各地类受灾因子分析

本系统探究使用不同地类的影响因子来评估该地类 2013 年的受灾损失，最后将各地类的受灾损失累加从而得到某县 2013 年的总的洪水受灾损失。通过改进的 BP 神经网络来训练地类不同影响因子及灾损值之间的关系，再使用 2013 年的真实数据代入进行测试得到该地类的预测评估值以及评估误差率，如图 8-22 所示。

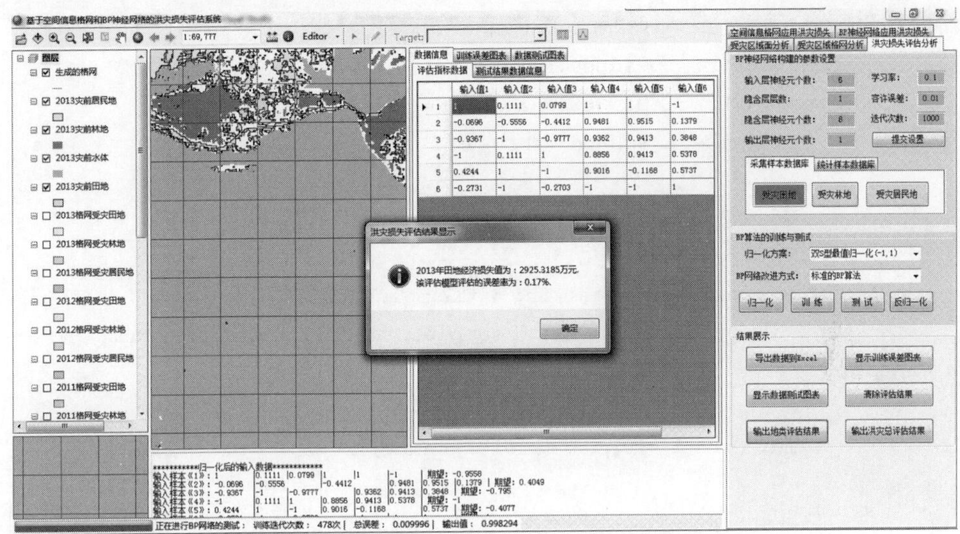

图 8-22 2013 年某县田地受灾损失值及评估误差

关键代码如下：

```
//加载地类数据
if (isSubmit==true)
            {
            this.btnWoodland.BackColor = button6.BackColor;
            this.btnResidentArea.BackColor = button6.BackColor;
            this.btnField.BackColor = Color.Red;
            dt =DBOManager.getDataTable (" affectedfield" );
            AddDataToDGV (dt);
            testDataType = 0;
//归一化输入数据
    public void normalizingInputDate ()
    {
        double [ ] pMidDou = new double [sampleDataNum * (inputNeu-
ronNum+1) ]; //临时数组，用于存储所有样本数据，以便获取到最大和最小值
    pTSampleData = new double [sampleDataNum, inputNeuronNum + 1];
    for (int i = 0; i < sampleDataNum; i++)
    {
```

```
            for (int j = 0; j < inputNeuronNum + 1; j++)
            {
                pTSampleData [i, j] = temporarySampleData [i, j];
            }
        }
        importArray (pTSampleData, pMidDou);
        double pMax = pMidDou.Max ();
        double pMin = pMidDou.Min ();
            if (pcheckHasDate = =true)
        {
            MessBox.Text += " \r\n*****归一化后的输入数据*****";
            //输入样本的归一化
            centralizeNormalizing (pTSampleData);
             importNormalizData ( sampleDataNum, inputNeuronNum, pTSam-
pleData);

            for (int i = 0; i < sampleDataNum; i++)
            {
              string strMess = null;
               expectedOutputVector [i] = pTSampleData [i, inputNeuron-
Num];
              for (int j = 0; j < inputNeuronNum; j++)
              {
                inputLayerVector [i, j] = pTSampleData [i, j];
                strMess = strMess + inputLayerVector [i, j] .ToString ()
+ " \t|";
              }
              int k = i + 1;
              MessBox.Text = MessBox.Text + " \r\n输入样本《" +k+" 》:" +
strMess+" 期望:" +expectedOutputVector [i];
            }
            MessageBox.Show (" 归一化结束!!!"," 提示" );
                        }
                  }
      //BP神经网络训练
      toolStripProgressBar1.Value = 0;
            StatusMess.Text = " 正在进行BP网络的训练:";
              if (pcheckHasDate = = true)
              {
```

```
            midHiddenOutputWeight = new double [ hidden _ output _
Weight.Length];
            hidden _ output _ Weight.CopyTo ( midHiddenOutputWeight,
0);
            midInputHiddenWeight  = new double [ input _ hidden _
Weight.Length];
            input _ hidden _ Weight.CopyTo (midInputHiddenWeight, 0);
            MessBox.Text += " \r\n***************开始测
试*************** \r\n";
            hiddenInputLayerVector =new double [hiddenlayerNeuron-
Num];
            hiddenOutputLayerVector =new double [hiddenlayerNeuron-
Num];
            outputLayerInputVector =new double [outputNeuronNum];
            outputLayerOutputVector =new double [outputNeuronNum];
            learningRate = Convert.ToDouble (textBox7.Text);
            toolStripProgressBar1.Maximum = Iterations;
            toolStripProgressBar1.Step = 1;
            if (comboBox1.Text == " 双S型最值归一化 (-1, 1) " )
            {
             pCheckSigmoidType = true;
            }
            //**********转到线程进行训练 *************
            Control.CheckForIllegalCrossThreadCalls = false;
            ThreadWithState pThreadWithState = new ThreadWithState
( inputNeuronNum, hiddenlayerNeuronNum, outputNeuronNum, sampleDataNum,
Iterations, learningRate, allowableError, hiddenOutputLayerVector, out-
putLayerOutputVector, expectedOutputVector, midHiddenOutputWeight, midI-
nputHiddenWeight,hiddenlayerThresholdValue, hiddenInputLayerVector,out-
putlayerThresholdValue,outputLayerInputVector, inputLayerVector, pList,
MessBox, toolStripProgressBar1, Ttime, ErrorNumber, realValue, pCheck-
SigmoidType, improveAlgorithmType);
            Thread pThread = new Thread (new ThreadStart (pThread-
WithState.bpTrainRun) );
            pThread.Start ();
          }
          else
          {
            MessageBox.Show (" 请先进行归一化处理!!!"," 提示" );
```

```
        }

    double pError = (Math.Abs (pExpectedOutputValue - pUnOutputValue)
/pExpectedOutputValue) * 100;
            switch (testDataType)
            {
             case 0:
                 MessageBox.Show (" 某县 2013 年田地经济损失值为:" +
Math.Round (pUnOutputValue, 4) + " 万元 . \r \n 该评估模型评估的误差率为:" +
Math.Round ( pError, 4 ) + "% . "," 洪灾损失评估结果显示",
MessageBoxButtons.OK, MessageBoxIcon.Information);
               break;
             case 1:
  MessageBox.Show (" 某县 2013 年林地经济损失值为:" + Math.Round (pUnOut-
putValue, 4) + " 万元 . \r \n 该评估模型评估的误差率为:" + Math.Round (pError,
4) + "% ."," 洪灾损失评估结果显示", MessageBoxButtons.OK, MessageBoxIcon.
Information);
               break;
             case 2:
                MessageBox.Show (" 某县 2013 年居民地经济损失值为:" +
Math.Round (pUnOutputValue, 4) + " 万元 . \r \n 该评估模型评估的误差率为:" +
Math.Round (pError, 4) +"% ."," 洪灾损失评估结果显示", MessageBoxButtons.
OK, MessageBoxIcon.Information);
               break;
          }
```

8.5.6.2 洪灾损失总评估

针对已处理好的样本数据进行洪灾损失总评估的具体步骤：首先对神经网络训练的基本参数进行设置，并导入采集样本数据库中的一个地类数据作为一次训练的训练样本，将数据归一化后对归一化的数据进行训练，当网络训练到一定程度后，使用测试数据对训练好的网络进行测试并反归一化，这样可得到采集样本数据库中该地类的损失值；然后选择统计样本数据库中的同一地类数据作为训练样本，经过归一化、训练、测试、反归一化又得到另一个该地类的损失值，比较二者的数值及误差，选择误差小的作为损失值，这样将三大地类的损失值得到之后累加就能得到总的洪灾损失值，如图 8-23 所示。

从图 8-23 可知，洪灾损失评估系统评估 2013 年某县洪灾损失总值为 6789.6376 万元。而 2013 年该县实际统计的洪灾损失总值为 6600.09 万元。通过

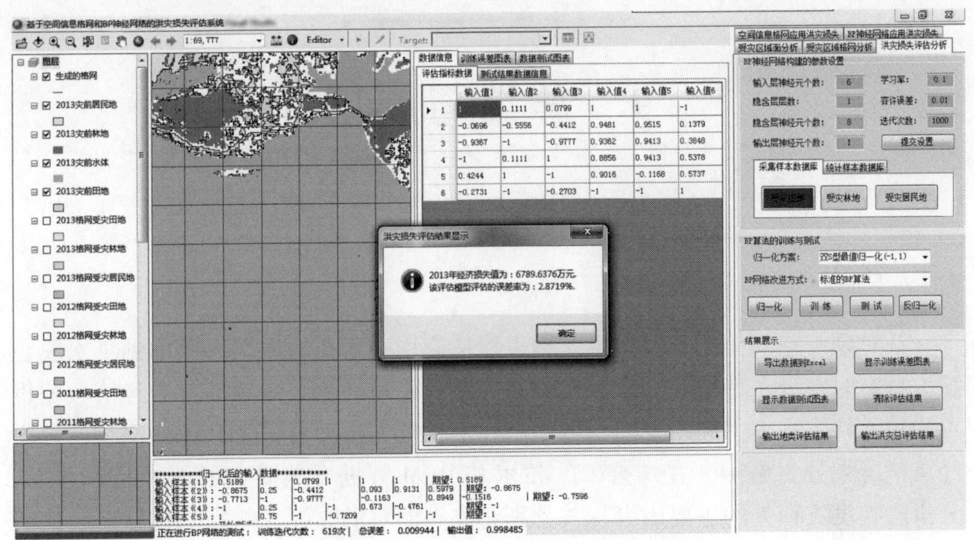

图 8-23 某县 2013 年洪灾总损失值

误差公式可得出评估误差率：

$$洪灾损失评估误差率 = \frac{实际损失值 - 评估结果}{实际损失值} \times 100\% \tag{8-1}$$

由式（8-1）得到的评估误差率为：

$$该评估模型的评估误差率 = \frac{6600.09 - 6789.6376}{6600.09} \times 100\% \approx 2.8719\%$$

由此可知，基于空间信息格网和 BP 神经网络技术的洪灾损失评估系统计算得出的损失值和实际中的损失值较接近，可以从一定程度上说，该洪灾损失评估模型具有一定可靠性和实用价值。

9 总结与展望

9.1 总结

针对现有空间信息技术在洪灾损失评估应用中存在的问题，考虑到洪水灾害损失具有时空分布特征，洪水淹没的边界具有不规则性，淹没区社会经济数据也不均匀等特点，本书利用空间信息格网技术，首先将洪灾多发区域依据自然社会经济情况划分为格网，并结合 GIS 技术和 DEM 数据，从洪灾的属性特征出发，分析影响洪灾损失的主要因素，并分别研究它们对洪灾损失的影响规律；其次研究遥感洪灾面积提取技术，从而快速提取洪灾面积和致灾因子；然后对 BP 神经网络进行了改进研究，并构建了空间信息格网与改进的 BP 神经网络的洪灾损失快速评估模型；最后开发基于空间信息格网和 BP 神经网络的洪灾损失快速评估系统，并以鄱阳湖区某县为例，对洪灾损失评估模型进行了实际应用，达到了快速评估洪灾损失的目的，现总结如下。

（1）利用空间信息技术，将洪灾淹没区域依据自然社会经济情况划分为格网，并选降了降雨量、人口密度、人均 GDP、高程、坡度与坡向等影响洪灾损失的致灾因子，探讨了各致灾因子对洪灾损失的影响规律。

（2）为了便于对洪灾损失评估影响因子进行定量分析，按照多因子分析法我们将其划分为洪水致灾、地形条件、防洪能力、社会经济因子四大类。

1）洪水致灾因子。通常洪涝灾害产生的直接原因就是持续的降雨，因此降雨量和洪水淹没程度是导致灾区遭受经济损失的主要因素。随着降雨量的逐渐加大和降雨持续时间的不断增加，洪灾区遭受的经济损失也将越来越严重。

针对洪水致灾因子数据，主要考虑降雨量和洪水淹没深度两个因素，其中降雨量数据到气象部门收集，而洪水淹没深度用遥感技术快速获取。

2）地形条件因子。地形条件对洪灾经济损失的影响主要是由灾区地表高度和地形变化程度（地形坡度）来决定。洪灾发生后，在经济发展水平以及洪水强度相当的情况下，洪水对地势高的地区造成的经济损失小于低洼地带，对地形变化程度小的地区造成的经济损失大于地形变化程度大的地区。

对地形条件因子的提取是通过 ArcGIS 软件将栅格的地形图矢量化后生成灾区的 DEM 数据，然后再从 DEM 数据中提取坡度因子。

3）防洪能力因子。洪灾防御能力的强弱主要取决于防洪工程的质量，当洪涝灾害发生之后，若防洪工程对洪水的防御能力强，且洪灾抢险措施非常及时，洪水对灾区造成的经济损失将会大大减小；而相反，若是防洪工程的防洪能力比较薄弱，并且抗洪抢险措施不及时，灾区将会遭受较大的经济损失。

圩堤及水库蓄洪量、防洪堤坝高度、堤坝材质、防洪工程数量和非防洪工程设施等水利工程设施的防洪能力因子数据，可到水文等有关部门去采集，而对于防洪工程规模、堤坝蓄洪范围以及水库蓄洪面积等因子数据可利用遥感技术从遥感影像数据中快速提取出来；然后通过对原始数据的整理、统计和分类等处理，最终获取防洪能力因子数据。

4）社会经济因子。洪灾对经济发达地区造成的经济损失远高于发展经济水平较低的地区。而社会经济因子对洪灾经济损失评估的影响可由城乡人口、工矿及企业产值、人均收入、农产品产值等因素共同决定。

针对社会经济因子数据可从统计部门编写的统计年鉴中获取，然后根据统计学方法进行分类统计分析，并借助 Office 软件中的 Excel 对数据进行编辑处理，最后获取淹没区的社会经济因子数据。

（3）洪灾期间，由于云层遮挡，使得获取的遥感影像的利用率普遍低下，影响了洪灾区域提取的准确性。本书针对 HJ1 和 Landsat8 的数据特点，研究适用于这两种传感器的云和阴影去除方法，在此基础上研究了多源遥感影像上洪灾区域快速提取方法：

1）充分利用影像的波谱信息、时间信息以及云和阴影之间的几何关系，有效检测出目标影像上云和阴影的区域。Landsat8-OLI 与 HJ1-B 影像，云检测的生产者精度分别为 94.15%、94.69%，最低的使用者精度分别为 94.63%、96.85%。两幅影像上云和阴影检测整体精度介于 93.574%～97.291%。同时引入光谱相似群（SSG），有效地取代污染区域（被云和阴影遮盖），能够很好地将遥感图像中被云污染的区域的结构和纹理信息恢复出来，去云和阴影（云的阴影）后的两幅影像的均值和标准差都比它们的原始影像小，在信息熵方面，厚云去除后的影像的信息熵稍稍增加，这说明影像的信息量没有减少，在去除影像上云和阴影，恢复被云和阴影遮盖下的地表信息的同时，仍能很好地保护了原始影像的信息。

2）通过对 Landsat8、HJ1-CCD 影像上 9 种典型地物光谱特征分析，推导了 Landsat8-OLI 及 HJ1-CCD 的 LBV 公式。

3）利用 LBV 变换后的 B 分量影像上水体信息突出这一特点，同时统计了 B 分量影像的直方图信息，验证了 Landsat8-OLI 与 HJ1-CCD 数据适用于 Ostu 法进行自动选取阈值，用 Ostu 方法结合 B 分量影像进行水体的粗提取，产生水体二值图。并将提取结果与单波段阈值法、谱间关系法、水体指数法相比较，本书方法提取精度最高，其精度达到 90.412%，Kappa 系数为 0.8863。这种方法适用于所有 Landsat8 与 HJ1 影像，同时也避免了阈值选取中人为因素的干扰。

4）引入空间推理技术将粗提取的水体二值图去噪并细分为湖泊、河流、水库。最后将灾前、灾中、灾后多时相数据进行叠加分析，辅助研究区地形图数据，去除湖泊内和周边的滩地、裸地图斑，得到准确的洪灾区域面积。

（4）针对自适应学习率调整、附加冲量项和模拟退火三种 BP 神经网络改进算法存在的不足，提出了 BP 神经网络算法的综合改进。即首先利用自适应学习率调整和附加冲量项的方法在训练前期加快 BP 算法的收敛速度，然后利用模拟退火算法在训练后期保证 BP 算法能够收敛到全局最小值，实现三种改进方法的相互融合与优缺互补，最后达到全面改进 BP 神经网络算法。测试结果表明，BP 神经网络算法的综合改进方法优于前三种单一改进方法，有效提高了 BP 神经网络算法的收敛性，并使 BP 神经网络算法能够迅速地跳出局部极小值而收敛于全局最小值。

（5）神经网络集成模型不仅比个体神经网络模型计算误差要少，而且更容易收敛于全局最小值，从而降低了普通用户使用神经网络集成模型的难度，作者研究了神经网络集成模型的个体生成和结论生成的实现方法，并利用 C#编程语言和 AForge. NET 开源框架下的神经网络类库搭建了一个能快速构建神经网络集成模型的程序，通过该程序能简单且快速地实现神经网络集成模型的构建、训练，并输出直观的图形结果，从而大大降低普通用户使用神经网络集成模型的难度。

（6）为了快速评估洪水淹没区的洪灾经济损失，作者首先确定了洪水淹没区各地类受灾损失指标；其次分析各地类的不同指标对洪灾损失结果的影响能力；然后在此基础上采集灾损样本并进行数据处理，从而为构造样本数据库做准备。

（7）使用软件工程的设计思想对基于空间信息格网和改进的 BP 神经网络的洪灾损失快速评估系统进行了分析、设计，并利用 C#语言在 ArcGIS Engine 开发框架的基础上开发了该系统并进行应用。即首先利用空间信息格网技术针对洪灾淹没深度以及淹没面积进行提取和计算，并有效去除由于遥感影像分类导出的无效高程数据；其次针对其他数据进行预处理后整理得到样本数据，并将之分类存入数据库，构建两大样本数据库，再利用两大样本数据库中的不同地类样本数据对改进的 BP 神经网络进行训练；然后使用已有的测试数据对最终的洪灾损失进行预测和评估，最终得到洪灾损失评估值以及评估精度。其主要创新点如下：

1）使用空间信息格网技术有效地提取研究区域 DEM 中的高程值，在遥感分类的提取上，使用清除高程杂点机制清除高程杂点，有效地提高了洪灾损失评估的真实性。

2）使用 C#编程实现了改进的 BP 神经网络算法与空间信息格网技术的有机结合。使用空间信息格网不仅实现了受灾区域的格网分析，而且还被用来获取神经网络所需的样本数据，在很大程度上提高了洪灾损失评估的准确性。

3）构建两大样本数据库（采集样本数据库，统计样本数据库），两大样本数据库都包含三大地类数据（田地、林地、建筑用地），使用BP神经网络针对每一种地类数据进行训练，再利用该地类的测试数据对其进行测试得到预测值，对比另外一个样本数据库中的同一个地类数据训练测试得来的预测值，比较它们的误差大小，选择误差小的作为该地类的损失评估值，不同的地类损失评估值累加就得到了总的洪灾损失评估值。

9.2 展望

本书虽然构建了空间信息格网与改进的BP神经网络的洪灾损失快速评估模型，并以鄱阳湖区某县为例进行了应用，应用结果也证明了该模型的有效性。但是洪水系统其本身就是一种复杂的系统，时空分布极其复杂，其致灾因素众多，涉及范围广泛，既与水文、气象、地理等自然属性有关，也与区域经济发展水平、当地水利设施状况、人民群众防灾意识有着较大关系，如果要得到准确的洪灾损失评估结果，可从以下几个方面完善基于空间信息格网与BP神经网络的灾损快速评估系统。

（1）对洪灾损失评估影响因子的研究要全面。由于本课题研究时间的限制，在对洪灾损失评估影响因子进行研究时，主要对洪水致灾、地形条件、淹没程度、社会经济的影响因子进行了研究分析，并将其作为评估模型的输入数据，而对一些次要的影响因子并未深入研究。然而洪灾系统是一个极其复杂的灾害系统，其牵涉到的影响因素是极其众多的，所以要想得到更为精确的洪灾经济损失值，就需要对洪灾损失评估的影响因子进行更为全面的研究。

（2）BP神经网络算法的综合改进方法还需进一步完善。尽管BP神经网络算法的综合改进方法对自适应学习率调整、附加冲量项和模拟退火算法三种BP改进方法进行很好融合，但是该改进方法实现过程比较复杂，网络在进行训练学习时需要不断调用自适应学习率调整、附加冲量项和模拟退火算法三种BP改进方法对网络各层间的连接权值进行调整，这就加大了网络训练的复杂程度，因此，为了使该改进方法变得简洁易用，还需进一步对其算法结构加以完善。

（3）洪灾面积的多源遥感快速提取方法需进一步完善。本书只使用Landsat、环境卫星两种影像，根据云和阴影在这两种不同传感器上波谱特征，研究了一种适用于这两种传感器去除云和阴影的方法以及多源数据协调提取洪灾区域的方法，今后可结合遥感空间分辨率及时相方面的需求，分别采用国产高分卫星影像及微波影像进行水体提取，并通过空间知识推理快速提取洪灾面积。

（4）进一步集成空间信息格网和BP神经网络技术，从而充分发挥GIS强大的空间分析功能与BP神经网络特有的自学习和联想记忆功能。

冶金工业出版社部分图书推荐

书　名	定价(元)
新能源导论	46.00
锡冶金	28.00
锌冶金	28.00
工程设备设计基础	39.00
功能材料专业外语阅读教程	38.00
冶金工艺设计	36.00
机械工程基础	29.00
冶金物理化学教程（第2版）	45.00
锌提取冶金学	28.00
大学物理习题与解答	30.00
冶金分析与实验方法	30.00
工业固体废弃物综合利用	66.00
中国重型机械选型手册——重型基础零部件分册	198.00
中国重型机械选型手册——矿山机械分册	138.00
中国重型机械选型手册——冶金及重型锻压设备分册	128.00
中国重型机械选型手册——物料搬运机械分册	188.00
冶金设备产品手册	180.00
高性能及其涂层刀具材料的切削性能	48.00
活性炭-微波处理典型有机废水	38.00
铁矿山规划生态环境保护对策	95.00
废旧锂离子电池钴酸锂浸出技术	18.00
资源环境人口增长与城市综合承载力	29.00
现代黄金冶炼技术	170.00
光子晶体材料在集成光学和光伏中的应用	38.00
中国产业竞争力研究——基于垂直专业化的视角	20.00
顶吹炉工	45.00
反射炉工	38.00
合成炉工	38.00
自热炉工	38.00
铜电解精炼工	36.00
钢筋混凝土井壁腐蚀损伤机理研究及应用	20.00
地下水保护与合理利用	32.00
多弧离子镀 Ti-Al-Zr-Cr-N 系复合硬质膜	28.00
多弧离子镀沉积过程的计算机模拟	26.00
微观组织特征性相的电子结构及疲劳性能	30.00